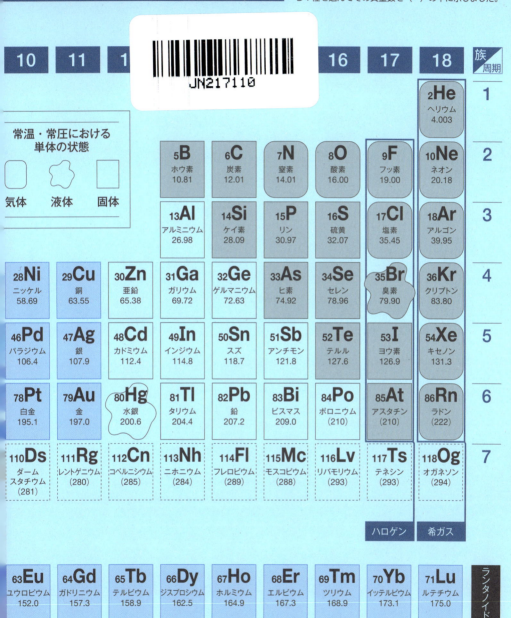

卜部吉庸 | Yoshinobu Urabe

卜部の高校化学の教科書

三省堂

はじめに

　高校の化学では，「化学用語だけでなく，覚えなければならない物質や化学式が多すぎてつまらない」「物質量（mol）の概念が理解しにくく，その計算の意味がよくわからない」などの生徒たちの声をよく耳にします。

　ところで，化学は身の回りにあるすべての物質についての膨大な知識を体系化した学問であり，人類は古くから多くの物質と関わり，自らの生活の中に役立ててきたという歴史があります。現在，化学は私たちの暮らしに深く関わっていますが，将来，さらに重要な学問になることは間違いありません。

　本書は，これまで化学とは無縁の生活を送ってきたが，再び化学を学び直すことにより，人生を豊かにしたいと思っている社会人，高校時代に化学に挫折してしまったが，資格取得等のために再び化学が必要となった大学生や専門学校生，高校で化学を学び始めた現役の高校生，などを主な対象として書かれています。

　化学を学習するうえで最も重要なことは何でしょうか。それは，化学の基礎・基本をおろそかにしないこと。やはり教科書をベースとし，その中に書かれている重要事項をしっかりマスターすることではないでしょうか。その目的達成のために，高校化学の教科書をさらに丁寧かつ易しく説明したテキストを作成しました。

　本書は，学校で授業を受けているような気持ちで，飛ばさずにじっくりと読み進めて下さい。本文中の太字は重要語句ですから，特にゆっくり噛み締めるように読んでください。そして，途中で諦めることなく最後まで頑張って読み続けてください。皆さんのご健闘を心よりお祈りしています。

　2017年12月

著者　卜部吉庸

目次

元素の周期表 …… 前見返し
はじめに …… 2

1章 物質の構成　6〜33

1-1 混合物と純物質 …… 6
1-2 元素 …… 12
1-3 物質の三態 …… 18
1-4 原子の構造 …… 22
1-5 原子の電子配置 …… 28
1-6 元素の周期律と周期表 …… 31

2章 化学結合　34〜69

2-1 イオン …… 34
2-2 イオン結合 …… 41
2-3 分子と共有結合 …… 46
2-4 分子の極性 …… 54
2-5 分子からできた物質 …… 57
2-6 共有結合だけでできた物質 …… 61
2-7 金属と金属結合 …… 64
2-8 化学結合と物質の分類 …… 67

3章 物質量と化学反応式　70〜103

3-1 原子量・分子量・式量 …… 70
3-2 物質量 …… 75
3-3 溶液の濃度 …… 85
3-4 化学反応式 …… 90
3-5 化学反応式の量的関係 …… 96
3-6 化学の基本法則 …… 100

4章 酸と塩基 104〜137

4-1 酸と塩基 …… 104
4-2 水素イオン濃度と pH …… 114
4-3 中和反応と塩の生成 …… 120
4-4 中和滴定 …… 126

5章 酸化還元反応 138〜183

5-1 酸化と還元 …… 138
5-2 酸化剤・還元剤 …… 147
5-3 金属のイオン化傾向 …… 157
5-4 酸化還元反応の利用 …… 163
5-5 電池 …… 166
5-6 電気分解 …… 176

6章 物質の状態 184〜231

6-1 物質の状態変化 …… 184
6-2 気液平衡と蒸気圧 …… 188
6-3 気体の法則 …… 193
6-4 混合気体の圧力 …… 198
6-5 物質の溶解 …… 203
6-6 溶解度と濃度 …… 206
6-7 希薄溶液の性質 …… 212
6-8 コロイド溶液 …… 219
6-9 固体の性質 …… 225

7章 化学反応と熱 232〜243

7-1 反応熱と熱化学方程式 …… 232
7-2 ヘスの法則と結合エネルギー …… 239

8章 反応の速さと化学平衡　244〜265

8-1 化学反応の速さ …… 244

8-2 化学平衡 …… 251

8-3 電解質水溶液の平衡 …… 259

9章 無機物質　266〜299

9-1 ハロゲン …… 266

9-2 酸素と硫黄 …… 270

9-3 窒素とリン …… 274

9-4 炭素とケイ素 …… 277

9-5 アルカリ金属 …… 280

9-6 アルカリ土類金属 …… 283

9-7 両性元素 …… 286

9-8 遷移元素① …… 290

9-9 遷移元素② …… 294

10章 有機化合物　300〜361

10-1 有機化合物の分類 …… 300

10-2 アルカン …… 307

10-3 アルケン …… 312

10-4 アルキン …… 315

10-5 アルコールとエーテル …… 319

10-6 アルデヒドとケトン …… 325

10-7 カルボン酸とエステル …… 330

10-8 油脂とセッケン …… 337

10-9 芳香族炭化水素 …… 342

10-10 フェノール類 …… 348

10-11 芳香族カルボン酸 …… 352

10-12 芳香族アミン …… 356

索引 …… 362

■ 1章 ■ 物質の構成

1章 物質の構成

　私たちは，身の回りにある多くの物質をうまく利用することで生活しています。それらの物質は，何からできているのでしょうか。

　19世紀初め，ドルトン（イギリス）は，物質を細かく分割していくと，やがて原子とよばれる微粒子に到達すると考えました。現在では，約120の原子の種類（元素）が確認されています。

　この章では，混合物から純物質を取り出す方法や，原子の内部構造，元素のもつ周期性などについて学習していきます。

1-1 混合物と純物質

学習の目標
- 混合物と純物質では，性質にどんな違いがあるかを学習します。
- 混合物から純物質を取り出す方法を考えていきます。

混合物と純物質

　空気，海水，石油のように，2種類以上の物質が混じり合ってできた物質を**混合物**といいます（下図）。自然界に存在する物質には，混合物が多く見られます。一方，酸素，窒素，水，エタノールのように，1種類の物質だけからなる物質を**純物質**といいます。

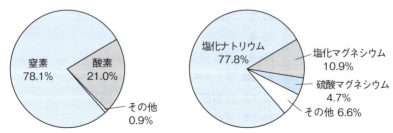

乾燥空気に含まれる成分の体積の割合　　海水に溶けている物質の質量の割合

■空気（水蒸気を除く）と海水（水を除く）の組成とその割合

混合物と純物質の違い

　純物質は，融点，沸点，密度などの値が一定しています。それに対して，混合物では，混合している物質の種類（組成）とその割合によって，それらの値が変化します。

　例えば，1気圧の下で，水とエタノールをそれぞれ加熱すると，温度が下の左図のように変化し，やがて，水の沸点は100℃，エタノールの沸点は78℃を示します。一方，水とエタノールの混合物を加熱すると，温度が下の右図のように変化し，一定の沸点を示しません。

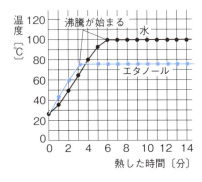

水とエタノールは，いずれも純物質なので，一定の沸点を示します。

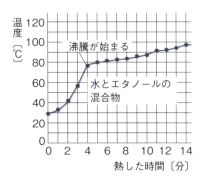

エタノールが先に沸騰するので，次第に水の割合が増加し，沸点が上昇していきます。つまり，一定の沸点を示しません。

■純物質（左）と混合物（右）の沸点

混合物の分離

　混合物から目的の物質を取り出すことを**分離**といいます。さらに，取り出した物質から不純物を取り除き，より純度の高い物質にすることを**精製**といいます。

　混合物の分離には，それを構成する物質の性質（粒子の大きさ，沸点，溶解性など）の違いが利用されています。

ろ過

　物質をつくる粒子の大きさの違いを利用して，混合物を分離する操作を**ろ過**といいます。例えば，砂と食塩の混合物に水を加えてかき混ぜ，ろ紙上に注ぐと，水に溶けない砂はろ紙上に残り，水に溶ける食塩はろ液として分離できます。

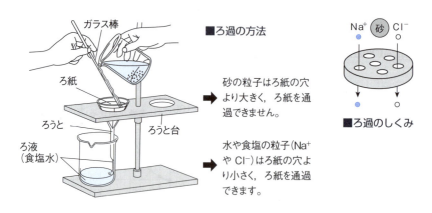

■ろ過の方法

　砂の粒子はろ紙の穴より大きく，ろ紙を通過できません。

　水や食塩の粒子（Na^+やCl^-）はろ紙の穴より小さく，ろ紙を通過できます。

■ろ過のしくみ

蒸留

　食塩水を加熱し，発生した水蒸気を集めて冷却すると，純水が得られます。このように，液体と固体の混合物を加熱し，生じた蒸気を冷却することによって，再び液体として分離する操作を**蒸留**といいます。

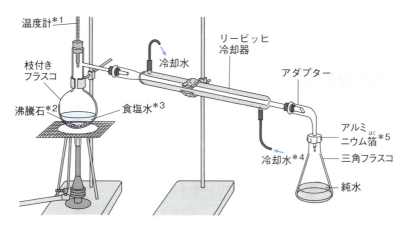

■食塩水の蒸留装置（＊1～5は次ページを参照）

■溶液を蒸留するときの留意点

*1) 温度計の下端部（温度を測定する部分）は，フラスコの枝管の付け根の位置に合わせます。これは，発生した蒸気の温度を正確に測定するためです。

*2) 急激に起こる沸騰（突沸）を防ぐために，沸騰石を入れておきます。

*3) 食塩水の量は，フラスコの容量の半分以下にします。溶液が沸騰したとき，溶液のしぶきが枝管の方に入らないようにするためです。

*4) リービッヒ冷却器内に冷却水を満たすために，冷却水は下方から上方へ流します。

*5) 蒸留装置内の圧力が高くならないように，ゴム栓などで密閉せず，アルミニウム箔で覆うだけにします。

分留

　液体どうしの混合物を，沸点の違いを利用して蒸留を繰り返し，各成分に分離する操作を，特に**分留**といいます。例えば，地中から汲み上げられた原油は，下図のような分留塔を用いて石油ガス，ナフサ，灯油，軽油などに分離されたのち，それぞれの用途に使われます。

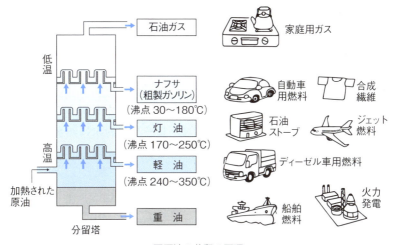

■原油の分留の原理

再結晶

　固体の溶解度*1が温度によって異なることを利用して，固体の混合物から目的の物質を結晶として分離する操作を**再結晶**といいます（p.207参照）。例えば，不純物を少量含む硝酸カリウムを適量の熱水に溶かし，これを冷却すると，低温では硝酸カリウムの溶解度が小さくなり，水に溶けきれなくなった硝酸カリウムが結晶として析出します。このとき，少量の不純物は低温でも水溶液中に残ります。

*1）液体（溶媒）100gに溶ける物質の最大質量を，その物質の**溶解度**といいます。詳しくは，p.206を参照。

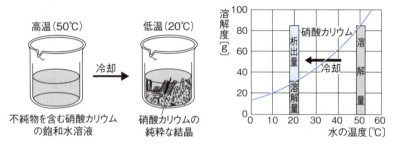

■硝酸カリウムの再結晶　　■硝酸カリウムの温度による溶解度の変化

抽出

　混合物から目的の物質を適当な液体（溶媒）に溶かし出して分離する操作を**抽出**といいます。例えば，コーヒー豆の粉末に熱水を注いでコーヒーを入れるのは，熱水による抽出です。

■熱水によるコーヒーの抽出

コーヒーは，コーヒー豆に含まれる成分のうち，熱水に溶け出す味や香りの成分を抽出したものです。熱水を通した後のコーヒー豆はフィルター上に残るので，抽出と同時に，ろ過も行っていることになります。

昇華法

　固体が直接気体になる変化，および，その逆変化を**昇華**といいます。この変化を利用して，固体物質を精製する操作を**昇華法**といいます。例えば，ヨウ素と砂の混合物を穏やかに加熱すると，ヨウ素だけが昇華し，ヨウ素の気体となります。これを冷却すると，純粋なヨウ素の結晶が得られます。

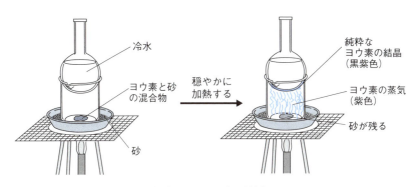

■昇華法によるヨウ素の精製

クロマトグラフィー

　ろ紙などに対する吸着力の違いを利用して，色素などの混合物を各成分に分離する方法を**クロマトグラフィー**[*2]といいます。

*2) ギリシャ語のクロマト（色）＋グラフィー（記録）に由来します。

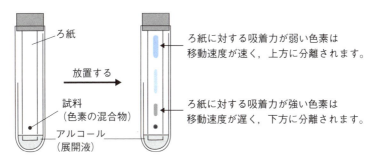

試料（色素の混合物）をろ紙の表面につけ，アルコールなどの展開液に浸すと，色素を溶かした展開液がろ紙を上昇し，各色素が異なる位置に分離されます。

■色素の混合物のペーパークロマトグラフィー

■ 1章 ■ 物質の構成

1-2 元 素

学習の目標

● 物質をつくる成分について学習します。

● 単体と化合物の違いは何かを考えていきます。

● 物質をつくる元素の種類を調べる方法を学習します。

🔬 元素とは

物質を構成する基本的な成分を**元素**といいます。現在では，約120種類の元素が知られており，そのうち約90種類が天然に存在しています。

元素を表すには，アルファベット1文字あるいは2文字を用いた世界共通の**元素記号**が用いられます。

■元素記号の例

元素名	（ラテン語名など）	由来	元素記号
水素	（Hydrogenium）	水をつくる	H
ヘリウム	（Helium）	太陽	He
炭素	（Carboneum）	炭のもと	C
酸素	（Oxygenium）	酸をつくる	O
ナトリウム	（Natrium）	鉱物のアルカリ	Na
硫黄	（Sulfur）	火のもと	S
塩素	（Chlorum）	黄緑色のもの	Cl
鉄	（Ferrum）	強固な	Fe
銅	（Cuprum）	キプロス島（銅の産地）	Cu
銀	（Argentum）	光り輝く	Ag
金	（Aurum）	暁の女神	Au

12

🧪 単体と化合物

下図のような装置で、水を電気分解すると、水素と酸素に分けられます。したがって、水は水素Hと酸素Oという2つの元素からできていることがわかります。

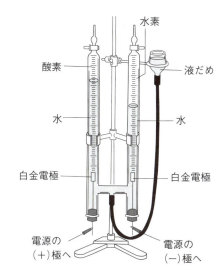

水を電気分解すると、水素 H_2 と酸素 O_2 が2：1の割合（体積の比）で発生します。

電気を通しやすくするために、水に少量の水酸化ナトリウム NaOH を加えて電気分解を行います。

■水の電気分解

水のように、2種類以上の元素からなる純物質を**化合物**といいます。一方、水素と酸素のように、1種類の元素からなる純物質を**単体**といいます（下表）。

化合物は、化学的な方法（電気分解や熱分解など）によって、さらに別の物質に分けられます。しかし、単体は、化学的な方法によっても、それ以上別の物質に分けることはできません。

■単体と化合物の例

単体[*1]	水素 H_2, 炭素 C, 酸素 O_2, アルミニウム Al, 鉄 Fe, 銅 Cu
化合物	水 H_2O, 二酸化炭素 CO_2, 塩化水素 HCl, アンモニア NH_3

[*1] 単体名には、元素名と同じ名称が使われることが多いです。

■ 1章 ■ 物質の構成

🔬同素体

　ダイヤモンドと黒鉛は，いずれも炭素Cだけからなる単体ですが，その性質は大きく異なります。このように，同じ元素からなる単体で，性質の異なる物質どうしを**同素体**といいます。

炭素Cの同素体

同素体名	ダイヤモンド	黒鉛(グラファイト)	フラーレン
外観	無色透明の結晶	黒色の結晶	黒褐色の粉末
硬さ	非常に硬い	軟らかい	―
電気伝導性	なし	あり	なし
構造	立体網目状構造	平面層状構造	サッカーボール状*1 C_{60}

＊1) 炭素原子Cが60個結合したC_{60}や，70個結合したC_{70}などがあります。

酸素Oの同素体

同素体名	酸素	オゾン
外観	無色・無臭の気体	淡青色，特異臭の気体
性質	無毒，生物の呼吸に関係	有毒，殺菌作用
構造	180°	118°

硫黄Sの同素体

同素体名	斜方硫黄	単斜硫黄*2	ゴム状硫黄*2
外観	黄色の八面体結晶	黄色の針状結晶	褐色で弾力性がある
形			
製法や特徴	常温で最も安定。Sを含む溶液からの再結晶で生成。	斜方硫黄を約120℃に加熱し,空気中で放冷すると生成。	斜方硫黄を約250℃に加熱し,水中で急冷すると生成。

*2) 単斜硫黄もゴム状硫黄も,室温で長時間放置すると,斜方硫黄に変化します。

リンPの同素体

同素体名	黄リン*3	赤リン
外観	淡黄色の固体	赤褐色の粉末
毒性	猛毒	微毒
空気中での様子	自然発火する	自然発火しない
保存法や用途	水中に保存	マッチの側薬に利用

*3) 現在,黄リンは危険物として製造が中止されています。

まとめ

多くの元素のうち,同素体が存在するのは,主に,S(硫黄),C(炭素),O(酸素),P(リン)の元素です。

🧪 元素の確認

物質中に含まれる元素の種類は、炎色反応や沈殿反応などの方法で確認することができます。

炎色反応

塩酸でよく洗浄した白金線を食塩水に浸し、ガスバーナーの外炎に入れると、炎の色が黄色になります（下図）。このように、物質を高温の炎の中に入れると、特有の色を示す現象を**炎色反応**といいます。

炎色反応の色から、物質中に含まれる元素の種類を確認することができます（次表）。

■炎色反応による元素の確認

元素名	リチウム	ナトリウム	カリウム	銅	バリウム	カルシウム	ストロンチウム
元素記号	Li	Na	K	Cu	Ba	Ca	Sr
炎色	赤	黄	赤紫	青緑	黄緑	橙赤（とうせき）	紅（深赤）

炎色反応の色は、左のリチウムから右のストロンチウムまで順に、次の語呂合わせで覚えられます。
「リアカー／無き／K村で，／動力に／馬力／借ると／するも（貸して）くれない」

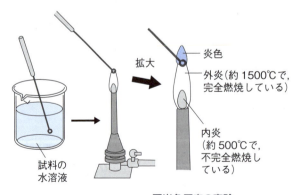

■炎色反応の実験

沈殿反応

　異なる水溶液を混合したとき，水に溶けにくい物質（**沈殿**）を生じることがあります。このように，液体中に沈殿が生じる反応を**沈殿反応**といいます。沈殿の生成や色などによって，元素の種類を確認することができます。

　例えば，食塩水に硝酸銀 $AgNO_3$ 水溶液を加えて白色の沈殿（塩化銀 $AgCl$）を生じた場合，食塩には，成分元素として塩素 Cl が含まれていることがわかります。

　　反応式： Ag^+ ＋ Cl^- ⟶ $AgCl$
　　　　　　銀イオン　塩化物イオン　　　　塩化銀

気体発生反応

　下図のように，大理石に希塩酸 HCl を加えると，気体が発生します。この気体を石灰水（$Ca(OH)_2$ の水溶液）に通じて，白色の沈殿（炭酸カルシウム $CaCO_3$）を生じた場合，この気体は二酸化炭素 CO_2 です。したがって，大理石には，成分元素として炭素 C と酸素 O が含まれていることがわかります。

　　反応式： Ca^{2+} ＋ CO_3^{2-} ⟶ $CaCO_3$
　　　　　　カルシウムイオン　炭酸イオン　　　炭酸カルシウム

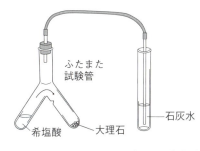

①内側に突起がある方に大理石（固体試薬）を入れ，突起がない方に希塩酸（液体試薬）を入れます。
②ふたまた試験管を右側に傾け，大理石に希塩酸を注ぐと，気体が発生します。
③ふたまた試験管を左側に傾けると，希塩酸と大理石の接触が断たれ，気体の発生を止めることができます。

■**大理石と希塩酸による気体発生反応**

1-3 物質の三態

学習の目標
- 温度変化によって，物質の状態が変わる理由を考えていきます。
- 固体・液体・気体では，粒子の運動に違いがあることを学習します。

物質の三態

すべての物質には，**固体・液体・気体**の3つの状態があり，これらを**物質の三態**といいます。物質の温度や圧力を変化させると，その状態は互いに変化します。この変化を**状態変化**といい，下図にあるような固有の名称で呼ばれています。

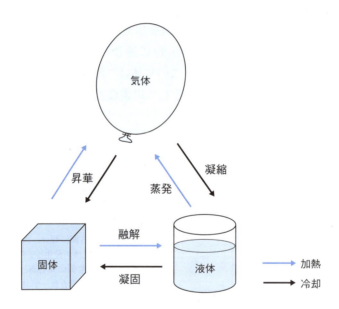

圧力が一定のとき，純物質の状態変化はある決まった温度で起こります。
融点……固体が融解して，液体になる温度。
凝固点…液体が凝固して，固体になる温度。
沸点……液体が沸騰して，気体になる温度。

■物質の三態と状態変化

粒子の熱運動

室内に花を置くと、やがて花の香りが部屋中に広がります。このように、物質がゆっくりと空間に広がっていく現象を**拡散**といいます。拡散という現象は、物質を構成する粒子が絶えず運動しているために起こります。

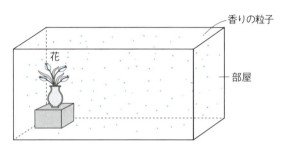

■花の香りの拡散

物質を構成する粒子が、その温度に応じて行っている不規則な運動を、粒子の**熱運動**といいます。

粒子の熱運動の様子は、温度が低くなるほど穏やかになり、温度が高くなるほど激しくなります(p.185参照)。

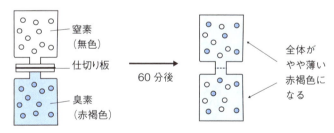

仕切り板を除くと、窒素 N_2 と臭素 Br_2 は互いに拡散を始め、やがて一様な組成の窒素と臭素の混合気体となります。

■窒素 N_2 と臭素 Br_2 の拡散による混合気体の生成

■ 1章 ■ 物質の構成

🧪固体・液体・気体の特徴

　物質を構成する粒子は，粒子間で引き合おうとする力(引力)が働くので，互いに集合しようとする傾向があります。

　一方，物質を構成する粒子は，その温度に応じて熱運動をしているので，互いにばらばらになろうとする傾向もあります。

　すなわち，物質の状態は，粒子の熱運動の激しさと，粒子間に働く引力との大小関係によって決まることになります(下図)。

　固体では，粒子の熱運動は穏やかであり，粒子間に働く引力の方が強いので，粒子の位置はほぼ固定されています。

　液体では，粒子の熱運動は固体よりも活発ですが，粒子間に働く引力はまだまだ強く，粒子の配列は乱れた状態になっています。

　気体では，粒子の熱運動は液体よりもずっと激しくなり，粒子は空間を自由に運動しています。また，粒子間にはほとんど引力は働いていません。

■固体・液体・気体

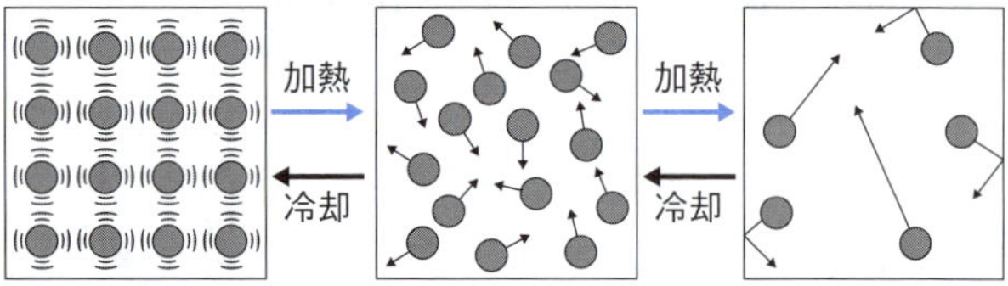

物質の状態	固体	液体	気体
粒子のようす (イメージ)	規則正しく並び，その場で振動している	位置は互いに移動できる	空間を自由に運動している
形や体積	形や体積が決まっている	形は自由に変化するが，体積は決まっている	形や体積が自由に変化する
熱運動の激しさ	穏やか ←		→ 激しい
粒子間に働く引力	強い ←		→ 弱い (ほぼ0)

20

🧪 温度

日常，私たちが使っている**セルシウス温度**[*1]は，水の凝固点を0℃，水の沸点を100℃とし，その間を100等分して1℃の温度差を定めた温度で，単位記号には〔℃〕を用い，「度」と読みます。

一方，粒子の熱運動の激しさを表す尺度として使われる温度を**絶対温度**[*2]といいます。絶対温度は，粒子の熱運動が停止すると考えられる最低温度−273℃（**絶対零度**といいます）を温度の原点とし，セルシウス温度と同じ間隔の目盛りをつけた温度で，単位記号には〔K〕を用い，「**ケルビン**」と読みます。物理や化学の計算では，絶対温度がよく使われます。

*1）1742年，セルシウス Celsius（スウェーデン）が提唱した温度で，セ氏温度とも呼ばれます。
*2）1848年，ケルビン Kelvin（イギリス）が提唱した温度です。

したがって，絶対温度 T〔K〕とセルシウス温度 t〔℃〕との間には，次のような単純な関係があります。

絶対温度 T〔K〕＝セルシウス温度 t〔℃〕＋273
セルシウス温度 t〔℃〕＝絶対温度 T〔K〕−273

セルシウス温度には正と負の値が両方存在しますが，絶対温度には負の値が存在しないので，計算にはとても便利です。

■セルシウス温度と絶対温度の関係

1-4 原子の構造

学習の目標
- 物質を構成する基本粒子である「原子」の構造について学習します。
- 同じ元素の原子であっても，質量の異なる原子が存在することがあります。その違いについて考えていきます。

原子とは

1803年，イギリスの**ドルトン**は，「原子はそれ以上分割できない究極の粒子である」という考え方を提唱しました。彼は，金を細かく分けていくと金の粒子に到達すると考え，この粒子をギリシャ語の"atomos（分割できない）"から"atom（**原子**）"と名づけました。現在，電子顕微鏡などにより，多くの元素に対応する原子の存在が確認されています。

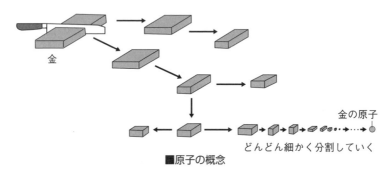

■原子の概念

原子の大きさ

原子は非常に小さな粒子で，その直径は約 10^{-10} m 程度です（下図）。原子はその種類ごとに，一定の大きさと質量をもっています。現在

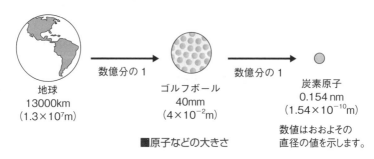

■原子などの大きさ

では，原子の種類を区別するために「元素」が用いられ，原子を表す記号にも元素記号がそのまま使用されます。

原子の構造

すべての原子は，原子核と電子からできています。

原子核は原子の中心部にあり，正（＋）の電荷をもつ**陽子**と，電荷をもたない**中性子**からできています。*1 また，原子核のまわりを負（−）の電荷をもつ**電子**が取りまいています（下図）。

どんな原子でも，**陽子の数＝電子の数**なので，原子全体では，電気的に中性になっています。

*1）水素原子の原子核は陽子だけでできていますが，これは例外です。水素原子以外の原子の原子核は，陽子と中性子からできています。陽子が2個以上になると，陽子どうしの間には，静電気的な反発力が働きます。中性子は，この反発力を和らげるために必要であると考えられます。

■ヘリウム原子と構成粒子

	電荷	質量〔g〕	質量比
陽子 ⊕	+1	1.673×10^{-24}	1
中性子 ○	0	1.675×10^{-24}	1
電子 ⊖	−1	9.109×10^{-28}	約 $\frac{1}{1840}$

陽子1個の電荷を+1と表すと，電子1個の電荷は−1となります。

補足 **指数の表し方と長さ（質量）の表し方**

大きな数や小さな数は，指数を用いて表すと便利です。例えば，1000は1に10を3回掛けた数で，1×10^3 と表すことができます。また，0.0001は1を10で4回割った数で，1×10^{-4} と表せます。すなわち，大きな数や小さな数で，位取りを表す n 個の0は指数 n を用いて，10^n あるいは 10^{-n} と表せます。

長さや質量などの単位では，基本単位のm（メートル）やg（グラム）の前に，10^n や 10^{-n} を表す接頭語をつけて単位とすることができます。k（キロ）は 10^3，m（ミリ）は 10^{-3}，μ（マイクロ）は 10^{-6}，n（ナノ）は 10^{-9} をそれぞれ表し，m（メートル）の前につけて，1km（キロメートル）＝ 1×10^3 m，1mm（ミリメートル）＝ 1×10^{-3} m，1μm（マイクロメートル）＝ 1×10^{-6} m，1nm（ナノメートル）＝ 1×10^{-9} mとなります。

🧪 原子番号と質量数

各原子のもつ陽子の数は，元素ごとに決まっており，この数を**原子番号**といいます。原子番号は，原子の種類（元素）を区別するのに利用されます。

前ページの図から，陽子と中性子の質量はほぼ等しいが，電子の質量は極めて小さいことがわかります。このため，原子の質量は，原子核中の陽子の質量と中性子の質量の和にほぼ等しくなります。陽子の数と中性子の数の和を**質量数**といい，質量数は，原子の質量を比較するのに利用されます。

原子の種類を原子番号と質量数を含めて表す場合は，元素記号の左下に原子番号，左上に質量数を書きます[*1]（次図）。

*1）必要に応じて原子番号や質量数は省略されますが，同位体を区別するときは，必ず質量数を示します。

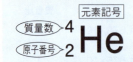

■原子の種類とその構成の表し方

原子番号1〜20の元素記号と元素名は，次の表の通りです。これらは，頻繁に使われるので，覚えておくと便利です。

■原子番号1〜20の元素

原子番号	1	2	3	4	5	6	7	8	9	10
元素記号	H	He	Li	Be	B	C	N	O	F	Ne
元素名	水素	ヘリウム	リチウム	ベリリウム	ホウ素	炭素	窒素	酸素	フッ素	ネオン
覚え方	水	兵	リー (loveのドイツ語)	ベ	ぼ	く	の		ふ	ね (船)

原子番号	11	12	13	14	15	16	17	18	19	20
元素記号	Na	Mg	Al	Si	P	S	Cl	Ar	K	Ca
元素名	ナトリウム	マグネシウム	アルミニウム	ケイ素	リン	硫黄	塩素	アルゴン	カリウム	カルシウム
覚え方	なな (進路を何回も曲げること)	まがり	シッ (ship's)	プ	ス	ク (船長の名前)	ラー	ク	か	

同位体

同位体

　天然に存在する水素原子は，原子核が陽子1個だけからなる^1_1Hがほとんどですが，陽子1個と中性子1個からなる^2_1Hもわずかに存在します。^2_1Hは^1_1Hの約2倍の質量をもつので，**重水素**と呼ばれます。さらに，陽子1個と中性子2個からなる**三重水素**^3_1Hも，ごく微量存在しています（下図）。

　^1_1H，^2_1H，^3_1Hのように，同じ種類の原子でありながら質量数の異なる原子を，互いに**同位体（アイソトープ）**といいます。

　同位体は，中性子の数が異なるため，互いに質量は異なりますが，同じ種類の原子であり，その化学的性質はほとんど同じです。

■水素の同位体

同位体名	水素 ^1_1H	重水素 ^2_1H	三重水素 ^3_1H
原子の構造	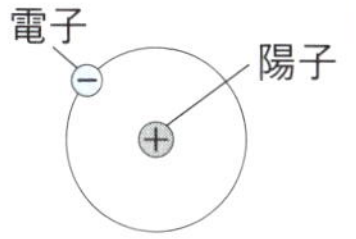 電子　陽子	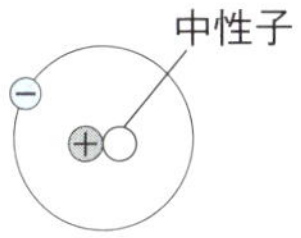 中性子	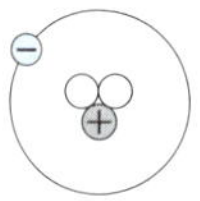
陽子の数	1	1	1
中性子の数	0	1	2
質量数	1	2	3
存在比〔%〕	99.99	0.01	ごく微量

原子の種類は陽子の数で決まり，同じ種類の原子では，陽子の数は同じです。同位体どうしでは，電子の数も等しいため，各原子の化学的性質はほとんど同じになります。

同位体の存在比

　多くの元素には同位体が存在し，その割合（存在比）は，地球上のどの場所でもほぼ一定です。

🧪 放射性同位体

放射性同位体

同位体の中には，原子核が不安定で，**放射線**を放出しながら別の原子に変化する（壊変という）ものがあります。このような同位体を**放射性同位体（ラジオアイソトープ）**といいます。

放射性同位体には，生体内での元素の動きを調べるトレーサーとして利用される${}^{3}_{1}H$や，原子力発電に利用される${}^{235}_{92}U$などがあります。

放射線の種類

放射線は高エネルギーの粒子や電磁波（光や電波など）の流れで，電離作用（原子をイオンにすること）や透過力（物体を通り抜ける力）をもちます（下図）。放射線には，次のような種類があります。

■放射線の種類

放射線	放射線の本体	電離作用	透過力
α（アルファ）線	ヘリウムHeの原子核の流れ	大きい	小さい
β（ベータ）線	電子e⁻の流れ		
γ（ガンマ）線	波長が非常に短い電磁波		
中性子線	中性子の流れ	小さい	大きい

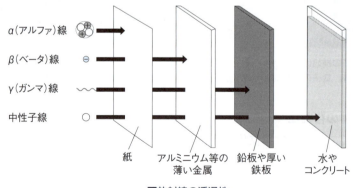

■放射線の透過性

放射性同位体の利用

半減期

$^{14}_{6}C$（炭素14）は，電子e^-（β線）を放出して窒素原子$^{14}_{7}N$に変わります（次図）。一般に，放射性同位体が壊変して，もとの量の半分になるまでの時間を**半減期**といいます。

放射性同位体は，環境条件によらず，決まった半減期をもっています。この性質は，遺跡などの年代測定に利用されています。

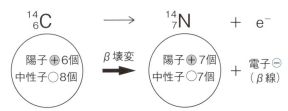

原子核にある中性子○が陽子⊕と電子⊖に壊変します。

■ $^{14}_{6}C$のβ壊変

$^{14}_{6}C$（炭素14）による年代測定

$^{14}_{6}C$の半減期は約5700年です。遺跡から発掘された木片や骨などに残っている$^{14}_{6}C$の割合から，その生物が死亡した年代を推定できます。例えば，発掘された木片に含まれる$^{14}_{6}C$の割合が生きている木の$\frac{1}{4}$だった場合，下のグラフから，その木片は$5700 \times 2 = 11400$〔年〕前のものであると推定できます。

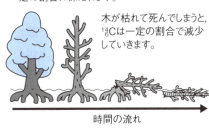

■ $^{14}_{6}C$による年代測定

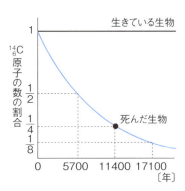

1-5 原子の電子配置

学習の目標
- 電子は，原子核の周囲にどのように存在するのかを学習します。
- 電子のうち，原子の化学的性質を決定するものと，そうでないものがあることを学習します。

電子殻

原子の中心には原子核があり，その周囲を電子が回っていますが，電子の存在できる空間は，いくつかの層に分かれています。これらの層をまとめて**電子殻**といいます。

電子殻は，内側から順に，**K殻，L殻，M殻，N殻**，…と呼ばれます。各電子殻に収容できる電子の最大数は，内側から，**2個，8個，18個，32個**，…と決まっており，一般式では $2n^2$ (nは内側からn番目の電子殻)と表すことができます。

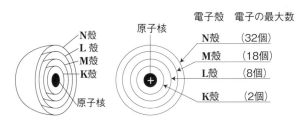

■電子殻のモデル

外側の電子殻ほど大きいので，より多くの電子を収容できます。

電子配置

原子内の電子は，一般に，内側の電子殻から順に入り，電子殻が満杯になったら，1つ外側の電子殻へ電子が入ります。これは，内側の電子殻に入った電子ほど，原子核に強く引きつけられて，安定な状態になるためです。

例えば，12個の電子をもつマグネシウム**Mg**原子では，まずK殻に2個，次いでL殻に8個，さらにM殻に2個の電子が入っています。

このように，電子殻への電子の配列の仕方を**電子配置**といいます。また，最も外側の電子殻（**最外殻**という）に入った電子を**最外殻電子**といい，内側の電子殻に入った電子（内殻電子）と区別されます。

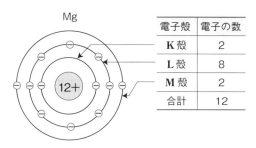

中心の◯は原子核を示し，その中の数字は陽子の数を表します。
■マグネシウムMg原子の電子配置

価電子

最外殻電子のうち，イオンになったり，他の原子と結合するときに重要な働きをする電子を，特に**価電子**といいます。つまり，価電子は，その原子の化学的性質を決定する電子といえるのです。

空気中に微量に存在するヘリウムHe，ネオンNe，アルゴンAr，クリプトンKr，キセノンXeなどの原子を，**希ガス（貴ガス）**といいます。

希ガスの原子は，最外殻電子の数がHeは2個ですが，それ以外はすべて8個です。これらの電子配置は非常に安定であり，他の原子とは結合しにくいため，化合物をつくることはほとんどありません。したがって，希ガスの原子の価電子の数はいずれも0個とします。

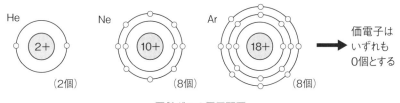

■希ガスの電子配置

🧪 希ガスの電子配置

1 ヘリウム **He**，ネオン **Ne** は，最外殻が電子で完全に満たされています。このような電子殻を**閉殻**であるといい，その電子配置は安定な状態にあります。

2 アルゴン **Ar**，クリプトン **Kr** などは，最外殻が電子で完全には満たされていないので，閉殻ではありません。しかし，最外殻に8個の電子が入っています。このような電子殻を**オクテット**[*1]であるといい，その電子配置は安定な状態にあります。

*1) オクテットは，ギリシャ語で8を表す数詞Octaに由来します。

これらの電子配置は安定で，いずれも**希ガスの電子配置**と呼ばれています。

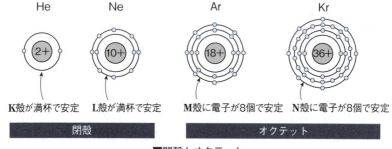

■閉殻とオクテット

補足 **カルシウム Ca 原子の電子配置**

20個の電子をもつカルシウム **Ca** 原子では，まず **K** 殻に2個，次に **L** 殻に8個の電子が入ります。残る10個の電子は，すべて **M** 殻に入るのではなく，**M** 殻に8個の電子が入った状態（オクテット）で安定化するので，残る2個の電子は外側の **N** 殻に入り，これが価電子となります。したがって，**Ca** の電子配置は，K2, L8, M8, N2 となります（下図）。

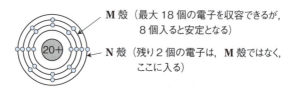

■カルシウム Ca 原子の電子配置

1-6 元素の周期律と周期表

学習の目標
- 元素のもつ性質が，周期的に変化する理由を考えていきます。
- 元素の周期律によって，元素を整理する方法について学習します。

元素の周期律

元素を原子番号の順に並べると，性質のよく似た元素が周期的に現れます。このことを**元素の周期律**といいます。

例えば，各原子の価電子の数を原子番号順に並べると，下図のように周期的な増減を繰り返すことがわかります。

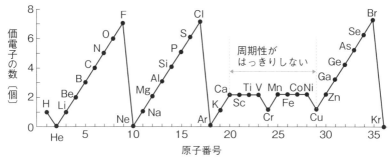

原子番号21～29の原子（Sc～Cu）は，価電子の数が2または1個です。
He～FとNe～Clでは，価電子の数が1個ずつ増え，周期的に変化しています。

■価電子の数の変化

元素の周期表

元素の周期律に基づいて，性質の似た元素どうしが同じ縦の列に並ぶように配列した表を，**元素の周期表**といいます。周期表の原型は，1869年，メンデレーエフ（ロシア）によって初めてつくられました。元素のおおよその性質は，周期表上での位置によって推定できるので，元素の周期表は化学を勉強する上で，とても重要なものといえます。

元素の周期表では，縦の列を**族**，横の行を**周期**といいます。現在の周期表は，1～18族と，第1～第7周期でできています（次ページ図，前見返し参照）。

■ 1章 ■ 物質の構成

■元素の周期表　　　　　　　　　　　　　□ 金属元素　■ 非金属元素

周期＼族	1	2	3	4	5	6	7	8	9	10	11	12	13	14	15	16	17	18
1	H																	He
2	Li	Be											B	C	N	O	F	Ne
3	Na	Mg											Al	Si	P	S	Cl	Ar
4	K	Ca	Sc	Ti	V	Cr	Mn	Fe	Co	Ni	Cu	Zn	Ga	Ge	As	Se	Br	Kr
5	Rb	Sr	Y	Zr	Nb	Mo	Tc	Ru	Rh	Pd	Ag	Cd	In	Sn	Sb	Te	I	Xe
6	Cs	Ba	La-Lu	Hf	Ta	W	Re	Os	Ir	Pt	Au	Hg	Tl	Pb	Bi	Po	At	Rn
7	Fr	Ra	Ac-Lr	Rf	Db	Sg	Bh	Hs	Mt	Ds	Rg	Cn	Nh	Fl	Mc	Lv	Ts	Og

遷移元素

アルカリ金属
アルカリ土類金属
性質がよくわかっていない元素
ハロゲン
希ガス

同族元素

　周期表で，同じ族に属する元素を**同族元素**といいます。同族元素の原子は，価電子の数が等しいため，互いによく似た化学的性質を示します。例えば，水素Hを除く1族元素の単体は，反応性が大きく，水と反応してアルカリ性の物質を生じるという共通性があります。また，18族元素の単体は，反応性がきわめて小さく，空気中で原子の状態のまま存在するという共通性があります。

特別な名称をもつ同族元素

　水素Hを除く1族元素を**アルカリ金属**，ベリリウムBeとマグネシウムMgを除く2族元素を**アルカリ土類金属**，17族元素を**ハロゲン**，18族元素を**希ガス（貴ガス）**といいます。

典型元素と遷移元素

　周期表の両側にある1，2族と12〜18族の元素群を**典型元素**といい，中央部の3〜11族の元素群を**遷移元素**といいます。

　典型元素では，原子番号が増えると価電子の数が1個ずつ増加し，それに伴って元素の性質が規則的に変化します。これは，典型元素では電子が最外殻へ配置され，価電子の数が規則的に変化するためです。

　遷移元素では，原子番号が増えても価電子の数は2または1個で変

化しません。したがって，元素の性質もあまり変化しません。これは，遷移元素では，電子が最外殻ではなく内側の電子殻へ配置され，価電子の数がほとんど変化しないためです（下表，下左図）。

■典型元素と遷移元素の性質

	典型元素	遷移元素
価電子数	規則的に変化する	2または1個で一定
化学的性質	縦の類似性	横の類似性
単体の密度	小さいものが多い	大きいものが多い
化合物(イオン)の色	無色のものが多い	有色のものが多い

金属元素と非金属元素

元素は，その単体の性質に応じて，**金属元素**と**非金属元素**に分けられます（下右図）。

金属元素は，その単体が電気や熱を通すなど，金属としての性質を示します。全元素の約80％を占め，周期表の左の方に位置しています。一方，非金属元素は，その単体が電気や熱を通しにくいものが多く，金属の性質を示しません。全元素の約20％を占め，周期表の右の方に位置する元素と，水素Hからなります。[*1]

*1) 水素Hの単体H_2は気体で，金属の性質を示さないので，Hは金属元素には含まれません。

■典型元素と遷移元素　　　　　■金属元素と非金属元素

補足 **ニホニウムの発見**

周期表の第7周期13族の元素である$_{113}$Nh（ニホニウム）は，2004年，日本の理化学研究所で森田浩介博士らのグループが，亜鉛$_{30}$Znにビスマス$_{83}$Biを光の1/10の速さで衝突させることにより，合成に成功しました。この功績によって，2016年11月に，ニホニウム（nihonium）が正式名称として認められました。

2章 化学結合

　前章では，物質をつくっている最小の粒子が原子であることを，その構造も含めて学習しました。原子は何個か結びつくと分子になり，また，電子を失ったり受け取ったりするとイオンになります。私たちの身の回りにある物質は，これらの粒子（原子，分子，イオン）が多数結びついてできています。

　この章では，物質を構成する3種類の粒子の結合の仕組みと，それぞれの結合でできた物質が示す性質について学んでいきます。

2-1 イオン

学習の目標
- イオンという粒子は，どのようにしてできるかを学習します。
- 元素ごとにイオンへのなりやすさに違いがあることを学びます。

イオンとは

　純水はほとんど電気を通しませんが，食塩水は電気をよく通します。これは，食塩水中に電荷をもつ粒子が存在するからです。

　このような電荷をもつ粒子を**イオン**といい，正（＋）の電荷をもつ**陽イオン**と，負（－）の電荷をもつ**陰イオン**とがあります。

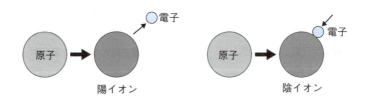

■陽イオンと陰イオンのでき方

イオンの生成

イオンの電子配置
希ガス以外の原子は，電子のやり取りをして，陽イオンや陰イオンになります（前ページの図）。そのとき，原子番号が最も近い安定な希ガスの電子配置をとろうとする傾向があります。

陽イオンの生成
ナトリウム原子 Na は最外殻に1個の価電子をもち，これを放出することで，希ガスのネオン原子 Ne と同じ安定な電子配置をもつナトリウムイオン Na⁺ となります（次図）。一般に，原子が電子を失うと，正の電荷をもつ**陽イオン**になります。

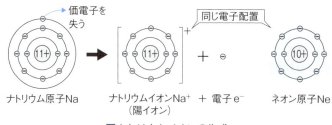

■ナトリウムイオンの生成

陰イオンの生成
塩素原子 Cl は最外殻に7個の価電子をもち，外から電子1個を受け取ることで，希ガスのアルゴン原子 Ar と同じ安定な電子配置をもつ塩化物イオン Cl⁻ となります（下図）。一般に，原子が電子を受け取ると，負の電荷をもつ**陰イオン**になります。

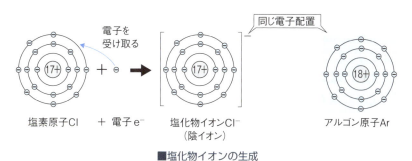

■塩化物イオンの生成

🧪 イオンの表し方

イオンがもっている電荷の大きさを**イオンの価数**といいます。イオンの価数は，イオンが生成するときに，原子が失ったり，受け取ったりした電子の数に等しくなります。

イオンを表すには，元素記号の右上にイオンの価数(1, 2, 3, …)と，電荷の符号(＋か－)をつけた**イオン式**を使います。

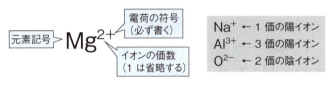

■イオン式の表し方

🧪 イオンの種類と名称

イオンの種類

ナトリウムイオン Na^+ のように，1個の原子からなるイオンを**単原子イオン**といいます。また，硫酸イオン SO_4^{2-} のように，2個以上の原子からなるイオンを**多原子イオン**といいます。

イオンの名称

(1) 単原子の陽イオンの名称は，「元素名」＋「イオン」とします。

　　例 Na^+：ナトリウム＋イオン → ナトリウムイオン
　　　　Ca^{2+}：カルシウム＋イオン → カルシウムイオン

(2) 単原子の陰イオンの名称は，元素名の語尾を「～化物イオン」に変えます。

　　例 Cl^-：塩素＋化物イオン → 塩化物イオン
　　　　O^{2-}：酸素＋化物イオン → 酸化物イオン

(3) 多原子イオンには，それぞれ固有の名称があります。

　　例 SO_4^{2-}：硫酸イオン
　　　　NH_4^+：アンモニウムイオン

■さまざまな陽イオンと陰イオン

価数	陽イオン		陰イオン	
1価	水素イオン	H^+	塩化物イオン	Cl^-
	ナトリウムイオン	Na^+	臭化物イオン	Br^-
	カリウムイオン	K^+	ヨウ化物イオン	I^-
	銀イオン	Ag^+	水酸化物イオン	OH^-
	アンモニウムイオン	NH_4^+	硝酸イオン	NO_3^-
2価	マグネシウムイオン	Mg^{2+}	酸化物イオン	O^{2-}
	カルシウムイオン	Ca^{2+}	硫化物イオン	S^{2-}
	亜鉛イオン	Zn^{2+}	炭酸イオン	CO_3^{2-}
	鉄(Ⅱ)イオン	Fe^{2+}	硫酸イオン	SO_4^{2-}
	銅(Ⅱ)イオン	Cu^{2+}		
3価	アルミニウムイオン	Al^{3+}	リン酸イオン	PO_4^{3-}
	鉄(Ⅲ)イオン	Fe^{3+}		

☐ は,多原子イオンを表します。
☐ の鉄や銅のように,同じ元素で複数の価数のイオンがある場合,価数をローマ数字(Ⅰ, Ⅱ, Ⅲ, …)で表して区別します。

🧪 原子の陽性・陰性

　原子が電子を放出して陽イオンになりやすい性質を**陽性**といいます。ナトリウム Na のように,価電子の数が少ない金属元素の原子は陽イオンになりやすく,陽性が強い原子といえます。

　原子が電子を受け取って陰イオンになりやすい性質を**陰性**といいます。塩素 Cl のように,価電子の数が多い非金属元素の原子は陰イオンになりやすく,陰性が強い原子といえます。

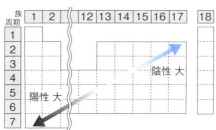

一般に,希ガスを除く典型元素では,周期表の右上の元素ほど陰性が強く,左下の元素ほど陽性が強い傾向があります。

■典型元素の陽性と陰性

🧪 イオン化エネルギー

原子の陽性の強さは，原子を陽イオンにするときに必要なエネルギーの大きさで比較することができます。

ある原子から電子1個を取り去って，1価の陽イオンにするのに必要なエネルギーを，その原子の**イオン化エネルギー**といいます。

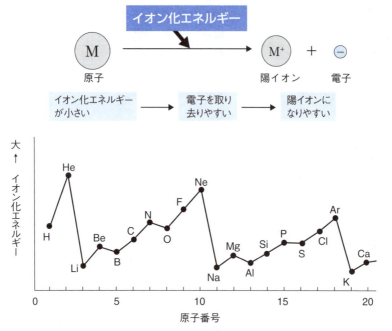

■イオン化エネルギー

原子番号1〜20の原子のなかで，イオン化エネルギーが最大の原子はヘリウムHe，最小の原子はカリウムKです。

上の図から，**He**，**Ne**，**Ar**などの希ガスの原子は，イオン化エネルギーが大きく，陽イオンになりにくいことがわかります。これは，希ガスの原子の電子配置はとても安定で，電子を放出しにくいためです。

Li，**Na**，**K**などのアルカリ金属の原子は，イオン化エネルギーが小さく，陽イオンになりやすいです。これは，アルカリ金属の原子は希ガスの原子よりも電子が1個多く，電子を放出しやすいためです。

電子親和力

　原子の陰性の強さは，原子が陰イオンになるときに放出されるエネルギーの大きさで比較することができます。

　ある原子が電子1個を受け取って，1価の陰イオンになるときに放出されるエネルギーを，その原子の**電子親和力**といいます。

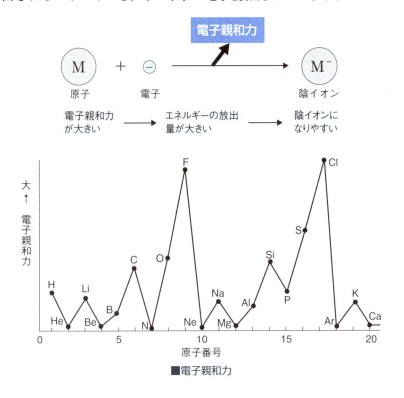

■電子親和力

　上の図から，F，Cl などのハロゲンの原子は，電子親和力が大きく，陰イオンになりやすいことがわかります。これは，ハロゲンの原子は希ガスの原子よりも電子が1個少なく，電子を受け取りやすいためです。

🧪 陽イオン・陰イオンの大きさ

　原子が陽イオンになると，最外殻の電子がなくなるので，陽イオンの半径は元の原子の半径よりもかなり小さくなります。

　原子が陰イオンになると，最外殻に電子が入るので，他の電子との負電荷による反発によって，陰イオンの半径は元の原子の半径よりも少し大きくなります。

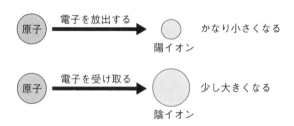

■陽イオンと陰イオンの大きさ

🧪 同じ原子配置のイオンの大きさ

　同じ電子配置をもつイオンを比べると，原子番号が大きくなるほど，イオンの半径は小さくなります。これは，原子番号が大きくなるにつれて，原子核中の陽子の数，つまり正電荷が増えるため，負電荷をもつ周囲の電子が，より強く原子核に引きつけられるからです。

　例えば，いずれもネオン原子Neと同じ電子配置をもつ各イオンの大きさは次の図のようになります。

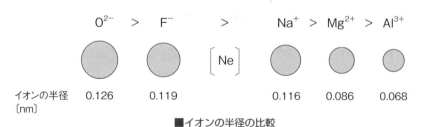

■イオンの半径の比較

2-2 イオン結合

学習の目標
- 陽イオンと陰イオンの結合の仕方を学習します。
- イオンからなる物質の表し方や特徴について学習します。

イオン結合

　加熱したナトリウム Na を塩素 Cl_2 の気体中に入れると，激しく反応して，塩化ナトリウム NaCl の白煙を生じます。

$$2Na + Cl_2 \longrightarrow 2NaCl$$

■ナトリウムと塩素の反応

　このとき，陽性の強いナトリウム原子 Na は，価電子1個を放出してナトリウムイオン Na^+ となる一方，陰性の強い塩素原子 Cl は，その電子を受け取って塩化物イオン Cl^- になります。
　生成した Na^+ と Cl^- が**静電気的な引力（クーロン力）**[*1] で結合して，塩化ナトリウム NaCl が生成します。

*1) 正電荷（＋）と負電荷（－）が引き合う力を静電気的な引力，またはクーロン力といいます。

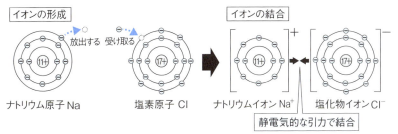

■イオンの形成と結合

このように，陽イオンと陰イオンの静電気的な引力による結合を**イオン結合**といいます。

一般に，イオン結合は，陽性の強い金属元素と陰性の強い非金属元素の間で生じやすい結合といえます。

■イオン結合を生じやすい元素の組合せ

🧪 組成式

イオンからなる物質は，構成イオンの種類とその数の割合を最も簡単な整数比で示した**組成式**で表されます。

イオンからなる物質では，正・負の電荷がつり合い，全体として電気的に中性になっており，次の関係が成り立ちます。

正電荷の総和＝負電荷の総和

陽イオンの価数×陽イオンの数＝陰イオンの価数×陰イオンの数

イオンからなる物質の組成式は，次のようにつくります。

組成式のつくり方

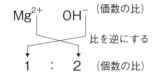

① 陽イオンを前，陰イオンを後に書きます。

② 正・負の電荷が等しくなるイオンの個数の比を考えます。このとき，価数の比を逆にすると，個数の比が簡単に求められます。

③ イオンの電荷を省き，それぞれの元素記号の右下に，②で求めた数を書きます。

④ 1は省略し，多原子イオンが2以上のときは，( )で囲み，数を書きます。

■ **2-2** ■ イオン結合 ■

例1　ナトリウムイオン Na^+ と炭酸イオン CO_3^{2-} からなる物質の組成式

価数の比　　　　逆比　　　　　　個数の比　　　　　組成式
$$Na^+ : CO_3^{2-} = 1 : 2 \longrightarrow Na^+ : CO_3^{2-} = 2 : 1 \longrightarrow Na_2CO_3$$
CO_3^{2-} は個数の比が1なので（　）をつけません。

例2　アルミニウムイオン Al^{3+} と硫酸イオン SO_4^{2-} からなる物質の組成式

価数の比　　　　逆比　　　　　　個数の比　　　　　組成式
$$Al^{3+} : SO_4^{2-} = 3 : 2 \longrightarrow Al^{3+} : SO_4^{2-} = 2 : 3 \longrightarrow Al_2(SO_4)_3$$
SO_4^{2-} は個数の比が3なので（　）をつけます。

組成式の読み方

　イオンの名称から「〜イオン」,「〜物イオン」を除いたものを, 陰イオン→陽イオンの順に読みます。イオンの個数の比を表す数は読みません。

例3　組成式 $Mg(OH)_2$ の名称

　陰イオン　　　　　　　　陽イオン
水酸化物イオン ＋ マグネシウムイオン → 水酸化マグネシウム
　　　除く　　　　　　　　　　除く

例4　組成式 Na_2CO_3 の名称

　陰イオン　　　　　陽イオン
炭酸イオン ＋ ナトリウムイオン → 炭酸ナトリウム
　　除く　　　　　　　除く

例5　組成式 $Al_2(SO_4)_3$ の名称

　陰イオン　　　　　陽イオン
硫酸イオン ＋ アルミニウムイオン → 硫酸アルミニウム
　　除く　　　　　　　除く

43

🧪 イオン結晶

物質をつくっている粒子が規則正しく配列した固体を**結晶**といいます。結晶のうち、陽イオンと陰イオンがイオン結合によって規則的に配列してできた結晶を**イオン結晶**といいます。

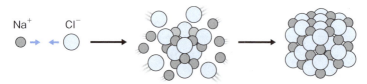

■塩化ナトリウム NaCl の結晶の生成

🧪 イオン結晶の性質

(1) 融点の高いものが多い（イオン結合は強固なため）。また、イオン結晶どうしの融点を比べると、次のような傾向があります。

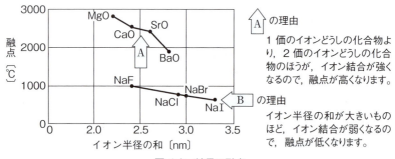

■イオン結晶の融点

(2) 硬いが、強い力を加えると、特定の面に沿って割れやすい（この性質を**へき開**といいます）。

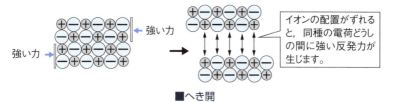

■へき開

(3) 固体は電気を通しませんが, 水溶液や融解液は電気を通します（イオンが移動できるようになるため）。

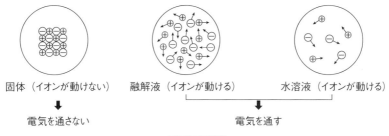

■電気伝導性

(4) 水に溶けやすいものが多い。ただし, 炭酸カルシウム $CaCO_3$ のように水に溶けにくいものもあります（イオン結合が非常に強いため）。

電解質と非電解質

一般に, 物質が陽イオンと陰イオンに分かれる現象を**電離**といいます。また, 水に溶けると電離する物質を**電解質**といいます。

例 塩化ナトリウム $NaCl$, 水酸化ナトリウム $NaOH$,
塩化水素 HCl など

水に溶けても電離しない物質を**非電解質**といいます。

例 グルコース $C_6H_{12}O_6$, スクロース $C_{12}H_{22}O_{11}$,
エタノール C_2H_5OH など

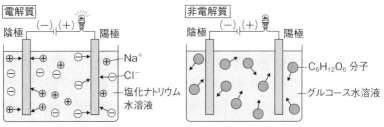

■電解質と非電解質

2-3 分子と共有結合

学習の目標
- 分子の形成の仕組みや，分子の種類について学習します。
- 分子からなる物質のさまざまな表し方を学習します。

分子の形成

2個の水素原子Hが近づくと，互いの電子殻が重なり合い，価電子は相手の原子核からも静電気的な引力を受けるようになります。

このとき，2個の水素原子は2個の電子を共有して結びつき，水素分子H_2が形成されます（次図）。このように，2原子間で互いに価電子を共有してできる結合を**共有結合**といいます。一般に，共有結合したそれぞれの原子は，希ガスと同じ安定な電子配置となっています。

■水素分子H_2の形成

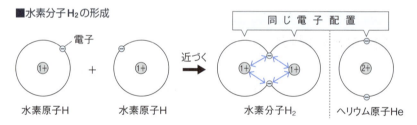

塩化水素分子HClの形成

水素原子Hはヘリウム原子Heに比べて電子が1個不足し，塩素原子Clはアルゴン原子Arに比べて電子が1個不足しています。そこで，H原子とCl原子は互いに不足する電子を補うため，価電子を1個ずつ出し合って電子対（p.48参照）をつくり，それを共有して結合（共有結合）し，塩化水素分子**HCl**が形成されます。

■塩化水素分子HClの形成

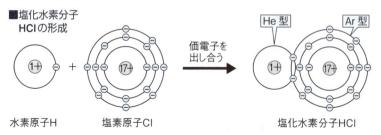

分子の種類

多くの分子は2個以上の原子からなります。そこで，分子をつくっている原子の数によって，**二原子分子**，**三原子分子**などと呼ばれます。一般に，3個以上の原子からなる分子を**多原子分子**といいます（次図）。また，He，Ne，Arなどの希ガスは，原子1個が単独で分子を形成しているとみなせるので，**単原子分子**といいます。

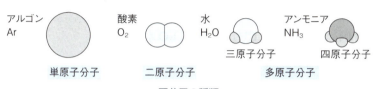

■分子の種類

分子式

分子からなる物質は，分子を構成している原子を元素記号で示し，その数を右下に添えて示した**分子式**で表します。

例えば，炭素原子1個と酸素原子2個からできた二酸化炭素の分子式はCO_2となります（右下図）。ただし，希ガスはすべて単原子分子ですので，ヘリウムの分子式はHeとなります。

下表に示した代表的な分子の名称と分子式は，覚えておくと便利です。

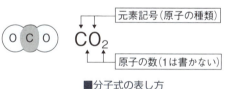

■分子式の表し方

■代表的な分子の名称と分子式

分子の名称	分子式
水素	H_2
窒素	N_2
酸素	O_2
フッ素	F_2
塩素	Cl_2
臭素	Br_2

分子の名称	分子式
ヨウ素	I_2
一酸化炭素	CO
二酸化炭素	CO_2
塩化水素	HCl
水	H_2O
硫化水素	H_2S

分子の名称	分子式
アンモニア	NH_3
メタン	CH_4
四塩化炭素	CCl_4
メタノール	CH_4O
一酸化窒素	NO
二酸化窒素	NO_2

分子からなる化合物の名称

(1) 化学式の後にある陰性の元素は「〜化」とし，前にある陽性の元素名をそのままつけます。

　　例 H_2S　硫黄＋化＋水素 ⟶ 硫化水素

(2) 同じ元素からなる複数の化合物では，原子の数も読みます。

　　例 NO 一酸化窒素　と　NO_2 二酸化窒素

(3) 昔からの慣用名が使われている分子も多いです。

　　例 NH_3 アンモニア，CH_4 メタン，H_2O 水

🧪 電子式

原子の最外殻電子の様子は，元素記号に最外殻電子を点（・）で示した**電子式**で表すことができます。

原子の電子式の書き方

> **1** 元素記号の上下左右に4つの場所を考え，それぞれに2個ずつ，最大8個の電子が入ります。
>
> **2** 電子は分散して入ったほうが安定になるので，1〜4個目までの電子は，別々の場所に1個ずつ入れます。
>
> **3** 5個目からの電子は，ペア(対)をつくるように入れます。
>
>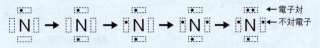
>
> ■窒素原子Nの電子式の書き方

このとき，2個で対になった電子を**電子対**，対になっていない電子を**不対電子**といいます。電子式では，電子対と不対電子をはっきり区別する必要があります。

酸素原子 **O** の電子式は，下の(a)〜(d)などのように点の位置を変えても正しいですが，(e)のように書くと誤りです。

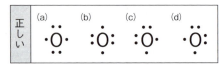

Li　Be　·Ḃ·　·Ċ·　·Ṅ·　·Ö·　:Ḟ·　:N̈e:

■第2周期の原子の電子式

分子の電子式の書き方

　電子は，電子対をつくると安定になるという性質があります。希ガスの原子は，最外殻電子がすべて電子対となっているため，とても安定なのです。しかし，不対電子をもつ原子は安定ではないので，互いに不対電子を共有して，安定な電子対をもった分子をつくろうとします。例えば，水素原子Hと塩素原子Clは，次図のように，不対電子を1個ずつ出し合って共有結合を形成します。

結合前に不対電子であったものは，結合後は共有電子対となります。
結合前に電子対であったものは，結合後は非共有電子対となります。

■共有結合ができる仕組み

　一般に，分子中ではすべての電子が電子対をつくっていますが，このうち2原子間で共有されている電子対を**共有電子対**，2原子間で共有されていない電子対を**非共有電子対**といいます。

　不対電子を2個もつ酸素原子1個と不対電子を1個もつ水素原子2個が共有結合すると，共有電子対を2組もった水分子 H_2O ができます。

H·→ ·Ö· ←·H　共有結合→　H:Ö:H
　　　不対電子　　　　　共有電子対　非共有電子対

共有結合の種類

　水素原子Hは1個ずつ不対電子を出し合って共有結合し，水素分子 H_2 を形成します。

H·→ ←·H　共有結合→　H:H　（それぞれのH原子は，He原子と同じ安定な電子配置をとります。）

■ **2章** ■ 化学結合

酸素原子Oは2個ずつ不対電子を出し合って共有結合し，酸素分子O$_2$を形成します。

$$:\ddot{O}\cdot \longrightarrow \longleftarrow \cdot\ddot{O}: \xrightarrow{\text{共有結合}} :\ddot{O}::\ddot{O}: \quad \left(\begin{array}{l}\text{それぞれのO原子は，Ne原子と}\\\text{同じ安定な電子配置をとります。}\end{array}\right)$$

窒素原子Nは3個ずつ不対電子を出し合って共有結合し，窒素分子N$_2$を形成します。

$$:\dot{\overset{\cdot}{N}}\cdot \longrightarrow \longleftarrow \cdot\dot{\overset{\cdot}{N}}: \xrightarrow{\text{共有結合}} :N:::N: \quad \left(\begin{array}{l}\text{それぞれのN原子は，Ne原子と}\\\text{同じ安定な電子配置をとります。}\end{array}\right)$$

水素分子のように，1組の共有電子対による共有結合を**単結合**，酸素分子のように，2組の共有電子対による共有結合を**二重結合**，窒素分子のように，3組の共有電子対による共有結合を**三重結合**といいます。

⚗ 構造式

原子間の共有結合の様子を，短い線－(**価標**といいます)を用いて表した式を**構造式**といいます。

構造式において，単結合，二重結合，三重結合は，それぞれ1本の線(－)，2本の線(＝)，3本の線(≡)で表されます。

これまでに学習した，組成式，分子式，電子式，構造式などは，まとめて**化学式**と呼ばれています。

構造式を書く場合，1つの原子から出ている価標の数を，その原子の**原子価**といいます。原子価は，各原子ごとに次のように決まっており，その原子がつくれる共有結合の数を示しています。

■価標と原子価

原子	水素	炭素	窒素	酸素	塩素
電子式	H·	·Ċ·	·N̈·	·Ö·	:C̈l·
価標	H–	–Ċ–	–N–	–O–	Cl–
原子価	1	4	3	2	1

各原子の原子価は，その原子の不対電子の数に等しくなります。

50

構造式の表し方

1 各原子のもつ価標の数(原子価)を,過不足なく組み合わせてつくります。

2 原子価の多いC(4価),N(3価)などを中心に置き,原子価の少ない原子O(2価),H(1価)を周囲に並べます。

3 分子の立体構造(形)まで正確に表す必要はありません。

電子式を構造式に変換する方法

1 非共有電子対はすべて省略します。

2 共有電子対1組(:)を価標1本(−)に直します。
共有電子対2組(::)を価標2本(=)に直します。
共有電子対3組(⋮)を価標3本(≡)に直します。

例 塩化水素 HCl

電子式	途中	構造式
H:C̈l:	→ H:Cl	→ H−Cl

構造式を電子式に変換する方法

1 価標1本(−)を共有電子対1組(:)に直します。
価標2本(=)を共有電子対2組(::)に直します。
価標3本(≡)を共有電子対3組(⋮)に直します。

2 分子を構成する各原子は,希ガスの電子配置をとっているので,各原子の周囲に8個の電子(Hだけは2個)が並ぶように,非共有電子対を加えます。

例 二酸化炭素 CO₂

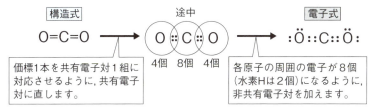

分子の形

分子は，正四面体形，三角錐形，折れ線形，直線形など，それぞれ固有の形をもっています。共有電子対と非共有電子対は，ともに負の電荷をもち，互いに反発しますが，この反発が最小となるように電子対が配置されることで，分子の形が決まります（下図）。

メタン分子CH₄は，中心のC原子にある4組の共有電子対が，空間的に最も離れた正四面体の頂点方向に伸びたとき，互いの反発が最小になるので，**正四面体形**になります。

アンモニア分子NH₃は，N原子にある非共有電子対1組と共有電子対3組がCH₄と同様，正四面体の頂点方向に伸びるので，N原子を頂点とした**三角錐形**になります。

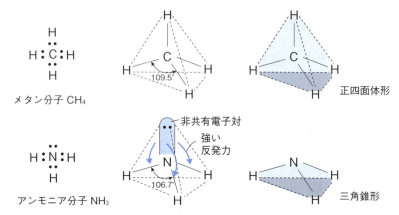

非共有電子対の強い反発力によって3組の共有電子対が押されるので，NH₃のN－Hどうしの結合角はCH₄のC－Hどうしの結合角よりも小さい106.7°になります。

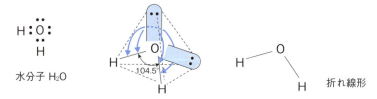

非共有電子対の強い反発力によって2組の共有電子対が押されるので，H₂OのO－Hどうしの結合角はNH₃のN－Hどうしの結合角よりも小さい104.5°になります。

■メタン分子，アンモニア分子，水分子の形

水分子H_2Oは，O原子にある非共有電子対2組と共有電子対2組がCH_4と同様，正四面体の頂点方向に伸びるので，O原子を頂点とした**折れ線形**になります。

二酸化炭素分子CO_2は，中心のC原子にある2組の共有電子対の反発により，C原子と2つのO原子が一直線に並んだ**直線形**になります。

配位結合

濃アンモニア水に濃塩酸を近づけると，白煙が生じます。これは，空気中でアンモニア分子NH_3と塩化水素分子HClが反応して，塩化アンモニウムNH_4Clが生成したからです。このとき，アンモニア分子NH_3中の窒素原子Nは，その非共有電子対を水素イオンH^+に提供することで，アンモニウムイオンNH_4^+が生じます(次図)。

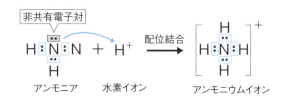

4本のN−H結合はまったく同じで，区別できません。したがって，アンモニウムイオンの形は，正四面体形になります。
■**配位結合によるアンモニウムイオンの形成**

このように，一方の原子の非共有電子対が他方の原子に提供されたとみなせる共有結合を，特に**配位結合**といいます。

配位結合は，共有結合と比べてでき方が異なるだけで，できた配位結合は他の共有結合とまったく同じで区別できません。

また，水分子H_2Oの酸素原子Oには2組の非共有電子対がありますが，そのうちの1つを水素イオンH^+に提供すると，オキソニウムイオンH_3O^+が生成します(下図)。

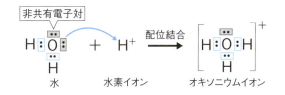

3本のO−H結合はまったく同じで，区別できません。したがって，オキソニウムイオンの形は，三角錐形になります。
■**配位結合によるオキソニウムイオンの形成**

2-4 分子の極性

学習の目標
- 2個の原子が共有結合した分子中にある共有電子対の状態について学びます。
- 分子には電荷の偏りがあるものとないものがありますが、この違いについて学習します。

結合の極性

水素分子 H－H のように、同種の原子間の共有結合では、共有電子対は両方の原子核から等しい力で引き寄せられ、どちらの原子にも偏ることなく均等に分布しています（下図左）。

塩化水素分子 H－Cl のように、異種の原子間の共有結合では、共有電子対は陽性の強い H 原子よりも陰性の強い Cl 原子の方へ少し引き寄せられ、H 原子はわずかに正の電荷（$\delta+$）、Cl 原子はわずかに負の電荷（$\delta-$）を帯びた状態にあります（下図右）。このように、着目した共有結合に電荷の偏りがあることを、「結合に**極性**がある」といいます。

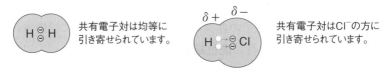

■結合の極性

電気陰性度

結合の極性は、それぞれの原子によって共有電子対を引き寄せる力に強弱があるために生じます。

原子が共有電子対を引き寄せる強さの程度を**電気陰性度**といい、一般には、1932年、ポーリング（アメリカ）が提唱した数値がよく使われます。

電気陰性度は希ガスを除いて、周期表の右上にある元素ほど大きく、左下にある元素ほど小さくなります。フッ素 F が最大で、酸素 O、塩

周期\族	1	2	13	14	15	16	17
1	H 2.2						→陰性
2	Li 1.0	Be 1.6	B 2.0	C 2.6	N 3.0	O 3.4	F 4.0
3	Na 0.9	Mg 1.3	Al 1.6	Si 1.9	P 2.2	S 2.6	Cl 3.2
4	K 0.8	Ca 1.0	Ga 1.8	Ge 2.0	As 2.2	Se 2.6	Br 3.0
5	Rb 0.8	Sr 1.0	In 1.8	Sn 2.0	Sb 2.1	Te 2.1	I 2.7

陽性← □金属元素 □非金属元素

希ガス(He, Ne, Ar など)は共有結合をつくらないので, 電気陰性度の値は求められていません。

電子を放出して陽イオンになりやすい金属元素の原子の電気陰性度は小さく, 電子を受け取って陰イオンになりやすい非金属元素の原子の電気陰性度は大きくなります(希ガスを除く)。

■典型元素の電気陰性度(ポーリングの値)

素Cl, 窒素Nは大きな値をとります(上図)。

共有結合した2原子間の電気陰性度の差が大きいほど, その結合の極性は大きくなります。

分子の極性

結合の極性に対して, 分子全体が示す電荷の偏りを**分子の極性**といいます。

二原子分子の場合

結合の極性の有無が, 分子の極性の有無とちょうど一致します。

水素H_2, 塩素Cl_2のように, 結合に極性がなく, 分子全体でも極性のない分子を**無極性分子**といいます(下図左)。

塩化水素**HCl**のように, 結合に極性があり, 分子全体でも極性のある分子を**極性分子**といいます(下図右)。

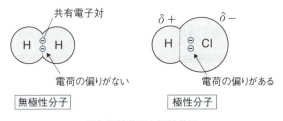

■無極性分子と極性分子

多原子分子の場合

多原子分子の場合，分子の極性は結合の極性の有無だけでなく，分子の形にも大きく支配されます(下図)。

(1) 二酸化炭素分子 O＝C＝O では，分子内の C＝O 結合には極性があります。しかし，分子が直線形であるため，2つの C＝O 結合の極性は逆向きとなって互いに打ち消し合い，分子全体では無極性分子になります。

(2) メタン分子 CH₄ では，分子内の C－H 結合には極性がありますが，分子が正四面体形であるため，4つの C－H 結合の極性は互いに打ち消し合い，分子全体では無極性分子になります。

(3) 水分子 H－O－H では，分子内の O－H 結合には極性があります。分子が折れ線形であるため，2つの O－H 結合の極性は互いに打ち消し合わず，分子全体では極性分子になります。

(4) アンモニア分子 NH₃ では，分子内の N－H 結合には極性があります。分子が三角錐形であるため，3つの N－H 結合の極性は互いに打ち消し合わず，分子全体では極性分子になります。

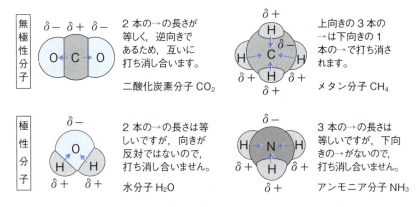

■多原子分子の極性(→は各結合の電荷の偏りを表します)

分子の極性と溶解性

一般に，極性分子どうしや無極性分子どうしは混ざりやすいが，極性分子と無極性分子は混ざりにくい傾向があります(p.205参照)。

2-5 分子からできた物質

学習の目標
- 分子どうしが引き合う力について学習します。
- 分子からできた物質の特徴について学習します。

🧪 分子間力

二酸化炭素分子 CO_2 は常温では気体ですが,約 $-80℃$ まで温度を下げると,白色固体状のドライアイスになります。これは,CO_2 分子のような無極性分子の間にも,引き合う力が働くことを示しています。

一般に,分子の間に働く引力をまとめて,**分子間力**といいます。

分子間力のうち,すべての分子の間に働く引力(分散力)と,極性分子の間に働く引力(極性引力)をあわせて,**ファンデルワールス力**[*1]といいます。

[*1] これらの分子間に働く力の存在は,1873年,ファンデルワールス(オランダ)によって提唱されたので,このように呼ばれます。

すべての分子の間に働く引力(分散力)

無極性分子であっても,分子中では電子が運動しているので,瞬間的に電子の分布の偏り(極性)が常に生じています。この瞬間的な分子の極性は,近くの分子にも影響を及ぼし,分子どうしの間に引力が働くと考えられます(下図)。

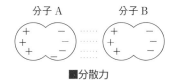

分子 A に瞬間的な極性が生じると,その影響で分子 B にも瞬間的に極性が生じ,分子 A と B が互いに引き合います。

■分散力

フッ素 F_2,塩素 Cl_2,臭素 Br_2,ヨウ素 I_2 などのハロゲンの分子は,いずれも無極性分子です。ハロゲンの分子の沸点は,分子の質量(分子量,p.73参照)が大きくなるほど,高くなる傾向があります(次ページの上図)。

これは，分子量が大きくなるほど，電子の数が増え，電子の分布の偏り（極性）によって生じる分散力が強くなるためと考えることができます。

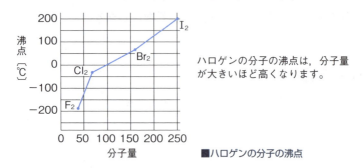

ハロゲンの分子の沸点は，分子量が大きいほど高くなります。

■ハロゲンの分子の沸点

極性分子の間に働く引力（極性引力）

極性分子の間には，無極性分子の間に比べて，静電気的な引力が余分に加わります。したがって，下図のように，分子量が同程度であっても，極性分子の方が無極性分子よりも沸点は高くなります。

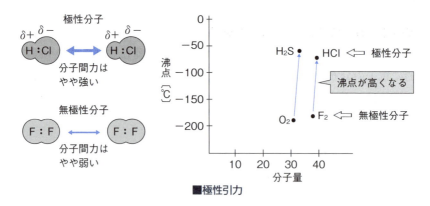

■極性引力

水素結合

フッ化水素 HF，水 H_2O，アンモニア NH_3 の沸点を調べると，分子量が小さいにも関わらず，かなり高い値を示します（次ページの表）。このことから，これらの分子間には，特に強い分子間力が働いていることがわかります。

■ HF, H₂O, NH₃と, HCl, H₂S, PH₃の分子量と沸点

分子	分子量	沸点
HF	20	20℃
H₂O	18	100℃
NH₃	17	−33℃

分子	分子量	沸点
HCl	36.5	−85℃
H₂S	34	−61℃
PH₃	34	−87℃

上の2つの表で横に並んだ分子の沸点を比べると, HF > HCl, H₂O > H₂S, NH₃ > PH₃ となっています。

この強い分子間力は, 次のようにして生じます。

電気陰性度が特に大きい原子 F (4.0), O (3.4), N (3.0) は電気陰性度の小さい原子 H (2.2) から共有電子対を強く引きつけます。そして, 次の図のように, 正 ($\delta +$) に帯電した H 原子と, 隣接する分子の負 ($\delta -$) に帯電した F 原子や O 原子との間に静電気的な引力が働きます。このように, H 原子を仲立ちとして, 隣接する分子どうしが引き合う結合を**水素結合**といいます。

*1) 水素結合の強さは, ファンデルワールス力の10倍程度の強さです。

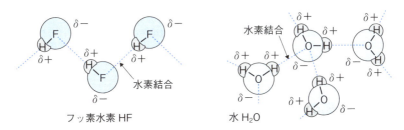

フッ素水素 HF　　　　水 H₂O

■水素結合

分子間力についてまとめると, 次のようになります。

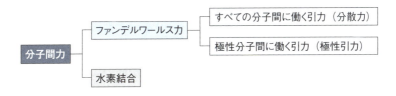

🧪 分子結晶

分子からなる物質は，常温では多くが液体や気体です。例えば，窒素 N_2，酸素 O_2，アルゴン Ar などは気体で，水 H_2O，エタノール C_2H_5OH，酢酸 CH_3COOH などは液体です。一方，ヨウ素 I_2，グルコース $C_6H_{12}O_6$ のように，常温で固体（結晶）として存在するものもあります。

ドライアイス CO_2，ヨウ素 I_2，氷 H_2O のように，多数の分子が分子間力によって引き合い，規則正しく配列してできた結晶を**分子結晶**といいます（下図）。

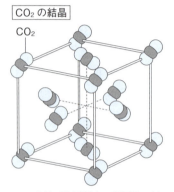

CO_2 分子が分子間力で規則的に並んでできた白色の結晶（ドライアイス）。木づちで簡単に割ることができ，常温では，容易に昇華します。

I_2 分子が分子間力で規則的に並んでできた黒紫色の結晶。常温では昇華しませんが，穏やかに加熱すると昇華します。

■分子結晶

🧪 分子結晶の性質

分子結晶の性質をまとめると，次のようになります。
(1) 軟らかく，外力を加えると砕けやすい。
(2) 融点は低いものが多い。
(3) 固体・液体ともに電気を通さない。
(4) 固体から直接気体になる性質（昇華性）を示すものが多い。

(3)の性質は，分子自身が電気的に中性な粒子であることが原因ですが，残りの性質はすべて，分子間に働く引力が弱いことが原因と考えられます。

■ **2-6** ■ 共有結合だけでできた物質 ■

2-6 共有結合だけでできた物質

学習の目標

● 共有結合だけでつながった結晶をつくる原子には，炭素Cやケイ素Siなどがあることを学習します。
● 多数の原子が共有結合だけでつながった結晶の性質や，その用途などについて学習します。

🧪共有結合の結晶

　水素や酸素などの非金属元素の原子どうしが共有結合をつくると，H_2やH_2Oのような分子ができます。しかし，14族の炭素Cやケイ素Siは原子価が4（最大）であるため，多数の原子が共有結合だけで結びついて大きな結晶をつくることができます。このように，多数の原子が共有結合によって次々に結びついてできた結晶を**共有結合の結晶**といいます。この結晶は，1個の巨大分子とみなすことができます。

　共有結合の結晶には，ダイヤモンドC，黒鉛C，ケイ素Si，二酸化ケイ素SiO_2などがあり，これらの物質の化学式は，構成する原子の種類と割合を最も簡単な整数比で示した組成式で表されます。

🧪ダイヤモンドと黒鉛

　ダイヤモンドと黒鉛は，いずれも炭素Cの同素体で，共有結合の結晶に分類されますが，性質が大きく異なります（p.14参照）。

ダイヤモンド

　ダイヤモンドCは，各炭素原子がもつ4個の価電子が隣接する炭素原子の価電子と共有結合して，正四面体の構造が繰り返された**立体網目状構造**をしています（次ページの上図）。

　このため，ダイヤモンドは極めて硬く，融点も非常に高いのです。また，結晶中では価電子のすべてが共有結合に使われているため，ダイヤモンドは電気を通しません[*1]。

---

*1）ダイヤモンドには，自由に動ける電子が存在しないので，可視光は自由に透過することができます。そのため，ダイヤモンドは無色透明に見えます。

61

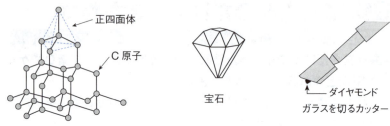

■ダイヤモンドの構造とその利用例

黒鉛（グラファイト）

　黒鉛Cは，各炭素原子がもつ4個の価電子のうち3個を使って隣接する炭素原子の価電子と共有結合し，正六角形の構造が繰り返された**平面層状構造**をつくっています。さらに，この平面層状構造どうしが弱い分子間力によって結びついています。

　このため，黒鉛は軟らかく，薄くはがれやすいのです。また，残りの1個の価電子は平面層状構造に沿って自由に動くことができるので，黒鉛は電気をよく通します。[*1]

*1) この自由に動ける価電子が可視光の大部分を吸収するので，黒鉛は黒色に見えるのです。

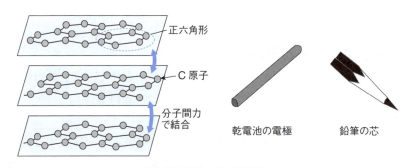

■黒鉛の構造とその利用例

　一般に，共有結合は非常に強い化学結合なので，共有結合の結晶は次のような共通した性質をもちます。
(1) 極めて硬く，融点が非常に高い。
(2) 電気を通しにくい。
(3) 水などの溶媒に溶けにくい。

ただし，黒鉛は共有結合の結晶に分類されますが，軟らかく電気を通すなど，他の共有結合の結晶とは異なる，**例外的な性質**を示します。

ケイ素と二酸化ケイ素

ケイ素Si

ケイ素Siも炭素と同じ14族元素で，4個の価電子をもちます。そのため，ダイヤモンドと同様に，正四面体の構造が繰り返された共有結合の結晶を形成します（下図の左）。ただし，C－C結合に比べてSi－Si結合はやや弱く，切れやすいので，ダイヤモンドは電気を通さない絶縁体ですが，ケイ素はわずかに電気を通す**半導体**としての性質を示します。この性質を利用して，高純度のケイ素は，コンピュータの電子部品や太陽電池のパネルなどに用いられます。

二酸化ケイ素 SiO_2

二酸化ケイ素 SiO_2 は，Si原子：O原子＝1：2の割合で共有結合してできた共有結合の結晶です。その内部は，SiO_4の四面体が繰り返された立体網目状構造をしています（下図の右）。

二酸化ケイ素は，ダイヤモンドと同様に，硬くて，融点が高く，電気も通しません。天然には，水晶[*1]や石英[*1]などとして存在し，時計の部品（水晶発振子）などに利用されます。また，高純度のものを繊維状にしたものは**光ファイバー**と呼ばれ，光通信に用いられます。

*1) 二酸化ケイ素からなる鉱物を石英といい，そのうち純粋な結晶（六角柱状など）のものを水晶といいます。

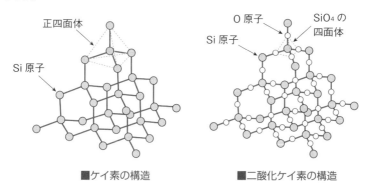

■ケイ素の構造　　　　　■二酸化ケイ素の構造

2-7 金属と金属結合

学習の目標
- 金属原子が結合する仕組みについて学習します。
- 金属がもつ特有の性質について学習します。

金属結合

鉄やアルミニウムなどの金属は，多数の金属原子が集まってできています。金属原子は，一般に，イオン化エネルギーが小さく，価電子を放出しやすい性質をもっています。

■金属原子の性質

多数の金属原子が集まった金属の単体では，隣接した最外殻が重なり合い，価電子はこれを伝わって金属中を移動できます。このように，金属中を自由に動きまわる電子を**自由電子**といいます。

自由電子は，特定の原子に所属することなく，すべての原子に共有される形で，金属原子を互いに結びつけています。このような自由電子による金属原子どうしの結合を**金属結合**といいます。

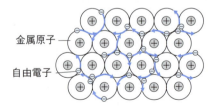

■金属結合(モデル図)

金属結晶

多数の金属原子が金属結合で結びついた結晶を**金属結晶**といいます。常温では，液体の水銀 **Hg** 以外の金属はすべて固体で，金属結晶を

構成しています。

金属を化学式で表すときは，組成式が用いられます。例えば，鉄や銅はそれぞれ1種類の原子からできているので，鉄はFe，銅はCuと表されます。

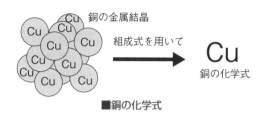

■銅の化学式

🧪 金属の性質

金属がもつ特有の性質は，自由電子の働きによって現れます。

(1) 特有の金属光沢をもつ

金属のもつ独特な輝きは，**金属光沢**と呼ばれます。これは，金属中の自由電子が外部からの可視光をいったん吸収した後，再び放出するために起こります。例えば，銀やアルミニウムの場合，可視光のすべての波長の光を吸収し，これをすべて再放出するので白色に見えます。一方，銅や金では，すべての波長の可視光を吸収しますが，一部の波長の光しか放出しないので，有色に見えます。

(2) 電気や熱の伝導性が大きい

金属中を自由電子が移動することによって，電気や熱のエネルギーが伝えられるので，金属は電気や熱をよく伝えます。また，下の図から，電気を伝えやすい金属は熱もよく伝えるという相関関係があることがわかります。

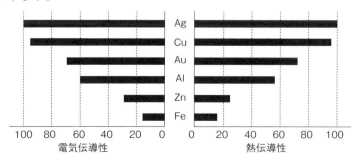

■主な金属の電気と熱の伝導性（銀Agを100としたときの値）

(3) 展性・延性が大きい

　金属は，適度な力を加えると，比較的自由に変形できます。金属をたたくと薄く広がり，箔にできる性質を**展性**，引っ張ると細く延び，線状にできる性質を**延性**といいます。これは，外力によって金属原子の位置がずれても，自由電子の移動によって，金属原子どうしの結合が保たれるからです。

■金属の展性・延性（モデル図）

金箔

金属中では，金が最も展性・延性にすぐれ，金1gは厚さ100nmの金箔に，約3000mの金線にできます。

金属の融点

　金属の融点は，水銀**Hg**のように低いもの（-39℃）から，タングステン**W**のように高いもの（3410℃）まで多様です。また，一般に，典型元素の金属よりも遷移元素の金属の方が融点が高いものが多いことが，下の図からわかります。

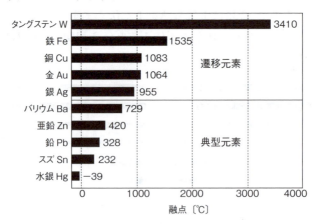

■主な金属の融点

2-8 化学結合と物質の分類

学習の目標

● 物質は，その構成粒子と結合の仕方に基づいて分類できることを学習します。

● 結晶には４種類あり，その特徴的な性質について学習します。

化学結合

物質中の原子どうしやイオンどうしの比較的強い結合を，まとめて**化学結合**といいます。しかし，分子間力は極めて弱い力なので，化学結合には含みません。物質を構成する元素の組み合わせによって，化学結合は，次の３種類に分類できます。

(1) **イオン結合**は，金属元素と非金属元素による化学結合です。

(2) **共有結合**は，非金属元素どうしによる化学結合です。

(3) **金属結合**は，金属元素のみからなる化学結合です。

結晶の分類

物質は，物質を構成する原子，分子，イオンなどの種類や，結合の仕方によって，次の４種類に分類されます。

イオンからなる物質はすべて**イオン結晶**で，融点は高く常温ですべて固体です。

分子からなる物質は気体や液体のものが多いですが，固体のものは**分子結晶**です。融点が低く，昇華しやすいものが多いです。

原子からなる物質のうち，金属元素の原子からできたものは，常温では水銀Hgを除いて**金属結晶**をつくり，融点が低いものから高いものまでさまざまです。

非金属元素のうち，炭素C，ケイ素Siなどの原子は**共有結合の結晶**をつくり，融点が非常に高いなどの性質をもっています。

以上のことをまとめると，次ページのように分類できます。

■ 2章　■ 化学結合

■結晶の分類

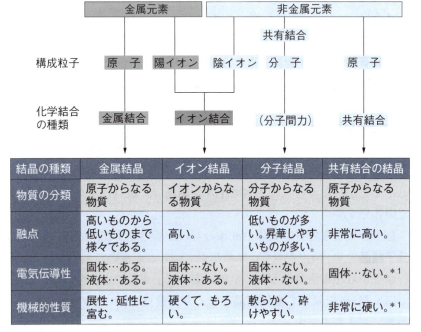

*1) 黒鉛は, 共有結合の結晶に分類されますが, 例外的に, 電気伝導性があり, 軟らかい。

🧪 結合の強さと融点の高低

結合の強さと物質の融点との間には,次のような関係があります。一般に,結合力の強い結合を含む物質の融点は高くなり,結合力の弱い結合を含む物質の融点は低くなります。

3種類の化学結合と分子間力とでは,結合力の強さに次のような関係があります。

共有結合＞イオン結合・金属結合≫分子間力

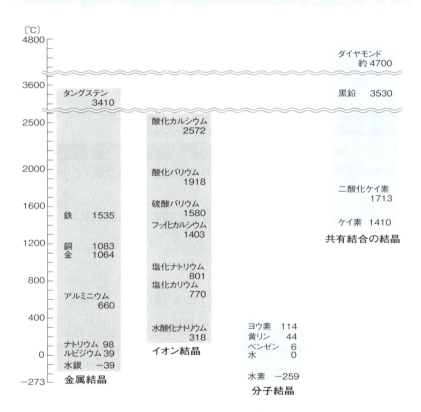

■結晶の分類と物質の融点〔℃〕

■ **3**章 ■ 物質量と化学反応式

3章 物質量と化学反応式

　原子や分子，イオンは極めて小さい粒子なので，1個ずつ扱うことは現実的ではありません。これらの粒子はある一定の個数をまとめた集団として考えると，取り扱いがずっと便利になります。また，ある物質が別の物質に変わる化学変化の際には，物質中の原子の組み合わせが変化するだけで，原子自体はまったく変化していません。

　この章では，物質を構成する粒子をまとめて扱う「物質量」の考え方と，化学反応式のつくり方および，化学反応の前後における各物質の量的関係などについて学習していきます。

3-1 原子量・分子量・式量

学習の目標

● 原子のような非常に小さな粒子の質量の表し方について学習します。

● 分子やイオンの質量を，相対質量で比較する方法について学習します。

🧪 原子の相対質量

　最も軽い水素原子 ^{1}H 1個の質量は 1.67×10^{-24} g です。また，天然で最も重いウラン原子 $^{238}_{92}U$ でも1個の質量は 3.95×10^{-22} g しかなく，電子天秤を使っても直接測定することはできません。このように，原子1個は決まった質量をもちますが，グラム単位で表すと，その値は極めて小さく，取り扱いがとても不便なのです。

　そこで，各原子1個の質量を，基準とする原子1個の質量と比較して求めた相対的な質量の値で表すことにします。

　現在，「質量数12の炭素原子 ^{12}C 1個の質量を12とする」という基準を定め，これとの比較で求めた他の原子1個の相対的な質量の値を，

70

原子の相対質量といいます（下図）。相対質量は質量の比を表す数値ですから，単位はありません。

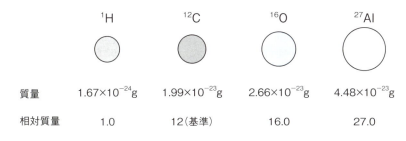

■原子の相対質量の考え方

　例えば，^{12}C 原子1個の質量は 1.99×10^{-23} g，^{16}O 原子1個の質量は 2.66×10^{-23} g です。^{12}C 原子の相対質量を12とするとき，^{16}O 原子の相対質量を x とおくと，

^{12}C 1個の質量：^{16}O 1個の質量 ＝ ^{12}C の相対質量：^{16}O の相対質量
1.99×10^{-23} g : 2.66×10^{-23} g $= 12 : x$

$$x = \frac{12 \times 2.66 \times 10^{-23} \text{ g}}{1.99 \times 10^{-23} \text{ g}} \fallingdotseq 16.0 \quad \text{より,}$$

^{16}O 原子の相対質量は約16.0となります。一般に，各原子の相対質量は，その質量数にごく近い値になります。

🧪 原子量

　天然の元素には，ナトリウム Na，フッ素 F，アルミニウム Al のように，同位体をもたず，1種類の原子だけからなるものもあります。しかし，多くの元素には，相対質量の異なるいくつかの同位体が存在し，地球上では，その割合（存在比）は変化せず，ほぼ一定になっています（p.25参照）。

　そこで，同位体の存在する元素の原子の相対質量を比較するときは，その元素を構成する各同位体の相対質量に存在比をかけて求めた平均値を用います。この平均値を，その**元素の原子量**といいます。原子量も相対質量なので，単位はありません。

例えば、天然の銅原子には、^{63}Cuと^{65}Cuの2種類の同位体が存在し、^{63}Cuは相対質量62.9、存在比69.2%、^{65}Cuは相対質量64.9、存在比30.8%なので、銅の原子量（平均値）は、次図のように求められます。

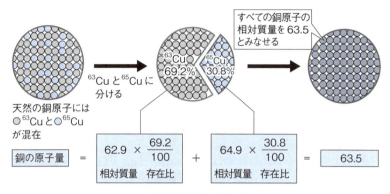

■銅の原子量の求め方

すなわち、同位体の存在を考慮すると、銅原子はすべて、相対質量が63.5であるとして扱うことができます。

なお、同位体の存在しない元素については、原子の相対質量＝元素の原子量となります。

各元素の原子量

同様にして求めた他の元素の原子量のおおよその値（概数値）は、下表の通りです。原子量が必要な計算を行う場合、このような概数値を用います。

■主な元素の原子量（概数値）

元素	H	C	N	O	Na	Mg	Al	S	Cl	K	Ca	Fe	Cu
原子量	1.0	12	14	16	23	24	27	32	35.5	39	40	56	63.5

元素の原子量は、その元素を構成するすべての原子の相対質量の平均値を求めたもので、単位のない数値です。

原子量の基準の変遷

化学の発展に伴い、原子量の基準となる元素が変わりました。
①ドルトンは、1805年、最も軽い水素 H ＝ 1 を基準としました。
②ベルセリウス（スウェーデン）は、1818年、多くの元素と化合物をつ

くる酸素O＝100を基準としました。
③スタス（ベルギー）は，1865年，酸素O＝100を，酸素O＝16に変更しました。
④同位体が発見された1920年以降，従来の**O＝16（化学的原子量）**[*1]と，**¹⁶O＝16（物理的原子量）**[*1]という2つの原子量が使われました。
⑤1961年，2つの原子量は，炭素 ¹²C＝12を基準とする原子量に統一され，現在に至っています。

*1) 天然の酸素（¹⁶O，¹⁷O，¹⁸Oの混合物）の相対質量を16.00…とする原子量を化学的原子量，¹⁶O原子の相対質量を16.00…とする原子量を物理的原子量といいます。

分子量

分子1個の質量も極めて小さいので，原子量と同様に，¹²C＝12を基準として求めた相対質量で表します。これを**分子量**といいます。分子量は，分子式を構成する元素の原子量の総和で求められます。分子量も相対質量なので，単位はありません。

例えば，アンモニアNH_3の分子量は，次のように求められます。

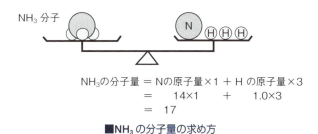

■NH_3の分子量の求め方

同様に，二酸化炭素CO_2の分子量も，次のように求められます。

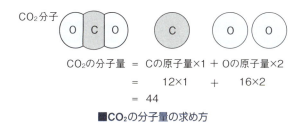

■CO_2の分子量の求め方

73

🧪 式量

イオンやイオン結晶，金属のように，独立した分子が存在しない場合には，分子量の代わりに**式量**が用いられます。式量は，組成式やイオン式を構成する元素の原子量の総和で求められます。式量も相対質量なので，単位はありません。

例えば，塩化ナトリウム**NaCl**の式量は，次のように求められます。

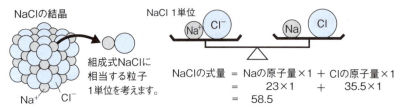

■NaClの式量の求め方

また，水酸化物イオン**OH$^-$**の式量は，次のように求められます。

■OH$^-$の式量の求め方

電子の質量は，陽子や中性子の質量の約$\frac{1}{1840}$しかなく（p.23参照），無視できるほど小さいので，イオンの質量はもとの原子の質量の総和と同じと考えてよいのです。

■ **3-2** ■ 物質量 ■

3-2 物質量

学習の目標

● 物質の量を質量や体積ではなく，粒子の数に基づいて表す方法を
考えていきます。

● 物質中に含まれる原子や分子の数の表し方について学習します。

🧪 アボガドロ数

私たちが物質の量を扱うとき，ふつう，質量や体積を用います。し
かし，化学変化では，物質をつくっている原子や分子などの組み合わ
せが変わるので，物質の量を粒子の数で考えると大変便利です。

ところで，原子や分子は非常に小さいため，私たちが実際に扱う物
質中には，極めて多数の原子や分子が含まれることになります。例え
ば，原子量の基準である ^{12}C 原子をちょうど12gはかり取ったとしま
す。この中には何個の原子が含まれているでしょうか。^{12}C 原子1個の
質量は 1.99×10^{-23} g ですから，その数は次のように求められます。

$$\frac{12g}{1.99 \times 10^{-23}g} \fallingdotseq 6.0 \times 10^{23}$$

この 6.0×10^{23} という数を**アボガドロ数**[*1]といいます。

*1) アボガドロ数には，単位はありません。

🧪 物質量

物質を構成する粒子の数は膨大であり，これをそのままの数で扱う
のは大変不便です。そこで，一定の数の粒子の集団をひとまとまりと
して扱う方法が考案されました。これは，12本の鉛筆を1ダースとし
て扱うのと基本的には同じ考え方になります。

化学で物質を量的に扱うときは，アボガドロ数 (6.0×10^{23}) の粒子の
集団をひとまとまりとします。このひとまとまりを**1モル**（単位：mol）
といいます。原子や分子などはこれほど多く集めないと，私たちが取
り扱いやすい量にはならないのです。

75

このように，粒子の個数に基づいて表した物質の量を，その物質の**物質量**といい，単位には〔mol〕が用いられます（下図）。

*1) モルとはラテン語で，「1山の」，「1盛りの」などの意味をもつ"moles"に由来します。

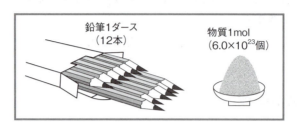

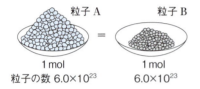

粒子の大きさ（質量）がそれぞれ異なっていても，粒子の数が同じ$6.0×10^{23}$であれば，物質量は1molで等しくなります。このような粒子の数に基づく物質量の概念は，化学反応を考えるときには，とても重要になります。

■物質量の概念

🧪 アボガドロ定数

物質1molあたりの粒子の数$6.0 × 10^{23}$/molを，**アボガドロ定数**といいます。単位の〔/mol〕は，毎モルまたはパーモルと読み，「1molあたり」という意味をもっています。

アボガドロ定数$6.0 × 10^{23}$/molは，粒子の数と物質量〔mol〕の変換に使われる定数です。

粒子の数＝物質量〔mol〕×アボガドロ定数〔/mol〕

$$物質量〔mol〕＝\frac{粒子の数}{アボガドロ定数〔/mol〕}$$

例えば，$3.0 × 10^{23}$（個）の粒子の物質量は次のように求められます。

$$物質量〔mol〕＝\frac{3.0 × 10^{23}}{6.0 × 10^{23}/mol}＝0.50\,mol$$

また，物質量0.25molに含まれる粒子の数は次のように求められます。

$$粒子の数＝0.25\,mol × 6.0 × 10^{23}/mol＝1.5 × 10^{23}$$

補足 **物理量の計算方法について**

単位のついた量を**物理量**といい，**物理量＝数値×単位**で表されます。

例えば，1m＋10m＝11mのような，同じ単位の物理量の加減算は可能ですが，1m＋1kgのような，異なる単位の物理量の加減算は不可能です。

一方，物理量の乗除算は，単位に関係なく可能です。

例えば，速度$v=\dfrac{10\,\text{m}}{2\,\text{s}}=\dfrac{10}{2}\times\dfrac{\text{m}}{\text{s}}=5\,\text{m/s}$　のように，数値は数値，単位は単位で別々に計算すれば，新しい物理量が単位を伴って求められます。

また，等式の両辺において，数値だけでなく，単位も一致する必要があります。

例えば，「物質量0.5mol中に含まれる粒子の数を求めなさい」という問題を考えます。

(1)　アボガドロ数を用いて計算すると，

　　　粒子の数＝物質量〔mol〕×アボガドロ数

　　　　　　　＝0.5mol×6.0×10^{23}

　　　　　　　＝3.0×10^{23}mol

求めたい粒子の数（左辺）は無単位なのに，計算で得られた答え（右辺）には単位〔mol〕がつき，両辺の単位が一致していません。これは正しい物理量の計算とはいえません。

(2)　アボガドロ定数を用いて計算すると，

　　　粒子の数＝物質量〔mol〕×アボガドロ定数

　　　　　　　＝0.5 mol×6.0×10^{23}/mol

　　　　　　　＝3.0×10^{23}

求めたい粒子の数（左辺）は無単位であり，計算で得られた答え（右辺）も無単位ですから，両辺の単位が一致しています。これは正しい物理量の計算といえます。

以上のことから，粒子の数と物質量〔mol〕を変換するときは，アボガドロ定数〔/mol〕を用いる必要があることがわかります。

物質1molの質量

炭素C原子，水H₂O分子，塩化ナトリウムNaCl粒子各1個あたりの質量の比は，原子量，分子量，式量の比と等しく，12：18：58.5ですが，この比の関係は同数倍しても変わりません。したがって，C原子，H₂O分子，NaCl粒子の6.0×10^{23}（個）の集団（1mol）の質量についても，12：18：58.5という比になるはずです。

すでに学習したように，C 12g中には6.0×10^{23}（個）のC原子が含まれるので（p.75参照），H₂O分子1molの質量は18g，NaCl粒子1molの質量は58.5gとなります（下図）。すなわち，**物質1molの質量は，原子量，分子量，式量の数値に単位〔g〕をつけたものに等しくなります。**

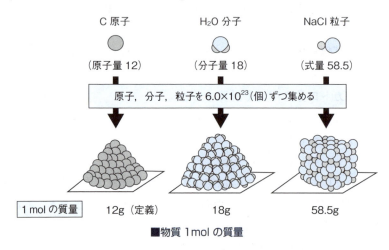

■物質1molの質量

モル質量

物質1molあたりの質量を**モル質量**といい，原子量，分子量，式量の数値に，単位〔g/mol〕をつけたものになります。

例えば，アルミニウムの原子量はAl = 27より，Alのモル質量は27g/molになります。また，二酸化炭素の分子量はCO₂ = 44より，CO₂のモル質量は44g/molになります。

モル質量は，物質の質量〔g〕と物質量〔mol〕の変換に使われる定数です。

物質の質量〔g〕＝物質量〔mol〕×モル質量〔g/mol〕*1

物質量〔mol〕＝ $\dfrac{物質の質量〔g〕}{モル質量〔g/mol〕}$

例えば，水分子9.0gの物質量は次のように求められます。

水の分子量は H_2O ＝（1.0×2）＋16＝18なので，H_2O のモル質量は18g/molです。

したがって，物質量〔mol〕＝ $\dfrac{9.0g}{18g/mol}$ ＝0.50mol　となります。

また，物質量0.20molの水分子の質量は，次のように求められます。

物質の質量〔g〕＝0.20mol×18g/mol＝3.6g

*1) 上式で，モル質量〔g/mol〕の代わりに物質1molの質量〔g〕を用いると両辺の単位が一致しなくなります。両辺の単位を一致させるためには，モル質量〔g/mol〕を用いる必要があるのです。

粒子の種類と物質量

同じ物質でも，着目する粒子の種類が変わると，その数が変わるため，物質量も変化します。したがって，物質量を求める場合は，どの粒子に着目しているかをしっかり見極める必要があります。

例えば，水素分子 $6.0×10^{23}$（個）の集団を考えます。

水素分子 (H-H) に着目すると，$6.0×10^{23}$（個）あるので，その物質量は1molとなります（右図）。

水素原子 (H) に着目すると，$2×6.0×10^{23}＝1.2×10^{24}$（個）あるので，その物質量は2molとなります。

粒子の種類が明らかな場合は，省略されることがありま

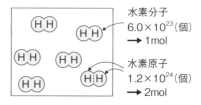

■水素分子と水素原子の物質量

す。特に，地球上では「分子」はごくあたりまえに存在する粒子ですので，省略されることが多く，注意が必要です。*2

*2) 水1mol，水素1molと言われたら，水分子1mol，水素分子1molと考えてください。水素原子1molと考えてはいけません。

🧪 アボガドロの法則

「すべての気体は,同温・同圧のとき,同体積中に同数の分子を含んでいる」。この関係を**アボガドロの法則**といいます(次図)。

この法則を言い換えると,「同温・同圧のとき,同数の分子を含む気体は,その種類に関係なく同じ体積を占める」ということになります。

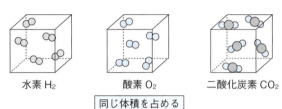

水素 H_2　　酸素 O_2　　二酸化炭素 CO_2

同じ体積を占める

アボガドロ(イタリア)が,この考えを提唱した当初は,仮説にすぎませんでしたが,現在では正しいことが証明され,法則と呼ばれるようになりました。

■アボガドロの法則

ところで,気体の体積は温度や圧力によって大きく変化します。そこで,気体の体積を比較するときは,その温度・圧力を0℃,1.0×10^5 Pa(パスカル)に統一します。この状態を**標準状態**といいます。

🧪 気体1molの体積

0℃,1.0×10^5 Paの標準状態では,気体1molの体積は,気体の種類に関係なく,**22.4L**を示すことが知られています(下図)。

1molあたりの体積を**モル体積**といい,標準状態では,どの気体のモル体積も**22.4L/mol**になります。

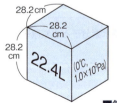

どの気体であっても,6.0×10^{23}(個)の分子を含む気体,すなわち1molの気体の体積は,0℃,1.0×10^5 Paで,22.4Lを占めます。

■気体1molの体積(標準状態)

気体のモル体積22.4L/molは,標準状態における気体の体積〔L〕と物質量〔mol〕の変換に使われる定数です。

気体の体積〔L〕＝物質量〔mol〕×モル体積〔L/mol〕

$$\text{物質量〔mol〕}=\frac{\text{気体の体積〔L〕}}{\text{モル体積〔L/mol〕}}$$

例えば，標準状態で体積が56Lの気体の物質量は，次のように求められます。

$$\text{物質量〔mol〕}=\frac{56\,\text{L}}{22.4\,\text{L/mol}}=2.5\,\text{mol}$$

また，物質量0.20molの気体の体積(標準状態)は，次のように求められます。

$$\text{気体の体積〔L〕}=0.20\,\text{mol}\times22.4\,\text{L/mol}=4.48\,\text{L}≒4.5\,\text{L}$$

🧪 気体の密度

気体が重いか軽いかは，同体積あたりの質量を比較すればわかります。ふつう，気体1Lあたりの質量〔g〕を**気体の密度**(単位は〔g/L〕)といい，次式で求められます。

$$\text{気体の密度〔g/L〕}=\frac{\text{気体の質量〔g〕}}{\text{気体の体積〔L〕}}=\frac{\text{気体のモル質量〔g/mol〕}}{\text{気体のモル体積〔L/mol〕}}$$

例えば，0.50Lの気体の質量が1.2gである気体の密度〔g/L〕は，

$$\frac{1.2\,\text{g}}{0.50\,\text{L}}=2.4\,\text{g/L}\quad\text{になります。}$$

🧪 気体の密度と分子量

気体の密度から分子量を求める

気体の密度〔g/L〕は，気体1Lあたりの質量〔g〕を表します。したがって，これを22.4倍して22.4Lの質量を求めると，この値が気体1molの質量〔g〕になります。すでに学習したように，分子1molの質量は，分子量に単位〔g〕をつけたものに等しいことから(p.78参照)，上記の気体1molの質量から単位〔g〕を除いたものが，気体の分子量になります。

例えば，標準状態での密度が1.25g/Lである気体の分子量は次のようになります。

この気体1mol(22.4L)の質量は，1.25g/L×22.4L＝28.0g　なので，この気体の分子量は，28.0gから単位〔g〕を除いた28.0となります。

81

気体の密度から分子量を求める

　アボガドロの法則より，同温・同圧のとき，同体積の気体中には同数の分子が含まれます。したがって，気体1Lあたりの質量（気体の密度）の比は，気体分子1個あたりの質量の比と等しく，さらに，気体の分子量の比とも等しくなります（下図）。つまり，気体の密度の比は，その気体の分子量の比に等しくなります。

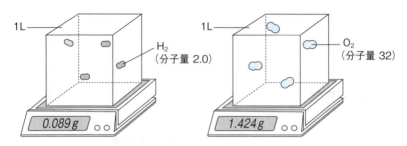

■気体の密度と分子量の関係

　例えば，同温・同圧において，ある気体Xの密度が酸素O_2（分子量32）の2.22倍であった場合，Xの分子量は次のようになります。

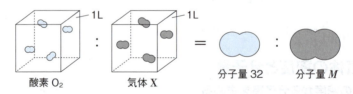

■気体Xの分子量の求め方

　気体Xの分子量をMとおきます。O_2の分子量は32であり，気体の密度の比は分子量の比と等しいことから，次の式が成り立ちます。

　$\underbrace{1:2.22}_{\text{密度の比}} = \underbrace{32:M}_{\text{分子量の比}}$　　$M ≒ 71.0$

したがって，気体Xの分子量は71.0となります。

🧪 物質量のまとめ

下図からわかるように，粒子の数⇔物質の質量⇔気体の体積を，直接相互に変換することはできません。しかし，物質量〔mol〕を仲立ちとすることによって，粒子の数，物質の質量，気体の体積を，相互に変換することができます。

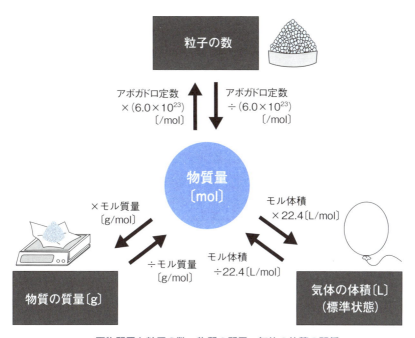

■物質量と粒子の数・物質の質量・気体の体積の関係

例1　4.0gのメタン CH_4（分子量16）に含まれる分子の数

メタンの分子量が $CH_4 = 16$ より，そのモル質量は $16\,g/mol$。

メタン4.0gの物質量 $= \dfrac{4.0\,g}{16\,g/mol} = 0.25\,mol$

メタン分子の数 $= 0.25\,mol \times 6.0 \times 10^{23}/mol$
$= 1.5 \times 10^{23}$　答

■ **3章** ■ 物質量と化学反応式

> **例2** 粒子の数が3.0×10^{22}の二酸化炭素CO_2の標準状態での体積

CO_2の分子数3.0×10^{22}個の物質量$= \dfrac{3.0 \times 10^{22}}{6.0 \times 10^{23}/\mathrm{mol}} = 0.050\,\mathrm{mol}$

CO_2の体積$= 0.050\,\mathrm{mol} \times 22.4\,\mathrm{L/mol}$

$\qquad\qquad = 1.12\,\mathrm{L} \fallingdotseq 1.1\,\mathrm{L}$ ☞答

> **例3** 標準状態で$5.6\,\mathrm{L}$の窒素N_2（分子量28）の質量

$N_2\ 5.6\,\mathrm{L}$の物質量$= \dfrac{5.6\,\mathrm{L}}{22.4\,\mathrm{L/mol}} = 0.25\,\mathrm{mol}$

窒素の分子量は$N_2 = 28$より，そのモル質量は$28\,\mathrm{g/mol}$。

N_2の質量$= 0.25\,\mathrm{mol} \times 28\,\mathrm{g/mol}$

$\qquad\quad = 7.0\,\mathrm{g}$ ☞答

補足 **指数の計算方法**

1. 指数の計算には，次の公式を利用します。

> (1) $10^0 = 1$
>
> (2) $10^a \times 10^b = 10^{a+b}$
>
> (3) $10^a \div 10^b = 10^{a-b}$
>
> (4) $(10^a)^b = 10^{ab}$

2. 指数のついた数の計算は，指数部分とそれ以外の部分に分けて行います。

  (1) $(A \times 10^a) \times (B \times 10^b) = AB \times 10^{a+b}$

    例 $(5.0 \times 10^3) \times (3.0 \times 10^5) = 15 \times 10^8 = 1.5 \times 10^9$

    答を$A \times 10^n$の形で表す場合，Aは$1 \leqq A < 10$にするのが一般的なので，15×10^8ではなく，1.5×10^9と表す方がよい。

  (2) $(A \times 10^a) \div (B \times 10^b) = \dfrac{A \times 10^a}{B \times 10^b} = \dfrac{A}{B} \times 10^{a-b}$

    例 $(3.0 \times 10^3) \div (6.0 \times 10^5) = \dfrac{3.0 \times 10^3}{6.0 \times 10^5} = 0.5 \times 10^{-2}$

$\qquad\qquad\qquad\qquad\qquad\qquad\quad = 5.0 \times 10^{-3}$

3-3 溶液の濃度

学習の目標
- 溶液の濃度は、溶液と溶液中に溶けている溶質との割合で表されることを学習します。
- 溶液の濃度には、いくつかの表し方があり、相互変換の仕方についても学習します。

溶液

水に食塩を加えてかき混ぜると、やがて無色透明で均一な液体になります。このような現象を物質の**溶解**といい、溶解によって生じた均一な液体を**溶液**といいます。

溶液の成分のうち、水のように他の物質を溶かす液体を**溶媒**、食塩のように溶けた物質を**溶質**[*1]といいます。特に、溶媒が水の場合、得られた溶液は**水溶液**と呼ばれます。

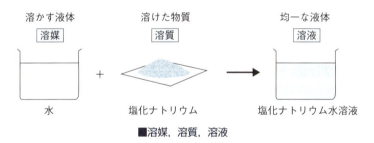

■溶媒、溶質、溶液

*1) 食塩などの固体だけでなく、エタノールなどの液体や二酸化炭素などの気体が溶質である場合もあります。

濃度

つくった溶液の**濃度**は、溶液と溶液中に溶けている溶質との割合で表されます。例えば、食塩水(溶液)中に、食塩(溶質)がどの程度含まれているかによって、食塩水の濃度が変わります。

溶液の濃度として、質量パーセント濃度とモル濃度がよく用いられます。

■ **3章** ■ 物質量と化学反応式

⚗ 質量パーセント濃度

溶液の質量に対する溶質の質量の割合をパーセント(%)で表した濃度を，**質量パーセント濃度**といいます。

$$質量パーセント濃度〔\%〕 = \frac{溶質の質量〔g〕}{溶液の質量〔g〕} \times 100$$
$$= \frac{溶質の質量〔g〕}{溶媒の質量〔g〕+溶質の質量〔g〕} \times 100$$

例えば，食塩水100g中に食塩20gが溶けている水溶液の質量パーセント濃度は20%になります。

しかし，100gの水に食塩を25g溶かした水溶液の質量パーセント濃度は25%ではなく，次のようになります。

$$\frac{25\,g}{100\,g + 25\,g} \times 100 = 20\%$$

⚗ モル濃度

溶液1L中に溶けている溶質の量を物質量(mol)で表した濃度を，**モル濃度**といいます。その単位には，〔mol/L〕を用います。

$$モル濃度〔mol/L〕 = \frac{溶質の物質量〔mol〕}{溶液の体積〔L〕}$$

例えば，塩化ナトリウム0.10molを水に溶かして0.50Lとした水溶液のモル濃度は次のようになります。

$$\frac{0.10\,mol}{0.50\,L} = 0.20\,mol/L$$

⚗ 質量パーセント濃度とモル濃度の違い

次ページの図(a)のように，粒子A, Bを同質量ずつ溶かした溶液は，同じ質量パーセント濃度になります（粒子の数は等しくはありません）。

また，下図(b)のように，粒子A，Bを同物質量ずつ溶かした溶液は，同じモル濃度になります(粒子の数も等しくなります)。

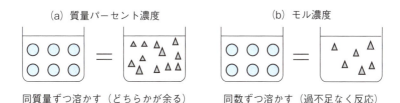

■質量パーセント濃度とモル濃度の違い

ここで，溶液中で粒子AとBが1:1の割合で反応すると仮定します。上図(a)のように，同じ質量パーセント濃度の溶液を同質量ずつ反応させても，どちらかが余り，過不足なく反応することはありません。一方，上図(b)のように，同じモル濃度の溶液を同体積ずつ反応させると，過不足なく反応します。

すなわち，溶液中での粒子の反応を考える場合，粒子の数に基づくモル濃度が有用であることがわかります。

🧪 モル濃度の有用性

前ページのモル濃度を求める式を変形すると，次式となります。

溶質の物質量〔mol〕＝モル濃度〔mol/L〕×溶液の体積〔L〕

したがって，溶液のモル濃度がわかっている場合，その体積がわかれば，溶けている溶質の物質量を簡単に求めることができます。このとき，溶液の体積は，〔mL〕ではなく〔L〕に直しておく必要があります。

例えば，1.0 mol/L塩化ナトリウム水溶液50 mL中に溶けている塩化ナトリウムの物質量は，次のようになります。

$$\text{溶質の物質量〔mol〕} = 1.0\,\text{mol/L} \times \frac{50}{1000}\,\text{L} = 0.050\,\text{mol}$$

一定のモル濃度の溶液のつくり方

例 0.10 mol/L 塩化ナトリウム NaCl 水溶液 1L のつくり方（下図）
① 電子天秤で，NaCl の結晶 5.85 g（= 0.10 mol）をはかり取ります。
② はかった NaCl の結晶を，ビーカーに入れた約 500 mL の純水に溶かします（直接，NaCl をメスフラスコ内で溶かしてはいけません）。
③ つくった水溶液をすべてメスフラスコに移します。このとき，ビーカー内を少量の純水で洗い，その洗液もメスフラスコに入れます。
④ 標線までピペットで純水を加え，メスフラスコに栓をして，逆さにしてよく振り，均一な濃度の溶液にします。

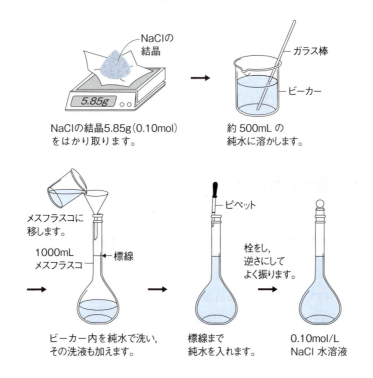

■ 0.10 mol/L 塩化ナトリウム水溶液 1L のつくり方

質量パーセント濃度とモル濃度の変換

溶液の密度〔g/cm³〕と溶質のモル質量〔g/mol〕がわかれば，質量パーセント濃度〔%〕とモル濃度〔mol/L〕を変換できます。

質量パーセント濃度では溶液の量は決められていませんが，モル濃度は1Lあたりの濃度と決められています。したがって，両濃度を変換する場合，溶液1L（= 1000 cm³）について考えていきます。

例えば，20%水酸化ナトリウムNaOH水溶液の密度が1.2 g/cm³であるとき，この水溶液のモル濃度は次のように求められます。

溶液1L（= 1000 cm³）の質量は，（体積）×（密度）より，

$1000 \, \text{cm}^3 \times 1.2 \, \text{g/cm}^3 = 1200 \, \text{g}$

この中にNaOH（溶質）が20%含まれているので，NaOHの質量は，

$1200 \, \text{g} \times \dfrac{20}{100} = 240 \, \text{g}$

NaOHの式量は40なので，そのモル質量は40 g/molです。
したがって，NaOH 240 gの物質量は，

$\dfrac{240 \, \text{g}}{40 \, \text{g/mol}} = 6.0 \, \text{mol}$

溶液1L中に溶質6.0 molが溶けているので，6.0 mol/Lとなります。

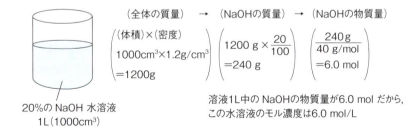

■質量パーセントとモル濃度の変換

3-4 化学反応式

学習の目標
- 化学変化を化学式を用いて表す化学反応式について学習します。
- イオンどうしの反応を表すイオン反応式について学習します。

物理変化

　氷を加熱すると水になり，さらに加熱すると水蒸気になります。逆に，水蒸気を冷却すると水になり，さらに冷却すると氷になります(次図)。このように，水の状態変化では，水分子の集まり方が変わっただけで，水分子そのものはまったく変化していません。

　このような変化を**物理変化**といいます。物理変化の例として，状態変化のほかに，物質の溶解や析出などがあげられます。

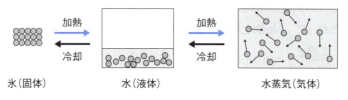

■水の状態変化(物理変化)

化学変化

　水素 H_2 が燃焼すると，酸素 O_2 と反応して水 H_2O が生じますが，水を電気分解すると，水素 H_2 と酸素 O_2 が発生します。

　このように，ある物質が別の物質に変わる変化を**化学変化**または，**化学反応**といいます。水素が燃焼して水を生じる化学反応を，物質の構成粒子のモデル図で表すと次のようになります。

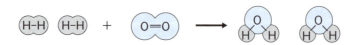

　この図から，水素が燃焼すると，H－Hの結合とO＝Oの結合が切れ，新たにO－Hの結合が生じていることがわかります。

このように，化学変化とは，原子どうしの組み合わせが変わり，異なる粒子が生じる変化なのです。すなわち，化学変化が起こっても，原子の種類が変わったり，新しい原子が誕生したり，原子が消滅したりすることは決してありません。

🧪 化学反応式

化学変化を構成粒子のモデル図で表すのは，とても面倒です。そこで，もっと簡単で表しやすい方法が考えられました。

化学式を使って，化学変化を表した式を，**化学反応式**または，単に**反応式**といいます。上で説明した通り，化学変化では原子どうしの組み合わせが変わるだけで，原子の種類や原子の数が変化することはありません。このことに基づいて，化学反応式は，次のような手順でつくることができます。

1 反応前の物質（**反応物**といいます）の化学式を左辺に，反応後の物質（**生成物**といいます）の化学式を右辺に書き[*1]，左辺と右辺を矢印（⟶）で結びます。

2 両辺の各原子の数が等しくなるように，各物質の化学式の前に係数をつけます。係数は最も簡単な整数比となるようにし，係数1は省略します。

3 反応の前後で変化しない物質（触媒や溶媒の水など）[*2]は，反応式の中には書きません。

*1）反応物や生成物が複数あるときは，＋を書いてつないでおきます。
*2）反応の前後で自身は変化しないが，化学反応を促進させる働きをもつ物質を**触媒**といいます（p.247参照）。その代表として，酸化マンガン（IV）MnO_2があります。

🧪 係数つけ（目算法）

化学反応式をつくる手順において，特に，**2** で正しく係数をつけることがとても重要です。そこで，反応式に係数をつける一般的な方法を紹介します。

> **1** 化学式中で，最も複雑そうな物質（多くの元素を含む化合物）の係数を1とおきます。
> **2** 登場回数の少ない原子から順に，その数を合わせます。
> **3** 登場回数の多い原子は，最後にその数を合わせます。
> **4** 係数が分数になったときは，分母を払って整数に直します。
> **5** 最後に，係数の1は省略します。

このように，ある物質の係数を1とおいて，暗算によって，他の物質の係数をつけていく方法を**目算法**といいます。

例題 1

プロパン C_3H_8 の燃焼を表す反応式に係数をつけなさい。
$$C_3H_8 + O_2 \longrightarrow CO_2 + H_2O$$

解き方

① 最も複雑そうな物質 C_3H_8 の係数を1とおきます。 **1**

$$1C_3H_8 + O_2 \longrightarrow CO_2 + H_2O$$

② C原子の数から，CO_2 の係数を決めます。 **2**

左辺のC原子は3個なので，右辺の CO_2 の係数は3になります。

$$1C_3H_8 + O_2 \longrightarrow 3CO_2 + H_2O$$

③ H原子の数から，H_2O の係数を決めます。 **2**

左辺のH原子は8個なので，右辺の H_2O の係数は4になります。

$$1C_3H_8 + O_2 \longrightarrow 3CO_2 + 4H_2O$$

④ O原子の数から，O_2 の係数を決めます。 **3**

右辺のO原子は10個なので，左辺の O_2 の係数は5になります。

$$1C_3H_8 + 5O_2 \longrightarrow 3CO_2 + 4H_2O$$

⑤ 係数の1は省略します。 **5**

$$C_3H_8 + 5O_2 \longrightarrow 3CO_2 + 4H_2O \quad 答$$

3-4 化学反応式

例題 2

メタノール CH_4O の燃焼を表す反応式に係数をつけなさい。

$$CH_4O + O_2 \longrightarrow CO_2 + H_2O$$

解き方

①最も複雑そうな物質 CH_4O の係数を1とおきます。　☞ **1**

$$1CH_4O + O_2 \longrightarrow CO_2 + H_2O$$

②C原子の数から，CO_2 の係数を決めます。　☞ **2**

左辺のC原子は1個なので，右辺の CO_2 の係数も1になります。

$$1CH_4O + O_2 \longrightarrow 1CO_2 + H_2O$$

③H原子の数から，H_2O の係数を決めます。　☞ **2**

左辺のH原子は4個なので，右辺の H_2O の係数は2になります。

$$1CH_4O + O_2 \longrightarrow 1CO_2 + 2H_2O$$

④O原子の数から，O_2 の係数を決めます。　☞ **3**

右辺のO原子は4個ですが，左辺の O_2 の係数は2にはなりません。左辺の CH_4O にはO原子が1個あるので，O原子はあと3個必要です。O_2 の係数は $\frac{3}{2}$ になります。

$$1CH_4O + \frac{3}{2}O_2 \longrightarrow 1CO_2 + 2H_2O$$

⑤係数が分数なので，整数に直します。　☞ **4**

両辺を2倍して分母を払うと，化学反応式が完成します。

$$2CH_4O + 3O_2 \longrightarrow 2CO_2 + 4H_2O \quad ☜ 答$$

🧪注意すべき事項

化学反応式を書く際に注意すべき事項は，次の通りです。

1 物質の燃焼に使われる酸素 O_2 は省略されているので，必ず，自分で補ってください。

2 反応によって生成する水 H_2O は省略されていることが多いので，必要に応じて補う必要があります。

3 触媒として働く物質は反応の前後で変化しないので，反応式中には書かないように注意してください。

93

例題 3
メタン CH_4 が燃焼すると，二酸化炭素と水が生成する。

解き方

$CH_4 + O_2 \longrightarrow CO_2 + H_2O$

（燃焼に必要な O_2 を補う **1**）

CH_4 の係数を1とおき，目算法で係数をつけると，化学反応式が完成します。

$CH_4 + 2O_2 \longrightarrow CO_2 + 2H_2O$ 答

例題 4
過酸化水素 H_2O_2 水に，酸化マンガン(Ⅳ) MnO_2（触媒）を加えると酸素が発生する。

解き方

$H_2O_2 + MnO_2 \longrightarrow O_2$

（触媒は反応式に書かない **3**）

$H_2O_2 \longrightarrow O_2 + H_2O$

（生成物の水を補う **2**）

H_2O_2 の係数を1とおき，目算法で係数をつけると，化学反応式が完成します。

$2H_2O_2 \longrightarrow O_2 + 2H_2O$ 答

🧪 イオン反応式

水溶液中で，特定の陽イオン A^+ と陰イオン B^- だけが反応して，水に溶けにくい物質(**沈殿**)が生成することがあります。

例えば，硝酸銀 $AgNO_3$ 水溶液に塩化ナトリウム $NaCl$ 水溶液を加えると，水溶液中の銀イオン Ag^+ と塩化物イオン Cl^- だけが反応して，塩化銀 $AgCl$ の白色沈殿を生じます（右図，p.17参照）。

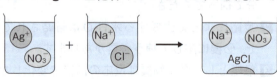

■銀イオンと塩化物イオンの反応

この化学変化は，次の化学反応式で表されます。

AgNO₃ + NaCl ⟶ AgCl + NaNO₃

このうち，電離しているものをイオン式で表すと，

Ag⁺ + NO₃⁻ + Na⁺ + Cl⁻ ⟶ AgCl + Na⁺ + NO₃⁻

このとき，Na⁺とNO₃⁻は水溶液中に溶けたままで，反応には関係していません。そこで，これらを省略し，反応に関係したイオンだけに着目して反応式で表すと，

Ag⁺ + Cl⁻ ⟶ AgCl

このように，反応に関係したイオンだけで表した反応式を，**イオン反応式**といいます。

また，イオン反応式の両辺に，反応に関係しなかったイオンを，電荷の総和が0になるように加えて整理すると，化学反応式に戻すこともできます。

AgNO₃ + NaCl ⟶ AgCl + NaNO₃

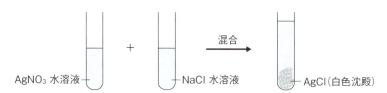

■硝酸銀水溶液と塩化ナトリウム水溶液の反応

イオン反応式では，両辺で各原子の数が等しいだけでなく，電荷の総和も等しくなるように，係数をつけます。

例えば，銅Cuと銀イオンが反応して，銅（Ⅱ）イオンCu²⁺と銀Agが生成する反応において，反応物を左辺に，生成物を右辺に示すと，

Cu + Ag⁺ ⟶ Cu²⁺ + Ag

上式では，各原子の数は合っていますが，左辺の電荷は＋1，右辺の電荷は＋2で合っていません。そこで，この電荷を合わせるため，**Ag⁺**の係数を2倍すると両辺の電荷は合い，さらに，Ag原子の数が合うようにAgの係数を2倍すると，次のイオン反応式が得られます。

Cu + 2Ag⁺ ⟶ Cu²⁺ + 2Ag

■ 3章 ■ 物質量と化学反応式

3-5 化学反応式の量的関係

学習の目標

● 化学反応式の係数が表す意味について学習します。
● 化学反応式における反応物と生成物の量的な関係について学習します。

化学反応式の係数の意味

　化学反応式は，単に，反応物と生成物の種類を化学式で表したものではありません。化学反応式の係数の比は，反応物と生成物の粒子の数の比を表します。

　各粒子を6.0×10^{23}個の集団として考えると，化学反応式の係数の比は，反応物と生成物の物質量の比を表します。

　また，反応物と生成物が気体の場合，化学反応式の係数の比は，気体の体積の比も表します。

　ただし，化学反応式の係数の比は，反応物や生成物の質量の比は表していません。反応物と生成物の質量の比は，物質量の比とそれぞれのモル質量から求める必要があります。

化学反応の量的関係

　メタンCH_4の燃焼を表す化学反応式では，次のことがわかります（次ページの図）。

(1)　メタン1分子と酸素O_2 2分子から，二酸化炭素CO_2 1分子と水H_2O 2分子が生じます。

(2)　(1)の各分子数を6.0×10^{23}倍すると，メタン1molと酸素2molから，二酸化炭素1molと水2molが生じることがわかります。

　➡反応式の係数の比は，各物質の物質量の比に等しい。

(3)　標準状態で気体1molの体積は22.4Lですから，(2)の物質量の関係より，メタン22.4Lと酸素44.8Lから二酸化炭素22.4Lが生じることがわかります（水は標準状態では液体なので，この関係にはあては

96

■ **3-5** ■ 化学反応式の量的関係 ■

まりません)。

➡反応に関係する気体の体積の間には，簡単な整数の比が成り立ちます(**気体反応の法則**, p.101参照)。

(4) モル質量は，$CH_4 = 16\,g/mol$，$O_2 = 32\,g/mol$，$CO_2 = 44\,g/mol$，$H_2O = 18\,g/mol$なので，(2)の物質量の関係より，メタンCH_4：$1\,mol \times 16\,g/mol = 16\,g$と酸素$O_2$：$2\,mol \times 32\,g/mol = 64\,g$から，二酸化炭素$CO_2$：$1\,mol \times 44\,g/mol = 44\,g$と，水$H_2O$：$2\,mol \times 18\,g/mol = 36\,g$が生じることがわかります。

➡反応物の質量の和$16 + 64 = 80\,g$と，生成物の質量の和$44 + 36 = 80\,g$は等しくなります(**質量保存の法則**, p.100参照)。

■メタンの燃焼を表す化学反応式の量的関係

物質	メタン +	酸素 ⟶	二酸化炭素 +	水
化学反応式	CH_4 +	$2O_2$ ⟶	CO_2 +	$2H_2O$
係数	1	2	1	2
分子モデル				
分子の数	1個	2個	1個	2個
物質量	1mol	2mol	1mol	2mol
モル質量	16g/mol	32g/mol	44g/mol	18g/mol
質量	1mol × 16g/mol = 16g	2mol × 32g/mol = 64g	1mol × 44g/mol = 44g	2mol × 18g/mol = 36g
気体の体積 (標準状態)	22.4L	44.8L	22.4L	液体(水)

97

■ **3**章 ■ 物質量と化学反応式

> **例題 5**
>
> プロパン C_3H_8 0.1molの燃焼反応について答えなさい。
> (1) 生成した二酸化炭素は，標準状態で何Lですか。
> (2) 生成した水は何gですか。ただし，水のモル質量は 18g/molとします。

解き方

反応式 　　C_3H_8 ＋ $5O_2$ ⟶ $3CO_2$ ＋ $4H_2O$
物質量比 　1mol ： 5mol ： 3mol ： 4mol

　反応式の係数の比は，上に示したように各物質の物質量の比を表します。

(1) 生成した二酸化炭素 CO_2 の体積（標準状態）は，次のようになります。

　　反応式の係数の比より，C_3H_8：CO_2 ＝ 1：3（物質量比）となります。したがって，

　　生成した CO_2 の物質量 ＝ 0.1 mol × 3 ＝ 0.3 mol

　　次に，CO_2 の物質量を体積（標準状態）に換算するには，気体のモル体積22.4L/molを用います。

　　生成した CO_2 の体積（標準状態）＝ 0.3 mol × 22.4 L/mol

　　　　　　　　　　　　　　　　　　　 ＝ 6.72L ≒ 6.7L 　答

(2) 生成した水 H_2O の質量は，次のようになります。

　　反応式の係数の比より，C_3H_8：H_2O ＝ 1：4（物質量比）となります。したがって，

　　生成した H_2O の物質量 ＝ 0.1 mol × 4 ＝ 0.4 mol

　　H_2O のモル質量は18g/molなので，

　　生成した H_2O の質量 ＝ 0.4 mol × 18 g/mol ＝ 7.2g 　答

🧪反応物に過不足がある場合

　2種類の物質が反応する場合，両者がいつも過不足なく反応するとは限りません。一方の物質が不足し，他方の物質が余る場合もあります。このように，反応物の物質量に過不足がある場合，次のような量的関係になります。

- 反応物（多いほう）…一部が反応せずに残る。
- 反応物（少ないほう）…すべて反応する。

したがって，すべて反応する（少ないほうの）反応物の物質量を基準にして，生成物の物質量を求める必要があります。

例えば，亜鉛 Zn に希塩酸 HCl を加えると，水素 H_2 が発生するとともに塩化亜鉛 $ZnCl_2$ が生成します。0.1 mol の Zn と 0.5 mol の HCl を反応させた場合，この反応で発生した H_2 の物質量は次のように 0.1 mol となります。

化学反応式	Zn	+	2HCl	⟶	$ZnCl_2$	+	H_2
反応前	0.1 mol		0.5 mol		0 mol		0 mol
変化量	−0.1 mol		−0.2 mol		+0.1 mol		+0.1 mol
反応後	0 mol		0.3 mol		0.1 mol		0.1 mol

鉄粉 Fe 5.6 g と硫黄 S 4.8 g を混ぜ合わせ，加熱しました。生成した硫化鉄（Ⅱ）FeS は何 g ですか。モル質量は，Fe＝56 g/mol，S＝32 g/mol，FeS＝88 g/mol とします。

反応式　　　Fe　＋　S　⟶　FeS
物質量比　 1 mol　：　1 mol　：　1 mol

反応式の係数の比は，各物質の物質量の比を表します。

反応物の物質量の過不足を比較するために，Fe と S の物質量を求めると，

$$\text{Fe の物質量} = \frac{5.6\,\text{g}}{56\,\text{g/mol}} = 0.10\,\text{mol}$$

$$\text{S の物質量} = \frac{4.8\,\text{g}}{32\,\text{g/mol}} = 0.15\,\text{mol}$$

Fe の物質量の方が少ないので，生成する FeS の物質量は Fe の物質量と同じ 0.10 mol になります。

FeS の質量 ＝ 0.10 mol × 88 g/mol ＝ 8.8 g　答

3-6 化学の基本法則

学習の目標
- 化学の基本法則と，原子説・分子説について学習します。
- それぞれの基本法則から，原子や分子の存在が確信されるようになった経緯を学習します。

🧪 原子説の確立

質量保存の法則

ラボアジエ（フランス）は，1774年，密閉容器の中で金属（スズ）を燃焼させる実験を行い，燃焼前後の物質の質量変化を自作の天秤を使って精密に測定しました。その結果，「化学反応において，反応前の質量の総和と反応後の質量の総和は変わらない」ということを発見しました。これを**質量保存の法則**といいます。

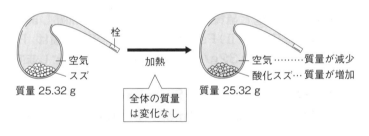

■ラボアジエの実験

定比例の法則

プルースト（フランス）は，1799年，天然の鉱物や化合物について，その元素組成を詳しく調べました。その結果，「同じ化合物を構成する成分元素の質量の比は常に一定である」ということを発見しました。これを**定比例の法則**といいます。

例えば，「海水を蒸留して得られる水も，水素の燃焼で生じる水も，含まれる水素と酸素の質量比は，どちらも1：8となる」ということです。

原子説

ドルトン(イギリス)は，1803年，質量保存の法則や定比例の法則を矛盾なく説明するために，次のような**原子説**を提唱しました。

1 物質は，それ以上分割できない最小の粒子(**原子**)からできている。

2 同じ種類の原子は，一定の質量と大きさをもち，同じ性質をもつ。

3 異なる種類の原子は，一定の割合で結合し，複合原子(化合物)をつくる。

4 原子は，化学変化によって誕生したり消滅したりすることはない。

倍数比例の法則

ドルトンは，1803年，自らの原子説を裏付けるものとして，次に述べる**倍数比例の法則**を見い出しました。

「A，B 2つの元素からなる複数の化合物において，一定質量のAと化合しているBの質量は，これらの化合物の間では，簡単な整数比になる」

例えば，炭素と酸素の化合物である一酸化炭素**CO**と二酸化炭素**CO_2**について，その質量比の関係を示すと以下のようになります。

CO　　炭素：酸素 = 12g：16g

CO_2　　炭素：酸素 = 12g：32g

炭素12gと化合する酸素の質量の比は，16g：32g = 1：2となります。このような簡単な整数比が成り立つのは，1個，2個と数えられる原子が存在するためであるとドルトンは考え，原子説の証拠としました。

気体反応の法則

ゲーリュサック(フランス)は，1808年，気体どうしの反応における体積の変化を詳しく調べました。その結果，「気体どうしの反応におい

て，反応に関係する気体の体積の間には，同温・同圧では，簡単な整数比が成り立つ」ということを発見しました。これを**気体反応の法則**といいます。

彼は，気体反応の法則を原子説によって説明するため，「すべての気体は，同温・同圧では，同体積中に同数の原子または複合原子を含む」と仮定して，水素＋塩素→塩化水素の反応を説明しようとしましたが，果たせませんでした（下図）。

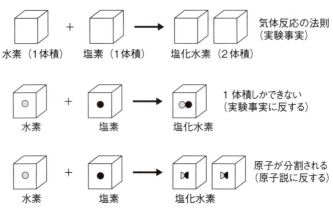

■原子説に基づく気体反応の法則の説明

分子説の確立

分子説

アボガドロ（イタリア）は，1811年，気体反応の法則を矛盾なく説明するために，次のような分子説を提唱しました。

> **1** 気体は，同種・異種を問わず，いくつかの原子が結合した粒子（**分子**）からできている。
> **2** 同温・同圧では，気体は同体積中に同数の分子を含む。

分子説を用いると，次ページの上図のように，気体反応の法則は矛盾なく説明できます。

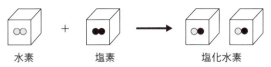

原子を分割することなく，実験事実をうまく説明できます。

■**分子説に基づく気体反応の法則の説明**

　この功績を記念して，^{12}C 12 g 中に含まれる原子の数，すなわち 6.0×10^{23} という数に対して，アボガドロ数という名前がつけられました。

　また，アボガドロの分子説の**2**は，現在では正しいことが認められ，**アボガドロの法則**と呼ばれています（p.80参照）。

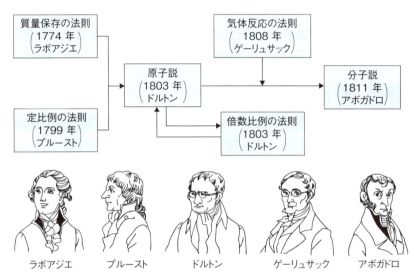

■**化学の基本法則の流れ**

　ここまで説明したように，18世紀後半から，化学変化に伴う質量の変化が着目されるようになり，さまざまな化学の基本法則が次々に発見されました。これらは，やがて，「物質はすべて原子や分子といった微小な粒子からできている」という現代の物質観へと発展していくことになりました。

■ **4章** ■ 酸と塩基

4⟨章⟩ 酸と塩基

　ミカンやレモンなど多くの果実には酸っぱい味を示す各種の酸が含まれています。一方，セッケンや木灰には酸とは正反対の性質をもつ塩基（アルカリ）が含まれています。これらの酸や塩基は，古くから人類が使ってきた化学物質のひとつであり，現在の私たちの生活とも深い関わりのある物質です。

　この章では，まず酸と塩基を定義したのち，酸性・塩基性の強弱を表す尺度（pH）の表し方とその意味，また，酸と塩基が互いの性質を打ち消し合う中和反応と，その量的関係などについて学んでいきます。

4-1 酸と塩基

学習の目標

- ●酸と塩基は，どのような性質をもつ物質かを学習します。
- ●水溶液の酸性，塩基性は何によって決まるかを学習します。

🧪 酸性と塩基性

　食酢・レモンなどは酸っぱい味がします。これは，その中に酢酸やクエン酸などの成分が含まれているためです。

　塩酸HCl，硫酸H_2SO_4，硝酸HNO_3などの水溶液には，次のような共通した性質があります。

(1)　薄い水溶液は，酸っぱい味がする。

(2)　亜鉛やマグネシウムなどの金属と反応して，水素を発生する。

(3)　青色リトマス紙を赤色に変える。

(4)　BTB溶液（p.119参照）を黄色に変える。

(5)　塩基と反応し，その性質を弱める。

　このような水溶液の性質を**酸性**といい，酸性を示す物質を**酸**（acid）といいます。

104

水酸化ナトリウム NaOH の水溶液や水酸化カルシウム Ca(OH)$_2$ の水溶液(石灰水)などには，次のような共通した性質があります。
(1) 薄い水溶液は，苦い味がする。
(2) 手につけると，ぬるぬるする。
(3) 赤色リトマス紙を青色に変える。
(4) BTB溶液を青色に変える。
(5) 酸と反応し，その性質を弱める。
(6) フェノールフタレイン溶液(p.119参照)を赤色に変える。

このような水溶液の性質を**塩基性**(**アルカリ性**)といい，塩基性を示す物質を**塩基**(base)といいます。また，現在では塩基のなかで水に溶けやすいものを**アルカリ**といいます。

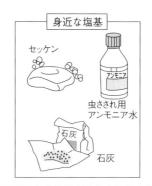

トイレ用洗剤には，約10%の塩酸が含まれています。

石灰の主成分は水酸化カルシウム Ca(OH)$_2$ で，酸性土壌の改良材などに用いられます。

■身近な酸と塩基

アレニウスの酸・塩基の定義

アレニウス(スウェーデン)は，1887年，「酸とは，水に溶けて水素イオン H$^+$ を生じる物質であり，塩基とは，水に溶けて水酸化物イオン OH$^-$ を生じる物質である」と提唱しました。

これを，**アレニウスの酸・塩基の定義**といいます。

例えば、塩酸（塩化水素HClの水溶液）や硫酸H₂SO₄は、水溶液中でほぼ完全に電離(p.45参照)しています。

$$HCl \longrightarrow H^+ + Cl^-$$

$$H_2SO_4 \longrightarrow 2H^+ + SO_4^{2-}$$

また、酢酸CH₃COOHは水溶液中で一部が電離しています。

$$CH_3COOH \overset{*1}{\rightleftarrows} H^+ + CH_3COO^-$$

なお、酸の電離で生じた水素イオンH⁺は、水溶液中では水分子H₂Oと配位結合(p.53参照)して、**オキソニウムイオン**H₃O⁺の状態で存在しています。したがって、厳密には、塩化水素は水溶液中では次のように電離しています。

$$HCl + H_2O \longrightarrow H_3O^+ + Cl^-$$

ただし、H₃O⁺は、H⁺に結合した水分子を省略して、単にH⁺と表記した場合、この式は次のように略記することができます（3行目の式と同じになります）。

$$HCl \longrightarrow H^+ + Cl^-$$

*1) ⇄ はその化学反応が右向きにも左向きにも起こることを示しています。

一方、水酸化ナトリウムNaOHや水酸化カルシウムCa(OH)₂は、水溶液中でほぼ完全に電離します。

$$NaOH \longrightarrow Na^+ + OH^-$$

$$Ca(OH)_2 \longrightarrow Ca^{2+} + 2OH^-$$

また、アンモニアNH₃は、分子中にOHはありませんが、水溶液中ではその一部が水と反応して、水酸化物イオンOH⁻を生じます。

$$NH_3 + H_2O \rightleftarrows NH_4^+ + OH^-$$

塩化水素の電離

酸が水に溶けると、左のように電離して、水素イオンH⁺を生じます。つまり、酸性を示す原因はH⁺なのです。

水酸化ナトリウムの電離

塩基が水に溶けると、左のように電離して、水酸化物イオンOH⁻を生じます。つまり、塩基性を示す原因はOH⁻なのです。

■塩化水素と水酸化ナトリウムの電離

🧪 ブレンステッド・ローリーの酸・塩基の定義

ブレンステッド（デンマーク）とローリー（イギリス）は，1923年，水溶液以外でも酸と塩基の反応を説明するために，「酸とは，水素イオンH^+を相手に与える物質であり，塩基とは，水素イオンH^+を相手から受け取る物質である」と提唱しました。これを，**ブレンステッド・ローリーの酸・塩基の定義**といいます。

*2) この水素イオンH^+は，水分子が結合していない陽子そのもののことです。

例えば，濃塩酸をつけたガラス棒を濃アンモニア水に近づけると，塩化アンモニウムNH_4Clの微結晶からなる白煙を生じます（下図）。これは，濃塩酸から揮発した塩化水素分子HClと，濃アンモニア水から揮発したアンモニア分子NH_3が，空気中で次のように反応したためです。

$$HCl + NH_3 \longrightarrow NH_4Cl\ (NH_4^+ と Cl^-)$$

（H^+の移動）

この反応では，HCl分子がH^+を与えたので酸，NH_3分子がH^+を受け取ったので塩基として働いたといえます。

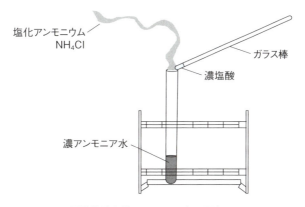

■濃塩酸と濃アンモニア水の反応

■ 4章 ■ 酸と塩基

🧪 水の働き

水H_2Oは，アレニウスの酸・塩基の定義では，酸でも塩基でもありませんが，ブレンステッド・ローリーの酸・塩基の定義では，反応相手によって酸になったり，塩基になったりします。

例えば，塩化水素HClを水に溶かす場合，H_2OはHClからH^+を受け取っているので，塩基の働きをしています。

$$\overset{\displaystyle H^+}{HCl} + H_2O \longrightarrow Cl^- + H_3O^+$$

酸　　　塩基

一方，アンモニアNH_3を水に溶かす場合，H_2OはNH_3にH^+を与えているので，酸の働きをしています。

$$\overset{\displaystyle H^+}{NH_3} + H_2O \rightleftharpoons NH_4^+ + OH^-$$

塩基　　　酸

このように，HClがH^+を放出するには，そのH^+を受け取るH_2O分子の存在が必要になります。また，NH_3がH^+を受け取るには，そのH^+を放出するH_2O分子の存在が必要になります。すなわち，酸・塩基にとって，H^+を放出することも受け取ることもできるH_2O分子はベストパートナーといえます。実際，水のない状態では，酸・塩基は極めて電離しにくくなり，HClの酸性やNH_3の塩基性はもっと弱くなることが知られています。

108

4-1 ■ 酸と塩基

🧪 酸・塩基の価数

酸の化学式中で、水素イオン H^+ になることができる H の数を**酸の価数**といいます。例えば、塩酸 HCl、硝酸 HNO_3 は **1価の酸**、硫酸 H_2SO_4 は **2価の酸**、リン酸 H_3PO_4 は **3価の酸**です（下表）。

また、2価以上の酸を**多価の酸**といいます。[*1]

*1) 酢酸 CH_3COOH は、1分子中に4個の H がありますが、H^+ となれるのは $COOH$ の H 1個だけなので、1価の酸です。

塩基の化学式中で、水酸化物イオン OH^- になることができる OH の数、または受け取ることのできる H^+ の数を**塩基の価数**といいます。例えば、水酸化ナトリウム $NaOH$ は **1価の塩基**、水酸化カルシウム $Ca(OH)_2$ は **2価の塩基**、水酸化アルミニウム $Al(OH)_3$ は **3価の塩基**です（下表）。

また、2価以上の塩基を**多価の塩基**といいます。[*2]

*2) アンモニア NH_3 は化学式中に OH を含みませんが、H^+ を1個受け取れるので、NH_3 は1価の塩基です。

■酸・塩基の価数

価数	酸		価数	塩基	
1価	塩酸 （塩化水素）	HCl	1価	水酸化 ナトリウム	$NaOH$
	硝酸	HNO_3		水酸化カリウム	KOH
	酢酸	CH_3COOH		アンモニア	NH_3
2価	硫酸	H_2SO_4	2価	水酸化 マグネシウム	$Mg(OH)_2$
	炭酸*3	H_2CO_3		水酸化 カルシウム	$Ca(OH)_2$
	シュウ酸	$(COOH)_2$		水酸化バリウム	$Ba(OH)_2$
3価	リン酸	H_3PO_4	3価	水酸化 アルミニウム	$Al(OH)_3$

*3) 二酸化炭素 CO_2 が水に溶けてできる酸で、水溶液中でのみ存在できます。水溶液中から炭酸を取り出そうとすると、CO_2 と H_2O に分解してしまいます。

■ 4章 ■ 酸と塩基

🧪 多価の酸・塩基の電離

　酸・塩基の電離の様子を表すイオン反応式を**電離式**といい，各原子の数と電荷の総和が，両辺で等しくなるように書きます。

多価の酸の電離式

　酸は分子からなる物質ですから，多価の酸が水に溶けたとき，一気にすべての水素イオンH^+が放出されるのではなく，H^+は1個ずつ段階的に電離します。

$$\text{硫酸} \quad H_2SO_4 \xrightarrow{\text{第一電離}} H^+ + HSO_4^-$$
$$\text{硫酸水素イオン}$$

$$HSO_4^- \underset{\text{第二電離}}{\rightleftarrows} H^+ + SO_4^{2-}$$
$$\text{硫酸イオン}$$

$$\text{リン酸} \quad H_3PO_4 \underset{\text{第一電離}}{\rightleftarrows} H^+ + H_2PO_4^-$$
$$\text{リン酸二水素イオン}$$

$$H_2PO_4^- \underset{\text{第二電離}}{\rightleftarrows} H^+ + HPO_4^{2-}$$
$$\text{リン酸水素イオン}$$

$$HPO_4^{2-} \underset{\text{第三電離}}{\rightleftarrows} H^+ + PO_4^{3-}$$
$$\text{リン酸イオン}$$

多価の塩基の電離式

　塩基はイオンからなる物質（NH_3は除きます）なので，水に溶けやすい$Ca(OH)_2$，$Ba(OH)_2$などは水に溶けると完全に陽イオンと陰イオンに電離します。したがって，段階的な電離は行われません。[*1]

　水酸化カルシウム　$Ca(OH)_2 \longrightarrow Ca^{2+} + 2OH^-$
　水酸化バリウム　　$Ba(OH)_2 \longrightarrow Ba^{2+} + 2OH^-$

＊1）水に溶けにくい水酸化マグネシウム$Mg(OH)_2$や水酸化アルミニウム$Al(OH)_3$などは，酸のH^+の働きによって，水酸化物イオンOH^-が段階的に電離していくと考えられる。

110

🧪 酸・塩基の電離

塩酸 HCl と酢酸 CH₃COOH は，ともに1価の酸です。しかし，同じ濃度(0.1mol/L)のそれぞれの酸に亜鉛 Zn を加えると，下図のように，塩酸では激しく水素 H₂ を発生しますが，酢酸では穏やかに水素が発生します。

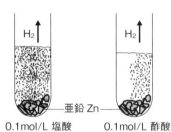

■亜鉛に対する 0.1mol/L の塩酸と酢酸の反応

これは，塩酸では HCl がほとんど電離していて，水素イオン H⁺ が多量に存在するのに対して，酢酸では CH₃COOH の一部だけしか電離しておらず，H⁺ が少量しか存在しないためです。

  HCl ⟶ H⁺ + Cl⁻   （ほぼ完全に電離）
  CH₃COOH ⇌ H⁺ + CH₃COO⁻ （一部だけが電離）

また，同じ濃度(0.1mol/L)の水酸化ナトリウム NaOH 水溶液とアンモニア NH₃ 水に，少量のフェノールフタレイン溶液を加えると，水酸化ナトリウム水溶液では濃い赤色を示しますが，アンモニア水では薄い赤色を示します(p.119参照)。このことから，水酸化ナトリウム水溶液の方がアンモニア水よりも強い塩基性を示すことがわかります。

これは，水酸化ナトリウムでは NaOH がほぼ完全に電離していて，水酸化物イオン OH⁻ が多量に存在するのに対して，アンモニア水では NH₃ の一部しか H₂O 分子から H⁺ を受け取っておらず，OH⁻ が少量しか存在しないためです。

  NaOH ⟶ Na⁺ + OH⁻ （ほぼ完全に電離）
  NH₃ + H₂O ⇌ NH₄⁺ + OH⁻ （一部だけが電離）

■ 4章 ■ 酸と塩基

🧪電離度

酸や塩基のような電解質が，水溶液中で電離している割合を**電離度**といい，記号 α（アルファ）で表されます[*1]（下図）。

$$電離度\ \alpha = \frac{電離した酸・塩基の物質量〔mol〕またはモル濃度〔mol/L〕}{溶解した酸・塩基の物質量〔mol〕またはモル濃度〔mol/L〕}$$

*1) 水に溶かした電解質がまったく電離しなければ $\alpha = 0$，すべて電離すれば $\alpha = 1$ です。$\alpha = 0$ の物質は非電解質なので，電解質の電離度 α の範囲は，$0 < \alpha \leqq 1$ となります。

HCl 分子 20 個を水に溶かすと

H^+ Cl^-		H^+ Cl^-	
H^+ Cl^-		H^+ Cl^-	
H^+ Cl^-		H^+ Cl^-	
H^+ Cl^-		H^+ Cl^-	
H^+ Cl^-		H^+ Cl^-	
H^+ Cl^-		H^+ Cl^-	
H^+ Cl^-		H^+ Cl^-	
H^+ Cl^-		H^+ Cl^-	
H^+ Cl^-		H^+ Cl^-	
H^+ Cl^-		H^+ Cl^-	

電離度 $\alpha = \dfrac{20}{20} = 1$

CH₃COOH 分子 20 個を水に溶かすと

CH_3COO^- H^+	CH_3COOH
CH_3COOH	CH_3COOH
CH_3COOH	CH_3COOH
CH_3COOH	CH_3COOH
CH_3COOH	CH_3COOH
CH_3COOH	CH_3COOH
CH_3COOH	CH_3COOH
CH_3COOH	CH_3COOH
CH_3COOH	CH_3COOH

電離度 $\alpha = \dfrac{1}{20} = 0.05$

■電離度の考え方

例えば，ある1価の酸 0.1mol を水に溶かしたとき，水素イオン H^+ が 0.002mol 存在していたとします。この酸の電離度 α は，次のように求められます。

$$電離度\ \alpha = \frac{電離した酸の物質量〔mol〕}{溶解した酸の物質量〔mol〕}$$

$$= \frac{0.002\,mol}{0.1\,mol} = 0.02$$

🧪酸・塩基の強弱

塩化水素 **HCl** や水酸化ナトリウム **NaOH** のように，電離度が1に近い酸，塩基（水溶液中でほぼ完全に電離している酸，塩基）を，それぞれ**強酸**，**強塩基**といいます。

4-1 ■ 酸と塩基

■酸・塩基の強弱

	酸		塩基	
電離度大	塩酸（塩化水素）HCl 硝酸 HNO_3 硫酸 H_2SO_4	強酸	水酸化ナトリウム $NaOH$ 水酸化カリウム KOH 水酸化カルシウム $Ca(OH)_2$ 水酸化バリウム $Ba(OH)_2$	強塩基
電離度小	酢酸 CH_3COOH 炭酸 H_2CO_3 シュウ酸 $(COOH)_2$[*1] リン酸 H_3PO_4[*1]	弱酸	アンモニア NH_3 水酸化銅（Ⅱ）$Cu(OH)_2$[*2] 水酸化アルミニウム $Al(OH)_3$[*2] 水酸化鉄（Ⅲ）$Fe(OH)_3$[*2]	弱塩基

[*1] シュウ酸 $(COOH)_2$, リン酸 H_3PO_4 は, 弱酸のなかでは比較的酸性が強い酸です。
[*2] 水酸化銅 $Cu(OH)_2$, 水酸化アルミニウム $Al(OH)_3$, 水酸化鉄（Ⅲ）$Fe(OH)_3$ は, 水に溶けにくいので, 弱塩基に分類されます。

　一方, 酢酸 CH_3COOH やアンモニア NH_3 のように, 電離度が1より著しく小さい酸, 塩基（水溶液中で一部しか電離していない酸, 塩基）を, それぞれ**弱酸, 弱塩基**といいます（上表）。

　酸, 塩基の強弱は, 電離度の大小によって決まりますが, 酸, 塩基の価数の大小とは無関係なので注意してください。

🧪 電離度の変化

　酸は, その種類や濃度によって, 電離度の値が変化することがあります。一般に, 塩酸 HCl や硝酸 HNO_3 のような強酸では, その濃度を変えても, 電離度はほぼ1のままで変化しません。

　一方, 酢酸 CH_3COOH や炭酸 H_2CO_3 のような弱酸では, その濃度を小さくするほど, 電離度は大きくなります。

　これは, 弱酸分子の CH_3COOH の H^+ の放出しやすさ（電離度）は, その H^+ を受け取る相手である H_2O 分子の濃度が大きくなるほど（酸の濃度が小さくなるほど）, 大きくなるからと考えられます。

113

4-2 水素イオン濃度とpH

学習の目標
- 酸性・塩基性の強さを,数値で簡単に比較する方法を学びます。
- pH(水素イオン指数)の表す意味と,その測定方法を学びます。

🧪 水の電離

純粋な水(純水)もわずかですが電気を通します。このことから,水分子はわずかに電離していることがわかります。

$$H_2O \rightleftharpoons H^+ + OH^-$$

このとき,生じた水素イオンH^+のモル濃度を**水素イオン濃度**といい,記号$[H^+]$で表します。同様に,水酸化物イオンOH^-のモル濃度を**水酸化物イオン濃度**といい,記号$[OH^-]$で表します。

純水では,$[H^+]$と$[OH^-]$とは等しく,25℃において,それぞれ1×10^{-7} mol/Lになります。

$$[H^+] = [OH^-] = 1 \times 10^{-7} \text{mol/L}$$

🧪 $[H^+]$と$[OH^-]$の関係

どのような水溶液中にも,H^+とOH^-の両方が存在しています。純水中には,$[H^+]$と$[OH^-]$が等しく,それぞれ1×10^{-7} mol/Lずつ存在します。このような水溶液は**中性**と呼ばれます。

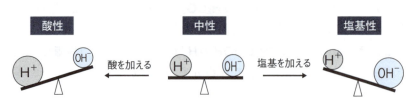

■酸性,中性,塩基性の水溶液における$[H^+]$と$[OH^-]$の関係

純水に酸を加えると，$[H^+]$は増加しますが，$[OH^-]$は減少します。逆に，純水に塩基を加えると，$[OH^-]$は増加しますが，$[H^+]$は減少します。すなわち，酸性，中性，塩基性の水溶液では，$[H^+]$と$[OH^-]$は前ページの図のような関係になっています。

水のイオン積

温度が変わらなければ，酸性，中性，塩基性を問わず，すべての水溶液において，$[H^+]$と$[OH^-]$の積は，常に一定の値になることが知られています。この$[H^+]$と$[OH^-]$の積を**水のイオン積**といい，記号K_w[*1]で表します(p.261参照)。25℃の水溶液では次のような値になります。

$$K_w = [H^+] \times [OH^-] = 1 \times 10^{-14}\,(mol/L)^2 \quad (25℃)$$

*1) K_wのwは水 "water" を意味します。

この関係を利用すると，水溶液中の$[H^+]$と$[OH^-]$を互いに変換することができます。

ここまで，水溶液の酸性の強弱は，水素イオン濃度$[H^+]$の大小で表し，水溶液の塩基性の強弱は，水酸化物イオン濃度$[OH^-]$の大小で表してきました。しかし，$[H^+]$と$[OH^-]$の積は常に一定値をとることから，この関係を利用すると，水溶液の酸性，塩基性の強弱は，いずれも水素イオン濃度$[H^+]$の大小だけで表すことが可能になったのです。

酸・塩基の水溶液の $[H^+]$

1価の酸の水素イオン濃度$[H^+]$の求め方

1価の酸の電離度 a は，次の式のように表せます。

$$電離度\,a = \frac{電離した酸のモル濃度〔mol/L〕}{溶解した酸のモル濃度〔mol/L〕}$$

1価の酸の場合，電離した酸のモル濃度は，生じた水素イオン濃度$[H^+]$と等しくなります。したがって，水素イオン濃度$[H^+]$は上の式を変形した次式で求められることになります。

水素イオン濃度$[H^+]$＝酸のモル濃度C×電離度a

例えば，0.10 mol/L酢酸CH_3COOH水溶液の電離度が0.017である

とき，水素イオン濃度$[H^+]$は次のように求められます。

$$[H^+] = 0.10\,\text{mol/L} \times 0.017 = 1.7 \times 10^{-3}\,\text{mol/L}$$

1価の塩基の水素イオン濃度$[H^+]$の求め方

まず，1価の塩基の水酸化物イオン濃度$[OH^-]$を次式で求めます。

水酸化物イオン濃度$[OH^-]$＝塩基のモル濃度C×電離度α

例えば，0.20 mol/L アンモニア NH_3 水の電離度が0.028であるとき，水酸化物イオン濃度$[OH^-]$は次のように求められます。

$$[OH^-] = 0.20\,\text{mol/L} \times 0.028 = 5.6 \times 10^{-3}\,\text{mol/L}$$

次に，$[H^+] = \dfrac{K_w}{[OH^-]}$ から，$[OH^-]$を$[H^+]$に変換します。

$$[H^+] = \frac{1 \times 10^{-14}\,(\text{mol/L})^2}{5.6 \times 10^{-3}\,\text{mol/L}} \fallingdotseq 1.8 \times 10^{-10}\,\text{mol/L}$$

🧪 pH（水素イオン指数）

水溶液中の水素イオン濃度$[H^+]$は，通常，$10^0 \sim 10^{-14}\,\text{mol/L}$のように非常に広い範囲で変化するので，mol/Lの単位のままでは扱いにくい。そこで，$[H^+] = 1 \times 10^{-n}\,\text{mol/L}$の指数$-n$の符号を変えた数値$n$を，**水素イオン指数**といい，記号で**pH（ピーエイチ）**と表します。

$$[H^+] = 1 \times 10^{-n}\,\text{mol/L のとき，} \quad pH = n$$

例えば，$[H^+] = 1 \times 10^{-2}\,\text{mol/L}$の水溶液の場合，$pH = 2$となります。また，$[OH^-] = 1 \times 10^{-1}\,\text{mol/L}$の水溶液の場合，下の表から，
$[H^+] = 1 \times 10^{-13}\,\text{mol/L}$であり，$pH = 13$　となります。

■pHと水素イオン濃度$[H^+]$と水酸化物イオン濃度$[OH^-]$の関係（25℃）

pH	0	1	2	3	4	5	6
$[H^+]$ (mol/L)	10^0	10^{-1}	10^{-2}	10^{-3}	10^{-4}	10^{-5}	10^{-6}
$[OH^-]$ (mol/L)	10^{-14}	10^{-13}	10^{-12}	10^{-11}	10^{-10}	10^{-9}	10^{-8}
水溶液の性質	⬅			酸性			

pHはふつう，$0 \leqq pH \leqq 14$の範囲で使用されます。なぜなら，$[H^+] = 1\,\text{mol/L}$以上の濃い酸の水溶液や$[OH^-] = 1\,\text{mol/L}$以上の濃い塩基の水溶液は，pHを使わずに，↗

酸性・塩基性とpHの関係

酸性の水溶液とpH

純水は中性であり，$[H^+] = 1 \times 10^{-7}$ mol/L なので，pH = 7 です。純水に酸を加えて$[H^+]$が10倍になると，$[H^+] = 1 \times 10^{-6}$ mol/L，つまり pH = 6 となります。結局，$[H^+]$ が10倍になると，pHは1小さくなります。このように，酸性の水溶液はすべて pH < 7 であり，pHが小さいほど酸性は強くなります。

塩基性の水溶液とpH

純水に塩基を加えて$[OH^-]$が10倍になると，$[H^+]$は反比例の関係によって$\frac{1}{10}$となり，$[H^+] = 1 \times 10^{-8}$ mol/L，つまり，pH = 8 となります。結局，$[OH^-]$ が10倍になると，$[H^+]$ は反比例の関係によって $\frac{1}{10}$ となり，pHは1大きくなります。このように，塩基性の水溶液はすべて pH > 7 であり，pHが大きいほど塩基性は強くなります。

酸・塩基の水溶液の希釈

pH = 1 の塩酸を純水で10倍に薄めると，$[H^+]$ は $\frac{1}{10}$ となり pH は 2 になります。これを，さらに純水で薄めて$[H^+]$を$\frac{1}{10}$にすると，pH は 3 になります。このように，強酸を純水で10倍ずつ薄めていくと，pH は1ずつ大きくなります（次ページの上図）。

しかし，さらに純水で薄めていっても，酸の水溶液であることには変わりありません。pH = 7（中性）に限りなく近づくだけで，pHが7を超えて塩基性になることはないのです。

7	8	9	10	11	12	13	14
10^{-7}	10^{-8}	10^{-9}	10^{-10}	10^{-11}	10^{-12}	10^{-13}	10^{-14}
10^{-7}	10^{-6}	10^{-5}	10^{-4}	10^{-3}	10^{-2}	10^{-1}	10^{0}
中性	塩基性						

mol/L単位のまま使う方が便利だからです。中性はpH = 7ですが，酸性が強くなるほどpHは7より小さく，塩基性が強くなるほどpHは7より大きくなります。

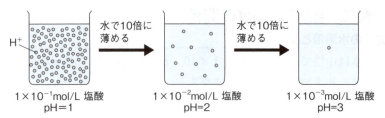

強塩基の水溶液を純水で10倍ずつ薄めていくと、pHは1ずつ小さくなります。さらに純水で薄め続けると、中性（pH＝7）に限りなく近づきますが、pHが7より小さい酸性になることはありません。

■強酸の水溶液の希釈とpH

🧪 身近な物質のpH

　身近な酸性の水溶液のpHは、胃液が約1.5、レモン果汁は約2.3、食酢は約2.5、炭酸水は約4.6、牛乳は約6.8です（下図）。

　また、身近な塩基性の水溶液のpHは、血液が約7.4、涙は約8.1、セッケン水は約9.5、換気扇用洗剤は約13.5です。

　酸と塩基の0.1mol/L水溶液のpHを比較すると、塩酸**HCl**は1.0、酢酸**CH₃COOH**は3.0、アンモニア**NH₃**水は11.0、水酸化ナトリウム**NaOH**水溶液は13.0となります。

　自然の雨水は、空気中の二酸化炭素CO_2が溶け込んで飽和しているため、pHは7.0ではなく約5.6になります。しかし、**CO₂**以外の酸性物質（硫黄酸化物**SO**$_x$、窒素酸化物**NO**$_x$など）が溶け込んだ雨はpHが5.6以下となり、**酸性雨**と呼ばれています。

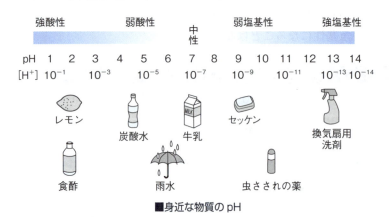

■身近な物質のpH

🧪 pH指示薬

水溶液のpHに応じて色が変化する物質を，**pH指示薬**といいます（単に指示薬ともいいます）。各指示薬は，その色が変わるpHの範囲（**変色域**といいます）が決まっています（次図）。

ブロモチモールブルー（BTB）は中性付近に変色域をもちますが，メチルオレンジ（MO）は酸性側に，フェノールフタレイン（PP）は塩基性側に，それぞれ変色域をもっています。

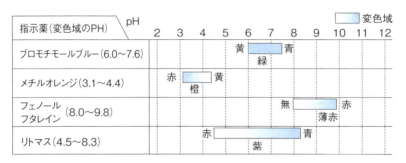

■主なpH指示薬とその変色域

🧪 pHの測定

水溶液のpHのおおよその値は，複数のpH指示薬をろ紙にしみ込ませた**pH試験紙**によって知ることができます。pH試験紙を試料の水溶液に浸すと色が変化します。その色を，標準変色表の各pHの色と比較しながら，pHの値を決定します（下図）。

水溶液のpHの正確な値は，**pHメーター**で測定します。pHメーターの電極部分での電気伝導度の違いから，pHの値を測定します。

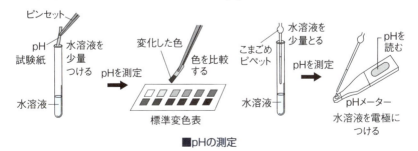

■pHの測定

■ 4章 ■ 酸と塩基

4-3 中和反応と塩の生成

学習の目標

● 酸と塩基の水溶液を混合したときに起こる中和反応について学習します。
● 塩の生成の仕組みや，塩の水溶液が示す性質について学習します。

🧪中和

塩酸HClに水酸化ナトリウム$NaOH$水溶液を少しずつ加えていくと，酸性がしだいに弱まります。このように，酸と塩基が反応して，互いの性質を打ち消し合うことを**中和**といい，その反応を**中和反応**といいます。このときの反応式は，次のように表されます。

$$HCl + NaOH \longrightarrow NaCl + H_2O$$

HCl，$NaOH$および塩化ナトリウム$NaCl$は，水溶液中では完全に電離しているので，それぞれをイオン式で表すと次のようになります。

$$H^+ + Cl^- + Na^+ + OH^- \longrightarrow Na^+ + Cl^- + H_2O$$

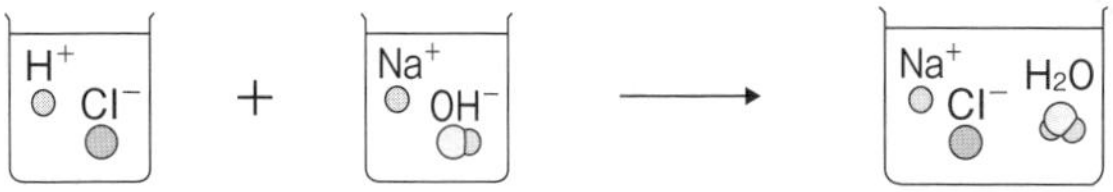

ナトリウムイオンNa^+と塩化物イオンCl^-は反応の前後で変化せず，そのまま水溶液中に存在するので，両辺から除くと，次のイオン反応式が得られます。

$$H^+ + OH^- \longrightarrow H_2O$$

つまり，酸から生じた水素イオンH^+と塩基から生じた水酸化物イオンOH^-が結合して，水H_2Oを生じる反応が中和反応であるといえます（下図）。

<table>
<tr><td>酸</td><td></td><td>塩基</td><td></td><td>水</td></tr>
<tr><td>H^+</td><td>$+$</td><td>OH^-</td><td>$\longrightarrow$</td><td>H_2O</td></tr>
<tr><td>（酸性を示す）</td><td></td><td>（塩基性を示す）</td><td></td><td>（中性になる）</td></tr>
</table>

■中和反応の本質

120

中和の反応式

中和の反応式では，酸と塩基が完全に中和するまでを反応式に表します。つまり，酸のもつH^+と塩基のもつOH^-に過不足が生じないよう，反応式に係数をつける必要があります。

１ 酸のHと塩基のOHの数を合わせるように酸と塩基の係数を決め，水H_2Oをつくります。

２ 塩基成分の陽イオンと酸成分の陰イオンを組み合わせて，塩（p.122参照）の組成式を書きます。

例1 塩酸HClと水酸化カルシウム$Ca(OH)_2$の中和反応式

HClはH^+を1個出し，$Ca(OH)_2$はOH^-を2個出します。H^+とOH^-の数を合わせるため，HClの係数を2とすると，H_2Oの係数も2となります。塩基の成分である陽イオンCa^{2+}と，酸の成分である陰イオンCl^-を1:2で組み合わせると，塩の組成式は$CaCl_2$となります。

中和反応式　$2HCl + Ca(OH)_2 \longrightarrow CaCl_2 + 2H_2O$

例2 硫酸H_2SO_4と水酸化ナトリウム$NaOH$の中和反応式

H_2SO_4はH^+を2個出し，$NaOH$はOH^-を1個出します。H^+とOH^-の数を合わせるため，$NaOH$の係数を2とすると，H_2Oの係数も2となります。塩基の成分である陽イオンNa^+と，酸の成分である陰イオンSO_4^{2-}を2:1で組み合わせると，塩の組成式はNa_2SO_4となります。

中和反応式　$H_2SO_4 + 2NaOH \longrightarrow Na_2SO_4 + 2H_2O$

例3 塩酸HClとアンモニアNH_3の中和反応式

HClはH^+を1個出します。一方，NH_3はOH^-を1個出すのではなく，H^+1個を受け取ります。NH_3にはOHが含まれないので，中和してもH_2Oは生成せず，アンモニウムイオンNH_4^+と塩化物イオンCl^-が1:1で結合した，塩化アンモニウムNH_4Clという塩だけが生成します。

中和反応式　$HCl + NH_3 \longrightarrow NH_4Cl$

塩の生成

塩酸HClを水酸化ナトリウムNaOH水溶液で中和したのち、水を蒸発させると、塩化ナトリウムNaClの白い結晶が得られます。NaClのように、中和反応によって、水とともに生成する物質を**塩**といいます。

塩は、塩基の成分の陽イオンと、酸の成分の陰イオンがイオン結合してできた物質といえます。一般に、中和反応は、次図のように表すことができます。

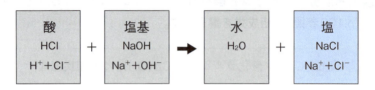

■中和反応と塩の生成

塩の分類

塩は、その化学式（組成式）によって、次のように分類されます。

化学式の中に、酸のHが残っている塩を**酸性塩**といい、塩基のOHが残っている塩を**塩基性塩**といいます。また、化学式の中に、酸のHも塩基のOHも残っていない塩を**正塩**といいます（下表）。

■塩の分類

分類	説明	中和反応	塩の例	
正塩	酸のHも塩基のOHも残っていない塩	完全中和*1で生じる	塩化ナトリウム 硫酸ナトリウム 塩化アンモニウム 酢酸ナトリウム	NaCl Na_2SO_4 NH_4Cl *3 CH_3COONa *3
酸性塩	酸のHが残っている塩	部分中和*2で生じる	炭酸水素ナトリウム 硫酸水素ナトリウム	$NaHCO_3$ $NaHSO_4$
塩基性塩	塩基のOHが残っている塩		塩化水酸化マグネシウム 塩化水酸化銅(Ⅱ)	MgCl(OH) CuCl(OH)

*1）酸と塩基が過不足なく中和した状態を完全中和といいます。
*2）中和反応は起こったが、酸と塩基の量に過不足がある状態を部分中和といいます。
*3）NH_4ClとCH_3COONaは、いずれも化学式中に水素原子Hが残っていますが、水素イオンH^+にはならないので、正塩に分類されます。

塩の水溶液の性質

正塩，酸性塩，塩基性塩という分類は，塩の組成に基づくもので，塩の水溶液の性質とは直接関係ありません。

正塩は，酸と塩基が完全中和してできた塩ですが，**その水溶液の性質は，その塩をつくるもとになった酸，塩基の強弱で決まります**。

酸	塩基	正塩の水溶液の性質
強酸	弱塩基	酸性
弱酸	強塩基	塩基性
強酸	強塩基	中性
弱酸	弱塩基	一概にいえない

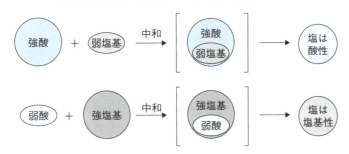

■正塩の水溶液の性質

(1) 強酸と弱塩基から生じた正塩の水溶液は，酸性を示す。

例えば，塩化アンモニウムNH_4Clは，HCl（強酸）とNH_3（弱塩基）からできた正塩です。よって，酸性を示します。

(2) 弱酸と強塩基から生じた正塩の水溶液は，塩基性を示す。

例えば，酢酸ナトリウムCH_3COONaは，CH_3COOH（弱酸）と$NaOH$（強塩基）からできた正塩です。よって，塩基性を示します。

(3) 強酸と強塩基から生じた正塩の水溶液は，中性を示す。

例えば，硫酸ナトリウムNa_2SO_4は，H_2SO_4（強酸）と$NaOH$（強塩基）からできた正塩です。よって，中性を示します。

次ページ上図の強酸と強塩基を覚えておくと，塩の水溶液の性質を理解するのに役立ちます。

```
強酸                    強塩基
HCl  HNO₃              NaOH  KOH
H₂SO₄                  Ca(OH)₂  Ba(OH)₂
```

上の酸・塩基以外は，すべて弱酸，弱塩基と考えてください。
■重要な強酸と強塩基

🧪 酸性塩の水溶液の性質

硫酸水素ナトリウム NaHSO₄ の水溶液

NaHSO₄は水に溶けると，Na⁺とHSO₄⁻に電離します。このうち，硫酸水素イオンHSO₄⁻には，強酸由来のH原子が残っており，これが電離してH⁺を生じるので，この水溶液は酸性を示します。

$$HSO_4^- \longrightarrow H^+ + SO_4^{2-}$$

炭酸水素ナトリウム NaHCO₃ の水溶液

NaHCO₃は水に溶けると，Na⁺とHCO₃⁻に電離します。このうち，炭酸水素イオンHCO₃⁻には，弱酸由来のH原子が残っていますが，これは電離しないので，水溶液は酸性を示しません。むしろ，HCO₃⁻はH₂O分子からH⁺を受け取って，弱酸である炭酸H₂CO₃に戻ろうとします。この反応を**塩の加水分解**といいます。

$$HCO_3^- + H_2O \rightleftharpoons H_2CO_3 + OH^-$$

結局，HCO₃⁻の加水分解によって，水溶液中にOH⁻を生じるので，この水溶液は塩基性を示すことになります。

強酸と強塩基からなる酸性塩の水溶液は酸性を示します。

弱酸と強塩基からなる酸性塩の水溶液は塩基性を示します。

■酸性塩の水溶液の性質

塩の反応

弱酸の塩と強酸の反応

酢酸ナトリウムCH_3COONa水溶液に塩酸HClを加えると，酢酸CH_3COOHが生じて刺激臭がします。酢酸ナトリウムは弱酸の塩であり，塩酸は強酸です。水溶液中ではどちらも完全に電離します。

$$CH_3COONa \longrightarrow CH_3COO^- + Na^+$$

$$HCl \longrightarrow H^+ + Cl^-$$

酢酸は弱酸で電離度が小さいので，大部分の酢酸イオンCH_3COO^-はH^+を受け取り，酢酸分子CH_3COOHに戻ってしまいます。このように，弱酸の塩に強酸を加えると，弱酸と強酸の塩が生じます。これを**弱酸の遊離**といいます。

$$CH_3COONa + HCl \longrightarrow CH_3COOH + NaCl$$
弱酸の塩　　　　強酸　　　　　　弱酸　　　　強酸の塩

弱塩基の塩と強塩基の反応

弱酸の塩と強酸の場合と同様に，弱塩基の塩に強塩基を加えると，弱塩基と強塩基の塩が生じます。これを**弱塩基の遊離**といいます。

例えば，塩化アンモニウムNH_4Cl水溶液に水酸化ナトリウム$NaOH$水溶液を加えると，刺激臭のあるアンモニアNH_3が発生します。

$$NH_4Cl + NaOH \longrightarrow NH_3 + NaCl + H_2O$$
弱塩基の塩　　強塩基　　　　弱塩基　　強塩基の塩

酸性酸化物と塩基の反応

非金属元素の酸化物の多くは，酸の働きをするので，**酸性酸化物**と呼ばれ，塩基と反応すると塩を生成します。

$$CO_2 + Ca(OH)_2 \longrightarrow CaCO_3 + H_2O$$
酸性酸化物　　塩基　　　　　　塩

塩基性酸化物と酸の反応

金属元素の酸化物の多くは，塩基の働きをするので，**塩基性酸化物**と呼ばれ，酸と反応すると塩を生成します。

$$CaO + 2HCl \longrightarrow CaCl_2 + H_2O$$
塩基性酸化物　　酸　　　　　　塩

4-4 中和滴定

学習の目標
- 中和反応において，酸と塩基が過不足なく反応するときの量的関係について学習します。
- 中和反応を利用して，酸や塩基の濃度を求める方法について学習します。

中和反応の量的関係

すでに学習したように，中和反応は，酸の水素イオンH^+と塩基の水酸化物イオンOH^-が結合して水H_2Oを生成する反応でした。したがって，酸から生じるH^+の物質量と，塩基から生じるOH^-の物質量が等しいとき，酸と塩基が過不足なく中和します。

酸と塩基が過不足なく中和する点を**中和点**といいます。

生じるH^+やOH^-の物質量は，酸や塩基の物質量にそれぞれの価数を掛けたものに等しいので，中和点では次式の関係が成り立ちます。

> 酸から生じるH^+の物質量 = 塩基から生じるOH^-の物質量
> （酸の価数×酸の物質量）=（塩基の価数×塩基の物質量）

例えば，硫酸H_2SO_4は2価の酸なので，H_2SO_4 1molからはH^+ 2molが生じます。一方，水酸化ナトリウム$NaOH$は1価の塩基なので，$NaOH$ 1molからはOH^- 1molが生じます。したがって，H_2SO_4 1molと過不足なく（ちょうど）中和するには，$NaOH$は2mol必要になります（下図）。

H_2SO_4水溶液と$NaOH$水溶液の濃度が等しいとき，両者はちょうど中和します。

■酸と塩基の中和

弱酸,弱塩基の中和

酢酸 CH₃COOH は弱酸なので,電離度は小さく,その水溶液中には H⁺ は少量しか存在しません。一方,水酸化ナトリウム NaOH は強塩基で電離度は大きく,その水溶液中には多量の OH⁻ が存在します。

酢酸水溶液に水酸化ナトリウム水溶液を加えたとき,酢酸水溶液中の H⁺ は加えた OH⁻ とすぐに中和して消費されます。しかし,これで中和が完了したわけではありません。すぐに残った酢酸分子が新たに電離して H⁺ を生じ,この H⁺ は OH⁻ で中和されます。このような反応が次々と繰り返され,最終的には,酢酸分子がすべて電離し終えたとき,中和は完了することになります(下図)。

すなわち,1価の酢酸(弱酸)が1molあれば,その電離度に関係なく,1価の水酸化ナトリウム(強塩基)1molと過不足なく中和するのです。

同様に,1価のアンモニア NH₃(弱塩基)が1molあれば,その電離度に関係なく,1価の塩化水素 HCl(強酸)1molと過不足なく中和します。

このように,中和の量的関係には,酸・塩基の強弱(電離度の大小)はまったく関係しないのです。

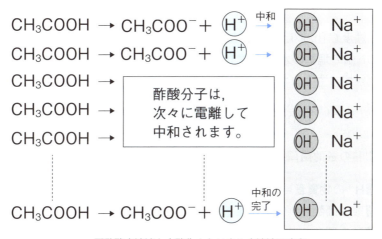

■酢酸水溶液と水酸化ナトリウム水溶液の中和

🧪 中和の公式

モル濃度 C [mol/L] の a 価の酸の水溶液 V [mL] と，モル濃度 C' [mol/L] の b 価の塩基の水溶液 V' [mL] が過不足なく中和するときの関係式は，下図のように求められます。

なお，水溶液中の溶質の物質量は，次の式で求めます（p.87参照）。

溶質の物質量 [mol] ＝ モル濃度 [mol/L] × 溶液の体積 [L]

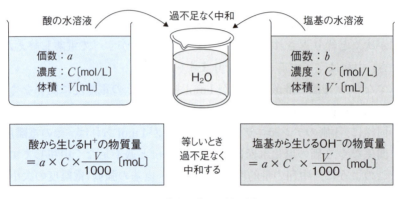

■中和反応の量的関係

> 濃度 C [mol/L] の a 価の酸の水溶液 V [mL] と，濃度 C' [mol/L] の b 価の塩基の水溶液 V' [mL] が過不足なく中和したとき，次の関係が成り立ちます（中和の公式）。
>
> $$a \times C \times \frac{V}{1000} = b \times C' \times \frac{V'}{1000} \Rightarrow aCV = bC'V'$$

中和の量的関係では，次の関係式が成り立ちます。

> **1** H^+ の物質量＝OH^- の物質量
> **2** 酸の価数×物質量＝塩基の価数×物質量
> **3** 酸の価数×モル濃度×体積＝塩基の価数×モル濃度×体積

3は，酸・塩基がともに水溶液の場合のみ，使用できます。

1，**2**は酸，塩基が固体や気体の場合にも，使用できます。

例えば，ある濃度の希硫酸10mLと，0.10mol/Lの水酸化ナトリウム水溶液50mLが過不足なく中和したとき，希硫酸の濃度〔mol/L〕は，次のように求められます。

硫酸H_2SO_4は2価の酸，水酸化ナトリウム$NaOH$は1価の塩基であり，ともに水溶液なので，**3**の関係式を使用します。希硫酸の濃度をx〔mol/L〕とすると，次の式が得られます。

$$\underset{\text{酸の価数}}{2} \times \underset{\text{モル濃度}}{x\text{〔mol/L〕}} \times \underset{\text{体積}}{\frac{10}{1000}\text{L}} = \underset{\text{塩基の価数}}{1} \times \underset{\text{モル濃度}}{0.10\,\text{mol/L}} \times \underset{\text{体積}}{\frac{50}{1000}\text{L}}$$

よって，$x = 0.25\,\text{mol/L}$

🏺中和滴定

中和の量的関係を利用すると，濃度がわかった酸（または塩基）の水溶液から，濃度のわからない塩基（または酸）の水溶液の濃度を求めることができます。このような操作を**中和滴定**といいます。

中和滴定では，理論上，酸と塩基が過不足なく中和する点を，**中和点**といいます。

一方，指示薬の変色によって，実験上，中和滴定が終了したと判定される点を，**終点**といいます。

終点と中和点は厳密には異なるので，中和滴定では，終点ができるだけ中和点に近くなるように，適切な指示薬を選択する必要があります。

中和滴定では，濃度が正確にわかった酸（または塩基）の水溶液を**標準溶液**といいます。一方，濃度がわからない塩基（または酸）の水溶液を**検液**ということがあります。

129

🧪 標準溶液

酸の標準溶液について

　酸の場合，例えば，硫酸 H_2SO_4 には吸湿性（水分を吸収しやすい性質）があり，塩酸 HCl には，溶質の塩化水素 HCl に揮発性（蒸発しやすい性質）があり，ともにその濃度が変化しやすいので，標準溶液をつくるのには適していません。

　酸の標準溶液は，シュウ酸二水和物 $(COOH)_2 \cdot 2H_2O$ の結晶を用いてつくります。シュウ酸二水和物の結晶を用いる理由は，次の通りです。

(1) 潮解性（空気中の水分を吸収して溶ける性質）がない。
(2) 空気中で安定に存在でき，その質量を正確に測定できる。

塩基の標準溶液について

　一般に，塩基は空気中の二酸化炭素 CO_2 を吸収して別の物質に変化していくので，その標準溶液をつくることは難しいです。

　また，水酸化ナトリウム NaOH は，潮解性が強く（下図，p.281参照），正確に質量をはかり取ることができません。そこで，つくった水酸化ナトリウム水溶液の濃度を，シュウ酸の標準溶液を用いて正確に決定したのち，時間を置かずに滴定に用いれば，塩基の標準溶液として使用できます。

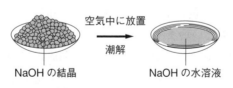

■水酸化ナトリウムの潮解性

🧪 中和滴定に使用する器具

　中和滴定に使用する主な器具は，次の4つです（次ページの図）。

(1) **ホールピペット**…一定体積の溶液を正確にはかり取ります。
(2) **メスフラスコ**…一定体積の標準溶液をつくったり，溶液を一定の割合で薄めたりするときに用います。

(3) **ビュレット**…滴下した溶液の体積を正確にはかります。
(4) **コニカルビーカー**…酸と塩基の中和反応を行います。三角フラスコでも代用できます。

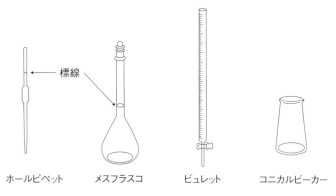

■中和滴定に使用する主な器具

🜂 共洗い

ホールピペットとビュレットは，純水で洗浄した後，これから使用する溶液で内部を数回洗ってから使用します。このような操作を**共洗い**といいます。

共洗いをするのは，これらの器具に入れる溶液が純水で薄まってしまうと，(溶液のモル濃度)×(溶液の体積)＝(溶質の物質量)の関係からわかるように，溶液の体積を正確に測定したとしても，溶質の物質量が変化してしまい，正確な滴定結果が得られなくなるからです。

メスフラスコやコニカルビーカーは，純水で洗浄した後，そのまま使用することができます。これらの器具に入れる溶液は，たとえ純水で薄まったとしても，中和の量的関係を決定する酸・塩基の物質量は，すでに別の器具によって決定済みなので，滴定結果には影響を与えないからです。もし，共洗いをしてしまうと，器具に付着した溶液によって，正確にはかった溶質の物質量が増加してしまい，かえって正確な滴定結果が得られなくなります。

■ 4章 ■ 酸と塩基

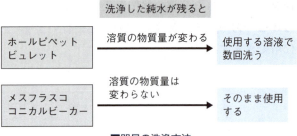

■器具の洗浄方法

🧪 中和滴定の操作

酸の標準溶液を用いて，塩基の水溶液の濃度を決定する操作は，次のように行います（下図）。

① ホールピペットを用いて，酸の標準溶液の一定体積V〔mL〕をはかり取り，コニカルビーカーに入れます。ここに適当な指示薬を1～2滴加えます。

② ビュレットから，濃度不明の塩基の水溶液（検液）を少しずつ滴下します。指示薬の色が変化したら滴下をやめ，滴下した水溶液の体積V'〔mL〕を求めます。

③ 中和の公式 $a \times C \times \dfrac{V}{1000} = b \times C' \times \dfrac{V'}{1000}$ に必要な数値を代入し，塩基の水溶液のモル濃度を求めます。

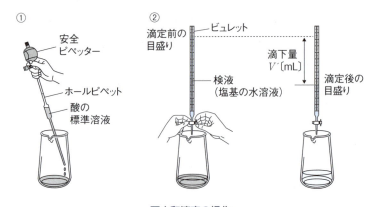

■中和滴定の操作

溶液をホールピペットではかり取るには，直接，口で吸い上げるのではなく，**安全ピペッター**を用いるのが望ましいです（下図）。

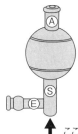

A, S, Eは次のような役割をもちます。
A（Air　空気）…ゴム球内の空気を抜く
S（Suck　吸う）…ホールピペットに溶液を吸い上げる
E（Empty　空に）…ホールピペットから溶液を流し出す

↑ ここにホールピペットを差し込んで使います。

■安全ピペッター

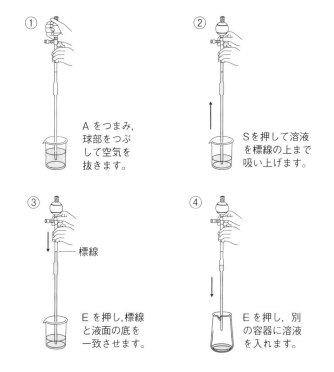

① Aをつまみ，球部をつぶして空気を抜きます。

② Sを押して溶液を標線の上まで吸い上げます。

③ Eを押し，標線と液面の底を一致させます。

④ Eを押し，別の容器に溶液を入れます。

■安全ピペッターの使い方

0.0500 mol/Lのシュウ酸水溶液10.0 mLを標準溶液として，濃度不明の水酸化ナトリウム水溶液の中和滴定を行ったところ，その滴下量が12.5 mLのときに指示薬の色が変化しました。この水酸化ナトリウム水溶液のモル濃度〔mol/L〕を求めると，次のようになります。

シュウ酸$(COOH)_2$は2価の酸，水酸化ナトリウム$NaOH$は1価の塩基です。水酸化ナトリウム水溶液のモル濃度をx〔mol/L〕とすると，中和の公式より，

$$2 \ \underset{\text{酸の価数}}{\times} \ \underset{\text{モル濃度}}{0.0500\,\text{mol/L}} \ \underset{\text{体積}}{\times \ \frac{10.0}{1000}\text{L}} = 1 \ \underset{\text{塩基の価数}}{\times} \ \underset{\text{モル濃度}}{x\,(\text{mol/L})} \ \underset{\text{体積}}{\times \ \frac{12.5}{1000}\text{L}}$$

よって，$x = 0.0800\,\text{mol/L}$

補足 中和滴定における最適な標準溶液の濃度

検液の濃度に比べて標準溶液の濃度が大きい場合，pH指示薬の変色が鋭敏に起こるので，中和滴定の終点は確認しやすくなります。しかし，滴下した標準溶液1滴あたりの滴定差で生じる誤差（滴定誤差）は大きくなります。

一方，検液の濃度に比べて標準溶液の濃度が小さい場合，滴下した標準溶液1滴あたりの滴定誤差は小さくなります。しかし，pH指示薬の変色は鋭敏ではなくなるので，中和滴定の終点の確認が難しくなります。

以上のことを考慮すると，標準溶液と検液の濃度がほぼ等しくなるように調整してから，中和滴定を行うのがよいです。

🧪 滴定曲線

中和滴定において，加えた酸（または塩基）の体積と，反応溶液のpHとの関係を表したグラフを，**滴定曲線（中和滴定曲線）**といいます。

一般に，滴定曲線は次のような特徴をもちます。

(1) 水溶液のpHは，中和点の前後で急激に変化し，その付近で滴定曲線はほぼ垂直になります。この部分を**pHジャンプ**といいます（次ページの図）。

(2) pHジャンプの中点に，真の中和点があると考えられます。しかし，pHジャンプの部分では，滴定曲線はほぼ垂直なので，どの部分であっても，加えた酸（または塩基）の水溶液の滴下量は同じになります。

134

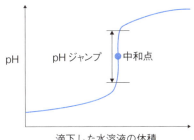

■滴定曲線

　したがって，pHジャンプの範囲内に変色域をもつpH指示薬を用いると，中和点を知ることができます。

　滴定曲線は，使用する酸・塩基の強弱の組み合わせによって，次の4つのタイプに分けられます。

(1) 強酸＋強塩基型
(2) 弱酸＋強塩基型
(3) 強酸＋弱塩基型
(4) 弱酸＋弱塩基型

　滴定曲線のタイプによって，pHジャンプの範囲は異なっており，それぞれの範囲に変色域をもつpH指示薬（p.119参照）を用いることで，中和滴定の終点を中和点とみなすことができます。

　中和滴定のpH指示薬には，メチルオレンジやフェノールフタレインがよく用いられます。なお，リトマスは変色域が広く，変色が鋭敏ではないので，中和滴定のpH指示薬としては用いられません。

[補足] **リトマスについて**

　リトマスは，リトマスゴケをアンモニアで発酵させてつくった紫色の色素で，古くは羊毛の染色に用いられていました。塩基性で青色に，酸性で赤色に変化する性質があり，pH指示薬として利用されます。赤色リトマス紙は酸を加えたリトマス溶液を，青色リトマス紙は塩基を加えたリトマス溶液を，それぞれろ紙に浸して乾燥させたものです。

　リトマスゴケは，地中海沿岸や南半球などに広く分布しますが，日本には生育していません。

🧪 指示薬の選択

強酸＋強塩基型

　塩酸（強酸）を水酸化ナトリウム水溶液（強塩基）で中和滴定する場合，pHジャンプは3→11とかなり広く，中和点はpH＝7（中性）です（下図の左）。そのため，この範囲に変色域をもつメチルオレンジやフェノールフタレインのどちらもpH指示薬として使用できます。

弱酸＋強塩基型

　酢酸（弱酸）を水酸化ナトリウム水溶液（強塩基）で中和滴定する場合，pHジャンプは6→11とやや狭くなり，中和点は塩基性側（pH8〜9）に片寄ります（下図の右）。これは，中和で生じた塩（酢酸ナトリウム）の水溶液が弱塩基性を示すからです。

　pH指示薬としては，塩基性側に変色域をもつフェノールフタレインは使用できますが，酸性側に変色域をもつメチルオレンジはpHジャンプの範囲からはずれるので使用できません。

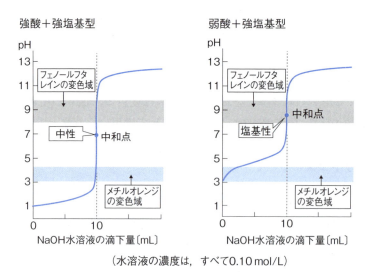

（水溶液の濃度は，すべて0.10 mol/L）

■強酸＋強塩基型（左）と弱酸＋強塩基型（右）の滴定曲線

強酸+弱塩基型

塩酸(強酸)をアンモニア水(弱塩基)で中和滴定する場合，pHジャンプは3→8とやや狭くなり，中和点は酸性側(pH4～5)に片寄ります(下図の左)。これは，中和で生じた塩(塩化アンモニウム)の水溶液が弱酸性を示すからです。

pH指示薬としては，酸性側に変色域をもつメチルオレンジは使用できますが，塩基性側に変色域をもつフェノールフタレインはpHジャンプの範囲からはずれるので使用できません。

弱酸+弱塩基型

酢酸(弱酸)をアンモニア水(弱塩基)で中和滴定する場合，pHジャンプはほとんどなく，中和点はほぼ中性(pH≒7)ですが，どの指示薬を使用しても，中和点を正確に見つけることはできません(下図の右)。したがって，このような組み合わせの中和滴定は無意味です。

pH指示薬を用いて中和滴定する場合，必ず一方に強酸または強塩基の水溶液を使用する必要があります。

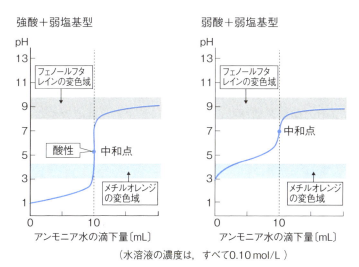

（水溶液の濃度は，すべて0.10 mol/L）

■強酸+弱塩基型(左)と弱酸+弱塩基型(右)の滴定曲線

5章 酸化還元反応

物が燃焼したり，金属が錆びたり，食品が腐ったりするなど，私たちの身の回りでは，多くの酸化還元反応が起こっています。また，酸化還元反応は，電池や電気分解にも利用されており，私たちの生活には欠かせないものになっています。

この章では，酸化還元反応について理解するとともに，酸化還元反応が日常生活において，さまざまな面で利用されていることについて学習します。

5-1 酸化と還元

学習の目標
- 酸化と還元は，酸素や水素，電子の授受によって説明できることを学習します。
- 酸化と還元の程度を表す数値（酸化数）について学習します。

🧪 酸化と還元

リンゴの皮をむくと，次第に表面が褐色に変わります。これは，リンゴの細胞が壊れ，その中に含まれているポリフェノールという物質が，空気中の酸素と結びついたからです。また，鉄くぎを空気中に放置すると，しだいに錆びて，赤褐色の酸化鉄に変化していきます。逆に，酸化鉄から酸素を除くと鉄を得ることができます（下図）。

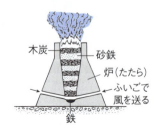

「たたら」と呼ばれる粘土でつくられた炉の中に，砂鉄と木炭を交互に積み上げて数日間送風すると，炭素によって砂鉄（酸化鉄）から酸素が奪われ，炉の底に鉄が得られます。

■たたら製鉄

🜨 酸素の授受と酸化・還元

酸素の授受によって，酸化・還元を定義することができます。

銅 Cu を空気中で加熱すると，空気中の酸素 O_2 と反応し，黒色の酸化銅(Ⅱ) CuO を生じます（下図）。

$$2Cu + O_2 \longrightarrow 2CuO$$
（酸化された）

このように，**物質が酸素を受け取る反応**を**酸化**といい，この場合「銅は**酸化された**」といいます[*1]。

一方，熱した酸化銅(Ⅱ) CuO を水素 H_2 と反応させると，赤色の銅 Cu が得られます（下図）。

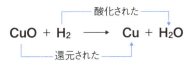

このように，**物質が酸素を失う反応**を**還元**といい，この場合「酸化銅(Ⅱ)は**還元された**」といいます[*1]。

*1) 酸化反応，還元反応は，それぞれ「酸化された」「還元された」という受け身の形で表現されることが多い。

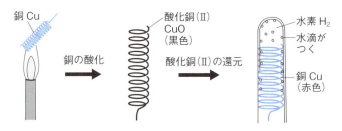

■銅の酸化と酸化銅(Ⅱ)の還元

$CuO + H_2 \longrightarrow Cu + H_2O$ の反応では，酸化銅(Ⅱ)は酸素を失って還元されたのと同時に，水素は酸素を受け取って酸化されています。このように，**酸化と還元は常に同時に起こる**ことから，これらをまとめて**酸化還元反応**といいます。

水素の授受と酸化・還元

酸素の授受が行われない反応では、水素の授受によって酸化・還元を定義することができます。

硫化水素H_2Sの水溶液に塩素Cl_2ガスを通じると、水溶液中に硫黄Sの微粒子が生じて白濁します（下図）。

$$\underset{酸化された}{H_2S} + \underset{還元された}{Cl_2} \longrightarrow S + 2HCl$$

この反応では、硫化水素H_2Sは水素を失う一方、塩素Cl_2は水素と化合しています。

硫化水素のように、**物質が水素を失う反応**を**酸化**といい、この場合「硫化水素は**酸化された**」といいます。一方、塩素のように、**物質が水素と化合する反応**を**還元**といい、この場合「塩素は**還元された**」といいます。

■硫化水素と塩素の反応

電子の授受と酸化・還元

酸素や水素の授受だけでなく、電子の授受によっても酸化・還元を定義することができます。

マグネシウムMgを空気中で燃焼させると、強い光を発するとともに、白色の酸化マグネシウムMgOが生じます。

$$2Mg + O_2 \longrightarrow 2MgO$$

マグネシウムは酸素と化合したので、酸化されたことは明らかですが、酸化と還元は同時に起こることから、酸素O_2は還元されたことに

なります。これは本当でしょうか。

生じた酸化マグネシウム MgO は，マグネシウムイオン Mg^{2+} と酸化物イオン O^{2-} がイオン結合した物質です。つまり，この反応では，Mg 原子は電子 e^- 2個を放出して Mg^{2+} になる一方，酸素 O_2 中の O 原子は電子2個を受け取って O^{2-} になっています。

$$\begin{cases} 2Mg \longrightarrow 2Mg^{2+} + 4e^- \\ O_2 + 4e^- \longrightarrow 2O^{2-} \end{cases}$$

したがって，この反応では Mg から O_2 に電子 e^- が移動しており，Mg は電子を失い，O_2 は電子を受け取っています。

一般に，**物質中の原子が電子を失う反応を酸化**といい，その原子および，その原子を含む物質は**酸化された**といいます。また，**物質中の原子が電子を受け取る反応を還元**といい，その原子および，その原子を含む物質は**還元された**といいます。

以上のことから，この反応では，「Mg が酸化された」と同時に「O_2 が還元された」といえます。

🧪 酸素や水素が関係しない酸化還元反応

銅 Cu を加熱して塩素 Cl_2 中に入れると，激しく反応して，褐色の塩化銅(Ⅱ) $CuCl_2$ が生じます。

$$Cu + Cl_2 \longrightarrow CuCl_2$$

この反応では，酸素や水素の授受は見られませんが，電子の授受に着目すると，次の図のように酸化と還元を説明することができます。

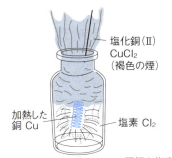

■銅と塩素の反応

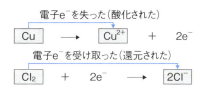

塩化銅(Ⅱ) $CuCl_2$ は，銅(Ⅱ)イオン Cu^{2+} と塩化物イオン Cl^- がイオン結合した物質です。この反応を2つのイオン反応式に分けて表すと，次のようになります。

酸化数

銅と塩素の反応では、生成した塩化銅(Ⅱ)$CuCl_2$がイオン結合でできた物質なので、電子の授受ははっきりしています。一方、水素H_2と酸素O_2の反応では、生成した水H_2Oは共有結合からなる分子なので、電子の授受ははっきりしません。

そこで、すべての酸化還元反応について、酸化と還元の関係が明確に区別できるように、着目した原子が、どの程度酸化または還元されているかを示す数値（**酸化数**といいます）が考案されました（下図）。

単体（H_2, Cuなど）中の原子は、酸化も還元もされていないので、酸化数を0とします。これよりも、電子をn個失った（酸化された）状態を正の酸化数$+n$で表し、一方、電子をn個受け取った（還元された）状態を負の酸化数$-n$で表します。

酸化数は、いつも、原子1個あたりの値で表します。また、電子は分割できない粒子なので、酸化数は必ず整数になります。酸化数には、0以外は必ず＋，－の符号をつけます。

■酸化数（酸化数nは、算用数字のほかローマ数字を用いてもよい）

[補足] **酸化・還元のまとめ**

酸化・還元は、酸素O，水素H，電子e^-の授受によって定義されました。また、酸化数の増減によっても、「酸化された」または「還元された」ことがわかります（p.144参照）。以上のことをまとめると、次のようになります。

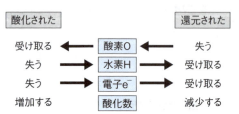

5-1 酸化と還元

🧪酸化数を求める規則

着目した原子の酸化数は，次のような規則で求めることができます。

求め方	例[*1]	
(1) 単体中の原子の酸化数は，0とします。	$\underline{H}_2$ 〔0〕	$\underline{Cu}$ 〔0〕
(2) 単原子イオンの酸化数は，イオンの電荷とします。	$\underline{Na}^+$ 〔+1〕	$\underline{S}^{2-}$ 〔−2〕
(3) 電気的に中性な化合物を構成する原子の酸化数の和は0とします。 基準 ・水素原子Hの酸化数＝+1 ・酸素原子Oの酸化数＝−2[*2]	$\underline{N}H_3$ 〔−3〕 $x+(+1)\times3=0$ $x=-3$	$\underline{S}O_2$ 〔+4〕 $x+(-2)\times2=0$ $x=+4$
(4) 多原子イオンを構成する原子の酸化数の和は，イオンの電荷とします。	$\underline{S}O_4^{2-}$ 〔+6〕 $x+(-2)\times4=-2$ $x=+6$	$\underline{N}O_3^-$ 〔+5〕 $x+(-2)\times3=-1$ $x=+5$

化合物を構成する原子のうち，アルカリ金属元素（Li, Na, K…）の酸化数は+1，2族元素（Mg, Ca,…）の酸化数は+2とします。

*1）(3), (4)では，下線部の原子の酸化数をxとおいて計算しています。

*2）過酸化水素H_2O_2などの過酸化物（O−O結合をもつ物質）中では，酸素原子の酸化数は−1となります（p.144参照）。

上の規則に基づいて原子の酸化数を求めると，次のようになります。

例1　硝酸HNO_3中の窒素原子Nの酸化数

水素原子Hの酸化数は+1，酸素原子Oの酸化数は−2です。

窒素原子Nの酸化数をxとおくと，

$(+1)+x+(-2)\times3=0$　　$x=+5$　答

例2　過マンガン酸カリウム$KMnO_4$中のマンガン原子Mnの酸化数

$KMnO_4$はイオン結晶をつくる物質で，水中では次のように電離します。　　$KMnO_4 \longrightarrow K^+ + MnO_4^-$

過マンガン酸イオンMnO_4^-中で，酸素原子Oの酸化数は−2です。

マンガン原子Mnの酸化数をxとおくと，

$x+(-2)\times4=-1$　　$x=+7$　答

143

分子中の原子の酸化数

分子中の各原子の酸化数は，本来，その共有電子対を，電気陰性度（p.54参照）の大小に基づいて各原子に割り当てることで求められるものです。

(1) 同じ種類の原子間の共有電子対は，各原子に均等に割り当てます。
(2) 異なる種類の原子間の共有電子対は，電気陰性度の大きい原子に割り当て，その原子がもつことになる形式的な電荷を酸化数とします。

水分子 H_2O と過酸化水素分子 H_2O_2 の各原子の酸化数は，電気陰性度が O (3.4) ＞ H (2.2) のため，O－H 間の共有電子対はすべて O 原子に割り当てられ，O－O 間の共有電子対は均等に O 原子に割り当てられます。したがって，H_2O 中の O の酸化数は－2，H_2O_2 中の O の酸化数は－1 となります（下図）。

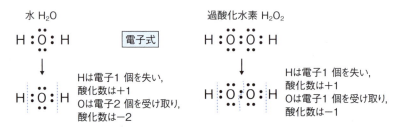

分子中の各原子の酸化数は，本来，このようにして求めなければなりませんが，この方法は大変面倒です。そこで，簡便な方法として，H原子の酸化数を＋1，O原子の酸化数を－2と決め，これをもとにして他の原子の酸化数を機械的に求める方法がとられます。

■H_2O，H_2O_2 におけるH原子とO原子の酸化数

酸化数の増減と酸化・還元

すでに学習したように，原子の酸化数は大きいほど酸化された状態，小さいほど還元された状態であることを示します。

すなわち，化学変化の前後で，**ある原子の酸化数が増加したとき**，その原子やその原子を含む物質は，**酸化された**ことになります。また，**ある原子の酸化数が減少したとき**，その原子やその原子を含む物質は，**還元された**ことになります。

■ **5-1** ■ 酸化と還元 ■

　例えば，加熱した酸化銅（Ⅱ）CuO に水素 H_2 を通じると，CuO が還元され，銅 Cu が生成する反応（p.139参照）では，各原子の酸化数の変化は次のようになります。

　　　　　　　　　　　　　┌─ 酸化数増加（酸化された）─┐

　　　　　　　CuO　+　H_2　⟶　Cu　+　H_2O

酸化数　　　〔+2〕　　〔0〕　　　〔0〕　　〔+1〕

　　　　　　└─ 酸化数減少（還元された）─┘

　よって，Cu 原子を含む酸化銅（Ⅱ）CuO は還元され，H 原子を含む水素 H_2 は酸化されたことがわかります。

　一方，反応式中で，構成原子の酸化数に変化がみられない反応は，酸化還元反応ではないと判断できます。

　　SO_3 + H_2O　⟶　H_2SO_4[*1]

　　〔+6〕　　　　　　　〔+6〕

*1) 化合物中では，H の酸化数は+1，O の酸化数は−2で変わらないので，H と O の酸化数の変化を調べる必要はありません。S 原子の酸化数の変化だけを調べればよいのです。

🧪 酸化還元反応式の係数

　酸化還元反応では，授受された電子の数は等しい。したがって，**原子の酸化数の増加量＝原子の酸化数の減少量**となります。この関係を利用すると，酸化還元反応式の係数を簡単につけることができます。

> 例3　$FeCl_3$ + $SnCl_2$　⟶　$FeCl_2$ + $SnCl_4$　の各係数

　　　　　　　　　　　　　　┌──── 酸化数2増加 ────┐

　　　　　　　$FeCl_3$　+　$SnCl_2$　⟶　$FeCl_2$　+　$SnCl_4$

酸化数　　　〔+3〕　　〔+2〕　　　〔+2〕　　〔+4〕

　　　　　　└──── 酸化数1減少 ────┘

　（Sn 原子の酸化数の増加量）＝（Fe 原子の酸化数の減少量）より，$FeCl_3$ と $FeCl_2$ の係数はいずれも2になります。

　　$2FeCl_3$ + $SnCl_2$　⟶　$2FeCl_2$ + $SnCl_4$　答

　両辺の各原子の数は等しいので，この係数で正解です。

145

■ **5章** ■ 酸化還元反応

> 例4 $MnO_2 + HCl \longrightarrow MnCl_2 + H_2O + Cl_2$ の各係数

$$\overset{\text{酸化数1増加}}{MnO_2 + HCl \longrightarrow MnCl_2 + H_2O + Cl_2}$$

酸化数　〔+4〕　　〔−1〕　　〔+2〕　　　　　　〔0〕

酸化数2減少

（**Cl**原子の酸化数の増加量）＝（**Mn**原子の酸化数の減少量）より，酸化数の増加量と減少量を2で合わせると，**HCl**の係数は2，**Cl₂**の係数は1になります。

$$MnO_2 + 2HCl \longrightarrow MnCl_2 + H_2O + Cl_2$$

Cl原子は，右辺に4個あるので，左辺の**HCl**の係数を4に変えます。

H原子は，左辺に4個あるので，右辺の**H₂O**の係数は2となります。

$$MnO_2 + 4HCl \longrightarrow MnCl_2 + 2H_2O + Cl_2 \quad 答$$

つまり，左辺の**HCl** 4分子のうち，2分子は酸化されていますが，残りの2分子は酸化も還元もされずに酸として働いています。

146

5-2 酸化剤・還元剤

学習の目標
- 相手を酸化したり還元したりする物質の反応について学びます。
- 酸化還元反応を，イオン反応式や化学反応式で表す方法について学習します。

🧪 酸化剤と還元剤

　酸化還元反応を，電子の授受という現象ではなく，物質を中心として考える場合，相手の物質を酸化する働きをもつ物質を**酸化剤**といい，また，相手の物質を還元する働きをもつ物質を**還元剤**といいます。

　酸化剤は相手から電子を奪う性質があり，自身は還元されやすく，その中にある原子の酸化数は減少します。

　還元剤は相手に電子を与える性質があり，自身は酸化されやすく，その中にある原子の酸化数は増加します（次図）。

■酸化剤と還元剤

　例えば，ヨウ化カリウム KI 水溶液に塩素 Cl_2 の気体を通じると，ヨウ素 I_2 が生成して，水溶液が褐色になります。この反応では，下図のように，I原子の酸化数が増加したので，ヨウ化カリウム KI が還元剤として，一方 Cl 原子の酸化数は減少したので，塩素 Cl_2 が酸化剤として働いたことがわかります。

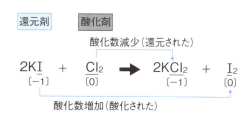

■ヨウ化カリウムと塩素の酸化還元反応

主な酸化剤と還元剤

酸化剤は，一般に，その中心となる原子が高い酸化数をもつものが多く，相手物質から電子を奪って，自身の酸化数を低くしようとする傾向が強い物質です。

- 主な酸化剤の例：過マンガン酸カリウム $KMnO_4$
  二クロム酸カリウム $K_2Cr_2O_7$　過酸化水素 H_2O_2　など

還元剤は，一般に，その中心となる原子が低い酸化数をもつものが多く，相手物質に電子を与えて，自身の酸化数を高くしようとする傾向が強い物質です。

- 主な還元剤の例：硫化水素 H_2S　二酸化硫黄 SO_2　など

身近な酸化剤と還元剤

ヨウ素の穏やかな酸化作用を利用した殺菌剤として，ポピドンヨード（水溶液のヨウ素複合体）が，うがい薬などに利用されています。これは，ヨウ素のエタノール溶液（ヨードチンキ）に比べて，皮膚や粘膜に対する刺激が少ないので，外科手術の際の消毒薬などにも用いられます。

緑茶飲料などには，変色や変質を防ぐために少量のビタミンCが加えられています。水溶性のビタミンCは比較的強い還元作用をもち，食品中に加えておくと，ビタミンC自身が酸化されることにより，食品自体の酸化を防ぐ物質（酸化防止剤）としての役割を果たします。ただし，水に溶けにくい油脂を多く含む食品には，脂溶性のビタミンEが酸化防止剤として加えられています。

成分・分量：1mL中に
ポピドンヨード 70mg
（有効ヨウ素として7mg）含有

品名：緑茶飲料
原材料名：緑茶,緑茶抽出物,ビタミンC

■うがい薬(左)と緑茶飲料(右)

原子がとりうる酸化数の範囲

原子がとりうる最も高い酸化数を**最高酸化数**，最も低い酸化数を**最低酸化数**といいます。

非金属の原子には，正の酸化数も負の酸化数も存在しますが，金属の原子には，正の酸化数しか存在しません。

硫酸 H_2SO_4，硝酸 HNO_3 のような最高酸化数の非金属化合物や，過マンガン酸イオン MnO_4^-，二クロム酸イオン $Cr_2O_7^{2-}$，鉄（Ⅲ）イオン Fe^{3+} のような最高酸化数の金属イオンは，酸化剤としてのみ働きます[*1]（下図で□のもの）。

一方，硫化水素 H_2S，アンモニア NH_3 のような最低酸化数の非金属化合物や，鉄（Ⅱ）イオン Fe^{2+} のような比較的低い酸化数をもつ金属イオンは，還元剤としてのみ働きます[*2]（下図で□のもの）。

*1）酸化数が減少する（自身が還元される＝相手を酸化する）方向でしか反応できないためです。
*2）酸化数が増加する（自身が酸化される＝相手を還元する）方向でしか反応できないためです。

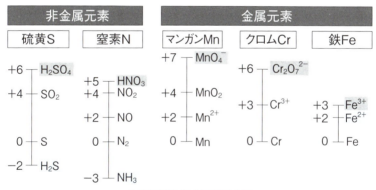

■最高酸化数と最低酸化数

酸化剤・還元剤の半反応式

水溶液中で，酸化剤，還元剤がどのように働くかを電子 e^- を含むイオン反応式で表したものを，**半反応式**といいます。

酸化剤・還元剤の半反応式は，酸化剤・還元剤自身がどのような物質に変化するかを知っていれば，次のような手順でつくることができます。

■ **5章** ■ 酸化還元反応

> **1** 反応物（与えられる）を左辺に，生成物（覚えておく）を右辺に，それぞれ化学式で書きます。[*1]
>
> 　　ただし，反応物がイオンでできた物質の場合，反応に関係するイオンだけを反応式の左辺に書きます。
>
> **2** 両辺の酸素原子Oの数は，水分子H_2Oで合わせます。
>
> **3** 両辺の水素原子Hの数は，水素イオンH^+で合わせます。
>
> **4** 両辺の電荷のつり合いは，電子e^-で合わせます。
>
> ＊1）酸素原子，水素原子の数を合わせる前に，中心となる原子の数は先に合わせておきます。

例1　シュウ酸(COOH)₂の還元剤としての半反応式

1 $(COOH)_2$が還元剤として働くと，二酸化炭素CO_2[*2]に変化します。

$$(COOH)_2 \longrightarrow 2CO_2$$

＊2）中心となる炭素原子Cの数を合わせるため，CO_2の係数は2とします。

2 酸素原子Oの数は等しく合っています。

3 水素原子Hの数を合わせるため，右辺に水素イオンH^+を2個加えます。　$(COOH)_2 \longrightarrow 2CO_2 + 2H^+$

4 電荷を合わせるため，右辺に電子e^-を2個加えます。

$$(COOH)_2 \longrightarrow 2CO_2 + 2H^+ + 2e^-$$

例2　過マンガン酸カリウム$KMnO_4$の酸化剤としての半反応式
　　（硫酸酸性）

　過マンガン酸カリウム$KMnO_4$は黒紫色の結晶で，強力な酸化剤として働きます。水に溶けると，次のように電離し，赤紫色の過マンガン酸イオンMnO_4^-が生じます。

$$KMnO_4 \longrightarrow K^+ + MnO_4^-$$

1 このうち，酸化剤として働くのはMnO_4^-で，硫酸で酸性にした水溶液中では，マンガン(Ⅱ)イオンMn^{2+}（ほぼ無色）に変化します。

$$MnO_4^- \longrightarrow Mn^{2+}$$

150

2 酸素原子Oの数を合わせるため，右辺に水分子H_2Oを4個加えます。

$MnO_4^- \longrightarrow Mn^{2+} + 4H_2O$

3 水素原子Hの数を合わせるため，左辺に水素イオンH^+を8個加えます。

$MnO_4^- + 8H^+ \longrightarrow Mn^{2+} + 4H_2O$

4 電荷を合わせるため，左辺に電子e^-を5個加えます。

$MnO_4^- + 8H^+ + 5e^- \longrightarrow Mn^{2+} + 4H_2O$

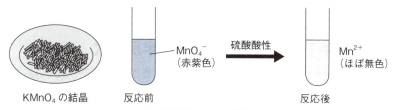

■酸化剤$KMnO_4$の働き

> 例3　過酸化水素H_2O_2の酸化剤としての半反応式（硫酸酸性）

過酸化水素H_2O_2は，通常，酸化剤として働きます。

1 H_2O_2が酸化剤として働くと，水H_2Oに変化します。

$H_2O_2 \longrightarrow H_2O$

2 O原子の数を合わせるため，右辺のH_2Oの係数を2とします。

$H_2O_2 \longrightarrow 2H_2O$

3 H原子の数を合わせるため，左辺に$2H^+$を加えます。

$H_2O_2 + 2H^+ \longrightarrow 2H_2O$

4 電荷を合わせるため，左辺に$2e^-$を加えます。

$H_2O_2 + 2H^+ + 2e^- \longrightarrow 2H_2O$

> 例4　過酸化水素H_2O_2の還元剤としての半反応式

過酸化水素は，相手が強い酸化剤（$KMnO_4$など）のときは，還元剤として働きます。

1 H_2O_2が還元剤として働くと，酸素O_2に変化します。

$H_2O_2 \longrightarrow O_2$

2 O原子の数は等しく合っています。

■ **5章** ■ 酸化還元反応

3 H原子の数を合わせるため，右辺に$2H^+$を加えます。

$$H_2O_2 \longrightarrow O_2 + 2H^+$$

4 電荷を合わせるため，右辺に$2e^-$を加えます。

$$H_2O_2 \longrightarrow O_2 + 2H^+ + 2e^-$$

	O_2	H_2O_2	H_2O
	●	●	●
Oの酸化数	0	-1	-2

過酸化水素は，O原子の酸化数を増加させることも減少させることもできるので，酸化剤・還元剤のどちらにも働きます。

🧪 水溶液中での酸化剤・還元剤の半反応式

　代表的な酸化剤と還元剤の水溶液中での働きを示す半反応式は次の表の通りです。半反応式は，反応に関係しないイオンは省略します。また，酸化剤は電子を受け取るので，電子e^-は左辺にあり，一方，還元剤は電子を放出するので，電子e^-は右辺にあります。

■主な酸化剤・還元剤の半反応式　　　　　　　■は反応物，■は生成物

	物質の名称	半反応式
酸化剤	過酸化水素（硫酸酸性）	$H_2O_2 + 2H^+ + 2e^- \longrightarrow 2H_2O$
	過マンガン酸カリウム（硫酸酸性）	$MnO_4^- + 8H^+ + 5e^- \longrightarrow Mn^{2+} + 4H_2O$
	二クロム酸カリウム（硫酸酸性）	$Cr_2O_7{}^{2-} + 14H^+ + 6e^- \longrightarrow 2Cr^{3+} + 7H_2O$
	ハロゲン	$Cl_2 + 2e^- \longrightarrow 2Cl^-$
	希硝酸	$HNO_3 + 3H^+ + 3e^- \longrightarrow NO + 2H_2O$
	濃硝酸	$HNO_3 + H^+ + e^- \longrightarrow NO_2 + H_2O$
	二酸化硫黄	$SO_2 + 4H^+ + 4e^- \longrightarrow S + 2H_2O$
還元剤	アルカリ金属	$Na \longrightarrow Na^+ + e^-$
	硫化水素	$H_2S \longrightarrow S + 2H^+ + 2e^-$
	二酸化硫黄	$SO_2 + 2H_2O \longrightarrow SO_4{}^{2-} + 4H^+ + 2e^-$
	ヨウ化カリウム	$2I^- \longrightarrow I_2 + 2e^-$
	過酸化水素	$H_2O_2 \longrightarrow O_2 + 2H^+ + 2e^-$
	シュウ酸	$(COOH)_2 \longrightarrow 2CO_2 + 2H^+ + 2e^-$
	硫酸鉄（Ⅱ）	$Fe^{2+} \longrightarrow Fe^{3+} + e^-$

152

酸化還元反応の反応式

酸化還元反応の反応式は，次のような手順でつくります。

1 酸化剤・還元剤の半反応式をそれぞれつくります。

2 2つの半反応式の電子e^-の係数が等しくなるように，半反応式をそれぞれ何倍かします。2つの半反応式を足し合わせるとe^-が消去され，1つのイオン反応式が得られます。

3 反応に関係しなかったイオンを両辺に加えて，両辺の電荷がともに0になるようにすると，酸化還元反応の化学反応式が得られます。

> 例5　過酸化水素H_2O_2（酸化剤）とヨウ化カリウムKI（還元剤）の反応式（硫酸酸性）

1 硫酸酸性の条件でH_2O_2が酸化剤として働くと，水H_2Oが生成します。

$$H_2O_2 + 2H^+ + 2e^- \longrightarrow 2H_2O \quad \cdots ①$$

ヨウ化カリウムKIは，カリウムイオンK^+とヨウ化物イオンI^-に電離し，このうちI^-だけが反応に関係します。I^-が還元剤として働くと，ヨウ素I_2が生成します。

$$2I^- \longrightarrow I_2 + 2e^- \quad \cdots ②$$

2 ①式と②式の電子e^-の数は等しくなっているので，そのまま足し合わせて，e^-を消去すると，1つのイオン反応式が得られます。

$$H_2O_2 + 2H^+ + 2I^- \longrightarrow 2H_2O + I_2 \quad \cdots ③$$

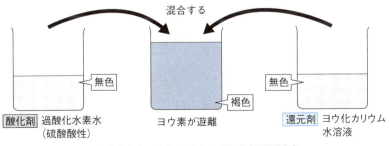

■過酸化水素とヨウ化カリウムの反応（硫酸酸性）

3 ③式の両辺に，反応に関係しなかったK^+と硫酸イオンSO_4^{2-}を電荷が0になるように加え，式を整理すると，化学反応式が得られます。

$$H_2O_2 + H_2SO_4 + 2KI \longrightarrow 2H_2O + I_2 + K_2SO_4$$

> **例6** 過マンガン酸カリウム$KMnO_4$（酸化剤）と過酸化水素H_2O_2（還元剤）の反応式（硫酸酸性）

1 過マンガン酸カリウム$KMnO_4$は，水に溶けるとカリウムイオンK^+と過マンガン酸イオンMnO_4^-に電離し，このうちMnO_4^-だけが反応に関係します。MnO_4^-が硫酸酸性の条件で酸化剤として働くと，マンガン(II)イオンMn^{2+}が生成します。

$$MnO_4^- + 8H^+ + 5e^- \longrightarrow Mn^{2+} + 4H_2O \cdots ①$$

過酸化水素H_2O_2は通常は酸化剤として働くが，$KMnO_4$などの強い酸化剤に対しては還元剤として働き，このとき酸素O_2が生成します。

$$H_2O_2 \longrightarrow O_2 + 2H^+ + 2e^- \cdots ②$$

2 ①式を2倍，②式を5倍して，電子e^-の数を等しくします。これらを足し合わせてe^-を消去すると，1つのイオン反応式が得られます。

$$2MnO_4^- + 6H^+ + 5H_2O_2 \longrightarrow 2Mn^{2+} + 5O_2 + 8H_2O \cdots ③$$

3 ③式の両辺に，反応に関係しなかったK^+と硫酸イオンSO_4^{2-}を電荷が0になるように加え，式を整理すると化学反応式が得られます。

$$2KMnO_4 + 3H_2SO_4 + 5H_2O_2$$
$$\longrightarrow 2MnSO_4 + 5O_2 + 8H_2O + K_2SO_4$$

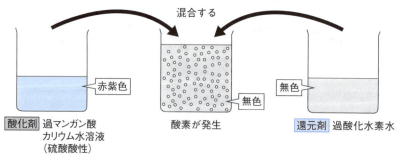

■過マンガン酸カリウムと過酸化水素の反応（硫酸酸性）

🧪 酸化還元滴定

酸化還元反応を利用すると，濃度が正確にわかった酸化剤（または還元剤）の標準溶液を用いて，濃度がわからない還元剤（または酸化剤）の溶液の濃度を求めることができます。このような操作を**酸化還元滴定**といいます。

用いる器具や操作方法は，中和滴定(p.129参照)と同じですが，多くの場合，特別な指示薬を用いずに，酸化剤自身の色の変化から，滴定の終点を判断します。

酸化還元滴定では，酸化剤が受け取る電子e^-の物質量と，還元剤が放出する電子e^-の物質量が等しくなると，酸化剤と還元剤は過不足なく（ちょうど）反応することになります。

酸化還元滴定の終点では，次の関係式が成り立ちます。

> 酸化剤が受け取ったe^-の物質量＝還元剤が放出したe^-の物質量

酸化剤として，過マンガン酸カリウム水溶液を用いた場合，反応前は，過マンガン酸イオンMnO_4^-による濃い赤紫色を示しますが，還元剤と反応すると，ほぼ無色のマンガン（Ⅱ）イオンMn^{2+}に変化します。しかし，還元剤がすべて反応し終わると，MnO_4^-の色が消えなくなり，水溶液はわずかに薄赤色を示します。これを滴定の終点とします。このような過マンガン酸カリウムを用いた酸化還元滴定を，**過マンガン酸塩滴定**といいます。

次に，酸化還元滴定の手順と計算の仕方を，具体的に見ていきます。

例題 1　濃度不明の過酸化水素H_2O_2水20mLに希硫酸を加え，酸性にした。この水溶液に$2.0×10^{-2}$mol/Lの過マンガン酸カリウム$KMnO_4$水溶液を滴下していくと，16mL滴下したとき，過マンガン酸イオンMnO_4^-の赤紫色が消えなくなり，溶液全体が薄赤色になった。このことから過酸化水素水の濃度〔mol/L〕を求めなさい。

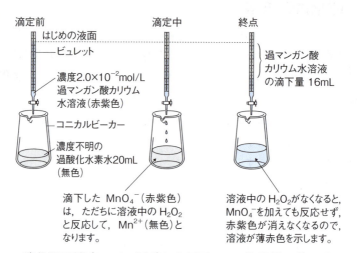

酸化還元滴定では，授受した電子e^-の物質量が等しくなるとき，滴定の終点となります。したがって，使用した酸化剤と還元剤の半反応式をそれぞれ書き，酸化剤・還元剤とe^-の係数の比から，e^-の物質量を確実に求める必要があります。

酸化剤：$MnO_4^- + 8H^+ + 5e^- \longrightarrow Mn^{2+} + 4H_2O$ ……①

還元剤：$H_2O_2 \longrightarrow O_2 + 2H^+ + 2e^-$ ……②

①式より，MnO_4^- 1 mol は e^- を 5 mol 受け取る酸化剤です。
②式より，H_2O_2 1 mol は e^- を 2 mol 放出する還元剤です。

この滴定の終点では，次の関係が成り立ちます。

酸化剤が受け取るe^-の物質量＝還元剤が放出するe^-の物質量

求める過酸化水素水のモル濃度をx〔mol/L〕とすると，

$$2.0 \times 10^{-2} \text{mol/L} \times \frac{16}{1000}\text{L} \times 5 = x \times \frac{20}{1000}\text{L} \times 2$$

（MnO_4^-が受け取るe^-の物質量）　　（H_2O_2が放出するe^-の物質量）

$x = 4.0 \times 10^{-2}$ mol/L　**答**

5-3 金属のイオン化傾向

学習の目標
- 各金属の反応性の違いは，各金属の陽イオンへのなりやすさと関係があることを学習します。

金属と酸との反応

亜鉛 Zn を希塩酸 HCl に入れると，水素 H_2 を発生して溶解します。このとき，Zn は電子 e^- を失って亜鉛イオン Zn^{2+} になり，その電子を塩酸中の水素イオン H^+ が受け取って H_2 が生成します。このことから，亜鉛は水素よりも陽イオンになりやすいことがわかります。

一方，銅 Cu や銀 Ag を希塩酸に入れても，水素は発生しません。これは，銅や銀が水素よりも陽イオンになりにくいためです。

一般に，金属が水溶液中で陽イオンになろうとする性質を，**金属のイオン化傾向**といい，金属の種類によって大きく異なっています。

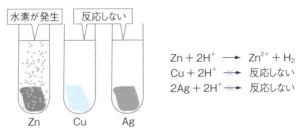

■金属と希塩酸の反応

金属と金属イオンの反応

金属と酸との反応から，亜鉛は銅よりもイオン化傾向が大きいことは明らかです。しかし，銅と銀はどちらも希塩酸とは反応しないので，両者のイオン化傾向の大小関係は不明です。

一般に，金属のイオン化傾向の大小は，ある金属を別の金属イオンを含む水溶液に入れたとき，反応が起こるかどうかで判断できます。

例えば，無色の硝酸銀 $AgNO_3$ 水溶液に銅 Cu 板を入れて放置する

と，銅板の表面に樹枝状の銀**Ag**が析出します。これを**銀樹**といいます（下図）。このとき，銅板の周囲の水溶液の色がわずかに青色を帯びることから，銅が溶け出し，銅（Ⅱ）イオン**Cu^{2+}**が生成していることがわかります。

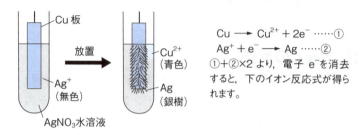

■銅と硝酸銀水溶液の反応

このときの反応をイオン反応式で表すと，次のようになります。

$$Cu + 2Ag^+ \longrightarrow Cu^{2+} + 2Ag$$

逆に，硫酸銅（Ⅱ）**CuSO$_4$**水溶液に銀**Ag**板を入れても，まったく反応は起こりません。

$$Cu^{2+} + Ag \xrightarrow{\quad\times\quad} \text{反応しない}$$

このことから，銅は銀よりもイオン化傾向が大きい（**Cu＞Ag**）ことがわかります。

金属樹

　金属の表面に析出した別の金属の樹枝状の結晶を，**金属樹**といい，銀樹のほかに，銅樹，鉛樹，スズ樹などがあります。

　上のイオン反応式では，銅の溶解と銀の析出が同時進行で起こりますが，銅の溶解している部分には＋（プラス）の雰囲気があり，**Ag$^+$**は近づきにくい状態になっています。したがって，**Ag**がいったん析出すると，その部分で**Ag**の析出が繰り返されることになり，銀樹が成長していきます。

　また，亜鉛**Zn**板を硫酸銅（Ⅱ）水溶液に入れると，亜鉛が亜鉛イオン**Zn^{2+}**となって溶け出すと同時に，亜鉛板上に銅が析出し，**銅樹**ができます（次ページの上図）。

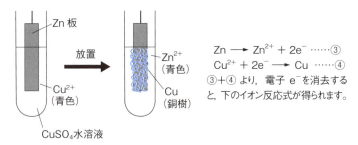

■亜鉛と硫酸銅(Ⅱ)水溶液の反応

$$Zn + Cu^{2+} \longrightarrow Zn^{2+} + Cu$$

一方,銅 Cu 板を硫酸亜鉛 ZnSO₄ 水溶液に入れても,まったく反応は起こりません。

$$Cu + Zn^{2+} \not\longrightarrow 反応しない$$

このことから,亜鉛は銅よりもイオン化傾向が大きい(**Zn > Cu**)ことがわかります。

したがって,イオン化傾向の順番は,**Zn > Cu > Ag** となります。

イオン化列

代表的な金属をイオン化傾向の大きいものから順に並べたものを,**イオン化列**といい(下図),電池の発明者でもあるボルタ(イタリア)によって初めて決定されました。

イオン化列は,金属の反応性を理解するうえで,重要な指標となるものですから,次の図中の語呂あわせを使って,必ず覚えて下さい。

*1) 水素 H₂ は金属ではありませんが,陽イオン H⁺ になるのでイオン化列に入れてあります。

■イオン化列

金属の反応性

一般に,イオン化傾向の大きい金属は,水溶液中で電子を失い,陽イオンになりやすい金属です。つまり,酸化されやすく,反応性に富んだ金属であるといえます。

一方,イオン化傾向の小さい金属は,水溶液中で電子を失いにくく,陽イオンになりにくい金属です。つまり,酸化されにくく,反応性に乏しい金属であるといえます。

空気中(常温)での反応

イオン化傾向の大きい金属の **Li**,**K**,**Ca**,**Na** は,空気中で速やかに酸化されます。これらの金属はいずれも軟らかく,ナイフで切ると,切り口はすぐに酸化物で覆われ,もとの金属光沢が失われます(下図)。また,この酸化反応は金属内部まで進行します。

Na よりもイオン化傾向の小さい金属である **Mg** 〜 **Cu** は,徐々に酸化され,表面に酸化物の被膜を生じます。さらに,イオン化傾向の小さい金属の **Hg**,**Ag**,**Pt**,**Au** は,空気中でも酸化されず,美しい金属光沢を保ち続けます。

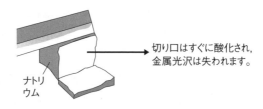

■金属ナトリウムの切り口の変化(空気中)

水との反応

イオン化傾向の大きな金属である **Li**,**K**,**Ca**,**Na** は,常温の水 H_2O と激しく反応して溶け,水素 H_2 を発生します。

$$2Na + 2H_2O \longrightarrow 2NaOH + H_2$$

Mg は,常温の水とは反応しませんが,熱水とは反応して H_2 を発生します。**Mg** よりもイオン化傾向の小さい金属の **Al**,**Zn**,**Fe** は,高温の水蒸気(100℃〜)とは反応して H_2 を発生します。

$$3Fe + 4H_2O \rightleftarrows Fe_3O_4 + 4H_2$$
四酸化三鉄

Niおよびそれよりもイオン化傾向の小さい金属は，水とはいかなる条件でも反応しません。

酸との反応

水素よりもイオン化傾向の大きい**Zn**，**Fe**などの金属は，酸化力をもたない塩酸**HCl**や希硫酸**H₂SO₄**と反応して溶け，**H₂**を発生します。

$$Zn + 2HCl \longrightarrow ZnCl_2 + H_2$$

水素よりもイオン化傾向の小さい**Cu**や**Ag**などの金属は，塩酸や希硫酸とは反応しません。

Cu + 2HCl ―✕→ 反応しない

酸化力をもつ酸との反応

塩酸や希硫酸とは反応しない**Cu**，**Hg**，**Ag**も，硝酸**HNO₃**や加熱した濃硫酸(熱濃硫酸)のような酸化力をもつ酸には，反応して溶けます。このとき発生する気体は**H₂**ではなく，希硝酸では一酸化窒素**NO**，濃硝酸では二酸化窒素**NO₂**，熱濃硫酸では二酸化硫黄**SO₂**がそれぞれ発生します(下図)。

希硝酸　　$3Cu + 8HNO_3 \longrightarrow 3Cu(NO_3)_2 + 2NO + 4H_2O$

濃硝酸　　$Cu + 4HNO_3 \longrightarrow Cu(NO_3)_2 + 2NO_2 + 2H_2O$

熱濃硫酸　$Cu + 2H_2SO_4 \longrightarrow CuSO_4 + SO_2 + 2H_2O$

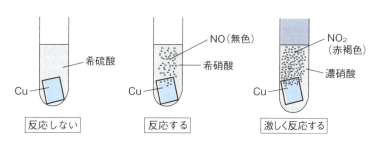

■銅とさまざまな酸の反応

イオン化傾向が非常に小さい金属である **Pt**，**Au** は，酸化力をもつ硝酸や熱濃硫酸とも反応しませんが，極めて強い酸化力をもつ**王水**（濃硝酸と濃塩酸を体積比1:3で混合した溶液）とは反応して溶けます。

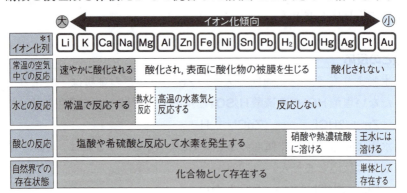

鉛 Pb を塩酸や希硫酸に入れると，水に溶けにくい塩化鉛(Ⅱ) $PbCl_2$ や硫酸鉛(Ⅱ) $PbSO_4$ が表面にできるため，ほとんど溶けません。
*1) 条件によっては順序が入れ替わるものもあります。

■金属のイオン化傾向と単体の反応性

なお，**Al**，**Fe**，**Ni** は塩酸や希硫酸だけでなく希硝酸とも反応しますが，濃硝酸とは反応しません。このような状態を**不動態**といいます。これは，これらの金属が濃硝酸と反応すると，表面に緻密な酸化被膜を形成し，これが内部を保護する働きをするため，それ以上反応が進行しなくなるからです。

補足 鉄の不動態と温度との関係について

紙やすりでよく磨いた鉄くぎを，10℃，20℃，30℃の濃硝酸に入れると，10℃，20℃では，褐色の気体（NO_2）が最初発生するが，すぐに反応は停止し，不動態となります。30℃のときは，反応は停止せず，褐色の気体が発生し続け，不動態にはなりません。このことから，温度が低いほど，鉄は不動態になりやすいことがわかります。

■ **5-4** ■ 酸化還元反応の利用 ■

5-4 酸化還元反応の利用

学習の目標

● 代表的な金属の鉄，銅，アルミニウムの製錬について学習します。
● 酸化還元反応と私たちの生活との関連について学習します。

⚗ 金属の製錬

金属のうち，自然界に単体として存在するものは，イオン化傾向の小さい金 Au や白金 Pt などごく一部です。多くの金属は，酸素や硫黄との化合物（酸化物，硫化物）の形で存在しています。

一般に，金属の化合物（鉱石）から金属の単体を取り出す操作を**金属の製錬**といいます。金属の製錬には，これまでに学んだ酸化還元反応が利用されています。

また，取り出した金属中に含まれる不純物を除き，金属の純度を高めることを**金属の精錬**といいます。特に，電気分解を利用して，金属の純度を高める操作を，**電解精錬**といいます。

鉄と銅の製錬

イオン化傾向が中程度の鉄は，鉄鉱石（赤鉄鉱 Fe_2O_3 や磁鉄鉱 Fe_3O_4 など）を炭素 C で還元すると得られます（p.292参照）。

また，イオン化傾向が比較的小さな銅も，黄銅鉱（主成分は $CuFeS_2$）などの鉱石を，やはり炭素で還元すると得られます（p.294参照）。

アルミニウムの精錬

アルミニウムのようにイオン化傾向の大きな金属の場合，その鉱石（ボーキサイト）を精製して得られる酸化アルミニウム（アルミナ） Al_2O_3 を炭素で還元しても単体は得られません。そこで，金属の塩などを加熱・融解させた状態で電気分解することによって，単体を得ています（p.286参照）。この方法を，**溶融塩電解**または**融解塩電解**といい，主にイオン化傾向の大きな金属（Li, K, Ca, Na, Mg, Al）の単体を得るのに用いられています。

163

金属の錆とめっき

　金属の単体を空気中に放置すると，空気中の酸素や水などと反応して，複雑な成分をもつ錆(さび)が生じます。金属が錆びるのを防止するため，ある金属の表面を別の金属で覆う**めっき**(鍍金(ときん))が行われることがあります。

　例えば，鉄Feに亜鉛Znをめっきしたものを**トタン**，鉄FeにスズSnをめっきしたものを**ブリキ**といいます。表面に傷がついていない間は，イオン化傾向がZn＞Snのため，トタンよりもブリキの方が錆びにくいですが，表面に傷がついて鉄が露出すると，腐食のしやすさが大きく異なります。

　トタンでは，イオン化傾向がZn＞Feのため，Znが先に溶け出し，Feの腐食を防ぐことができます(下図左)。

　一方，ブリキでは，イオン化傾向がFe＞Snのため，Feが先に溶け出し，Feの腐食は進行して，めっきの効果は失われます(下図右)。

　したがって，トタンは屋外の建築材料のような傷のつきやすい所に，ブリキは缶詰の内壁のような傷がつきにくい所に利用されています。

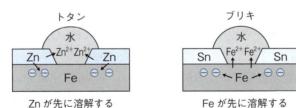

■傷がついたときのトタンとブリキの腐食の違い

[補足] **めっきの方法**

　めっきの方法としては，めっきをする目的の金属イオンの水溶液(めっき液)に，めっきを施したい金属を陰極(−)，目的の金属を陽極(＋)として電気分解を行う電気めっきが一般的です。また，トタンやブリキの製造では，融点の比較的低い亜鉛やスズの融解液に，鉄板を浸して表面に被膜をつくる溶融めっきが行われています。

🧪 漂白剤

　身近に使われている**漂白剤**は，衣料の染みや黄ばみを除去する働きがあります。家庭用の漂白剤には，**塩素系漂白剤**と**酸素系漂白剤**の2種類があり，いずれも主成分に酸化剤が含まれています。

　塩素系漂白剤の主成分は，次亜塩素酸ナトリウム**NaClO**で，水溶液中では電離した次亜塩素酸イオン**ClO**$^-$の酸化作用によって，色素を漂白します。

$$\underset{\text{酸化数〔+1〕}}{ClO^-} + 2e^- + H_2O \longrightarrow \underset{\text{〔-1〕}}{Cl^-} + 2OH^-$$

　一方，酸素系漂白剤の主成分は過炭酸ナトリウム（過酸化水素H_2O_2と炭酸ナトリウムNa_2CO_3の混合物）で，水溶液中では過酸化水素の酸化作用を色素の漂白に利用しています。

$$H_2O_2 + 2e^- \longrightarrow 2OH^-$$

　塩素系漂白剤は酸化力が強いので，色柄物の衣料には使用できませんが，主に白物の衣料を漂白するのに使用されます。

　一方，酸素系漂白剤は比較的酸化力が弱いので，色柄物の衣料の漂白にも使用することができます。

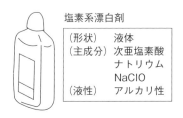
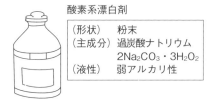

塩素系漂白剤
（形状）　液体
（主成分）次亜塩素酸
　　　　　ナトリウム
　　　　　NaClO
（液性）　アルカリ性

次亜塩素酸イオンClO$^-$の酸化力は，液性にかかわらず，ほぼ変わりません。また，細菌類・ウイルスに対する広い殺菌消毒作用を示します。

酸素系漂白剤
（形状）　粉末
（主成分）過炭酸ナトリウム
　　　　　2Na$_2$CO$_3$・3H$_2$O$_2$
（液性）　弱アルカリ性

過酸化水素H$_2$O$_2$の酸化力は，酸性では強いが，中〜塩基性では弱くなります。また，一部の細菌類に対して殺菌消毒作用を示しますが，ウイルスに対しては効果はありません。

■塩素系漂白剤（左）と酸素系漂白剤（右）

5-5 電池

学習の目標
- 酸化還元反応を別々の場所で行わせると，電子の移動が起こり，電池ができることを学習します。
- 代表的な電池について，それらの基本的な原理を学習します。

電池の原理

　酸化還元反応を利用して，電気エネルギーを取り出す装置を**電池**といいます。一般には，イオン化傾向の異なる金属板を電解質の水溶液（電解液）に浸し，両金属板を導線で結ぶと電池ができます（下図）。

　電池において，電解液に浸した金属などを**電極**といい，導線に向かって電子が流れ出す電極を**負極**といい，電子を放出する**酸化反応**が起こります。一方，導線から電子が流れ込む電極を**正極**といい，電子を受け取る**還元反応**が起こります。

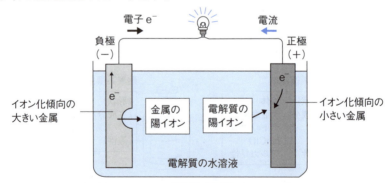

■電池の原理

　電池では，イオン化傾向の大きい金属は電子を放出しやすいので負極となり，イオン化傾向の小さい金属が正極になります。

　また，電池の両電極間に生じる最大の電圧（電位差）[*1]を，電池の**起電力**といい，単位はボルト（記号：V）で表します。起電力は，電池の性能を表す指標として用いられます。

*1) 電流を流そうとする働きの強さを電圧といいます。電流と電圧（電位差），電池についての概念を図に表すと，次ページの図のようになります。

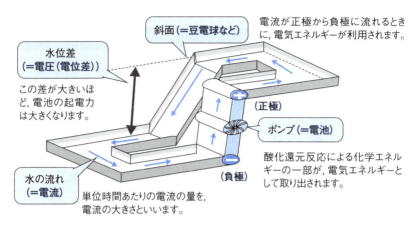

■水の流れを用いた電流と電圧(電位差),電池の概念図

🧪 放電と充電

　電池の両電極を豆電球と接続すると,豆電球は点灯します。これは,導線中を負極から正極へ向かって電子が移動するために起こります。電流の流れる向きは,電子の移動する向きとは逆方向と定義されているので,電流は,電池の正極から負極へと流れることになります。

　このように,電池の両極を導線でつないで電流を取り出す操作を**放電**といい,放電によって電池の起電力はしだいに低下します。一方,電池に放電時とは逆向きの電流を流して起電力を回復させる操作を,**充電**といいます。

🧪 電池の分類

　マンガン乾電池のように,充電できない使い切りの電池を,**一次電池**といいます。また,鉛蓄電池のように,充電が可能で繰り返し使用できる電池を,**二次電池**または,**蓄電池**といいます。

　このほかにも,水素などの燃料と空気(酸素)を電池に供給し,水素と酸素から水が生成する化学変化を利用して電流を取り出す電池を,**燃料電池**といいます。現在,さまざまな電池が開発され,その特徴に応じて使い分けられています(次ページの表)。

■ **5章** ■ 酸化還元反応

■**いろいろな電池**

電池		負極	電解質	正極	起電力	使用例
一次電池	マンガン乾電池	Zn	$ZnCl_2$ NH_4Cl	MnO_2, C	1.5V	電化製品
	アルカリマンガン乾電池	Zn	KOH	MnO_2, C	1.5V	電化製品
	リチウム電池	Li	$LiClO_4$	MnO_2	3.0V	電卓, カメラ
	酸化銀電池	Zn	KOH	Ag_2O	1.55V	腕時計, 補聴器
二次電池	鉛蓄電池	Pb	H_2SO_4	PbO_2	2.0V	自動車のバッテリー
	ニッケル・水素電池	MH[*1]	KOH	NiO(OH)	1.35V	ハイブリッド自動車
	リチウムイオン電池	LiC_6	Li塩	$LiCoO_2$	4.0V	携帯電話, 電気自動車
燃料電池（リン酸型）		H_2	H_3PO_4	O_2	1.2V	ホテル・病院などの電源

＊1）MHは，水素を吸収・放出できる合金（水素吸蔵合金）です。

🧪 ボルタ電池

1795年頃，ボルタは，亜鉛Zn板と銅Cu板を食塩水で湿らせた紙にはさんで積み重ねた装置（ボルタの電堆といいます）により，両電極間に起電力が生じることを発見しました。

続いて，1800年，亜鉛板と銅板を希硫酸H_2SO_4に浸すなどの改良を行った**ボルタ電池**を発明しました（次ページの上図）。

負極：$Zn \longrightarrow Zn^{2+} + 2e^-$ （酸化反応）

正極：$2H^+ + 2e^- \longrightarrow H_2$ （還元反応）

起電力は最初約1.1Vですが，放電すると，正極に生じる水素H_2が主な原因となって，すぐに電圧が低下し（この現象を**電池の分極**といいます），実用化はされませんでした。

電池の構成は，左から負極，電解液，正極の順にそれぞれ化学式で表した**電池式**で表されます。[*2]（次ページ）

168

*2) 電解液を| |ではさんで示し、また、aqは水溶液を表します。

ボルタ電池の電池式は、次のように表されます。

(−) Zn | H₂SO₄ aq | Cu (+)

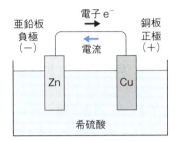

■ボルタ電池

🧪 ダニエル電池

1836年、ダニエル（イギリス）によって、分極が起こらないようにボルタ電池を改良した電池が考案されました。この電池を**ダニエル電池**といい、亜鉛Zn板を浸した硫酸亜鉛ZnSO₄水溶液と、銅Cu板を浸した硫酸銅(Ⅱ)CuSO₄水溶液を素焼き板で仕切った構造をしています（下図）。ダニエル電池の電池式は、次のように表されます。

(−) Zn | ZnSO₄ aq | CuSO₄ aq | Cu (+)　起電力は約1.1V

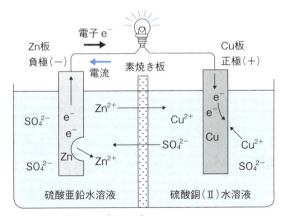

放電が始まると、Zn^{2+}、SO_4^{2-}は、素焼き板を図の方向に移動します。

■ダニエル電池

素焼き板は，両水溶液が直接混合しないようにする役目をもっています。また，その細孔中をイオンが通過することで，両水溶液を電気的に接続する働きもしています。

亜鉛 Zn は銅 Cu よりもイオン化傾向が大きいので，亜鉛板が負極，銅板が正極になります。

負極では，Zn が亜鉛イオン Zn^{2+} となって溶け出し，極板に電子を残します。一方，正極では，Cu はイオン化傾向が小さいので，溶け出すことはありません。

亜鉛板にたまった電子 e^- は，導線を通って銅板へ流れ込みます。その電子は水溶液中の銅（Ⅱ）イオン Cu^{2+} に受け取られ，銅板上に単体の Cu が析出します。

負極（−）：$Zn \longrightarrow Zn^{2+} + 2e^-$ （酸化）

正極（＋）：$Cu^{2+} + 2e^- \longrightarrow Cu$ （還元）

このとき，正極では水素 H_2 が発生しないので，起電力はほとんど低下しません。

電池内で，実際に酸化還元反応に関わる物質を**活物質**といいます。

ダニエル電池の負極では，亜鉛 Zn が電子を放出する還元剤として働くので，**負極活物質**と呼ばれます。一方，正極では，銅（Ⅱ）イオン Cu^{2+}（硫酸銅（Ⅱ）$CuSO_4$）が電子を受け取る酸化剤として働くので，**正極活物質**と呼ばれます。

一般に，負極と正極に用いる金属のイオン化傾向の差が大きいほど，電池の起電力は大きくなります。

乾電池

電解液が流れ出さないように工夫して，持ち運びしやすいようにした電池を**乾電池**といいます。現在，小型の電源として広く利用されています。

マンガン乾電池

マンガン乾電池は代表的な一次電池で，亜鉛 Zn が負極活物質（還元

剤)となり，電子を放出して亜鉛イオンZn^{2+}になります。一方，酸化マンガン(Ⅳ)MnO_2が正極活物質(酸化剤)となり，電子を受け取りますが，電気伝導性を高めるために，炭素Cの粉末をMnO_2と混合して正極合剤にしてあります(下図の左)。

電解液には，塩化亜鉛$ZnCl_2$に少量の塩化アンモニウムNH_4Clを加えた水溶液を用いており，起電力は約1.5Vです。

マンガン乾電池の電池式は，次のように表されます。

(−) Zn ｜ $ZnCl_2$ aq, NH_4Cl aq ｜ MnO_2・C (+)

アルカリマンガン乾電池

負極活物質に亜鉛，正極活物質に酸化マンガン(Ⅳ)，電解液に水酸化カリウムKOH水溶液を用いています。単に，**アルカリ乾電池**ともいい，その起電力は約1.5Vですが，大きな電流を長時間取り出せるのが特徴で，マンガン乾電池より約2倍も長持ちします(下図の右)。

アルカリマンガン乾電池の電池式は，次のように表されます。

(−) Zn ｜ KOH aq ｜ MnO_2・C (+)

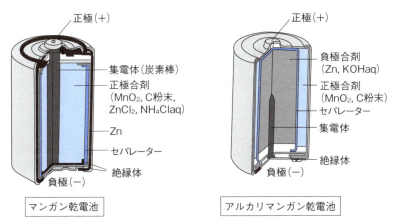

■マンガン乾電池とアルカリマンガン乾電池

🧪 鉛蓄電池

鉛蓄電池は，負極活物質に鉛 **Pb**，正極活物質に酸化鉛（Ⅳ）**PbO₂**，電解液に希硫酸 **H₂SO₄** を用いた代表的な二次電池で，自動車用のバッテリーなどに用いられます（次図）。

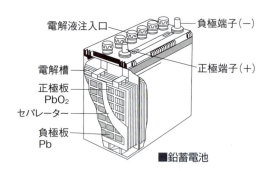
■鉛蓄電池

鉛蓄電池の電池式は，次式のように表されます。

(−) Pb ｜ H₂SO₄ aq ｜ PbO₂ (+)　　起電力は約 2.0 V

鉛蓄電池を放電すると，負極では鉛 **Pb** が酸化されて，鉛（Ⅱ）イオン **Pb²⁺** になります（下図）。

$$Pb \longrightarrow Pb^{2+} + 2e^-$$

生じた **Pb²⁺** は，ただちに希硫酸中の硫酸イオン **SO₄²⁻** と結合して白色の硫酸鉛（Ⅱ）**PbSO₄** になります。**PbSO₄** は水に溶けにくく，負

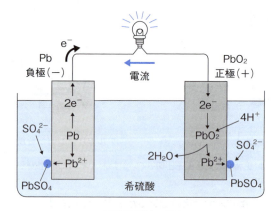
■鉛蓄電池の原理

極板に付着します。

$$Pb^{2+} + SO_4^{2-} \longrightarrow PbSO_4$$

鉛蓄電池の負極で起こる反応をまとめると、次のようになります。

負極(−)：$Pb + SO_4^{2-} \longrightarrow PbSO_4 + 2e^-$

一方、正極では酸化鉛(Ⅳ) PbO_2 が還元されて、鉛(Ⅱ)イオン Pb^{2+} になります。

$$PbO_2 + 4H^+ + 2e^- \longrightarrow Pb^{2+} + 2H_2O$$

生じた Pb^{2+} は、ただちに希硫酸中の硫酸イオン SO_4^{2-} と結合して硫酸鉛(Ⅱ) $PbSO_4$ になり、正極板に付着します。

$$Pb^{2+} + SO_4^{2-} \longrightarrow PbSO_4$$

鉛蓄電池の正極で起こる反応をまとめると、次のようになります。

正極(+)：$PbO_2 + 4H^+ + SO_4^{2-} + 2e^- \longrightarrow PbSO_4 + 2H_2O$

鉛蓄電池の起電力は約2.0Vですが、放電を続けると両極板に $PbSO_4$ が付着し、希硫酸の濃度が薄くなって起電力が低下します。そこで、ある程度放電した鉛蓄電池の負極・正極に、それぞれ外部電源の負極・正極を接続し、放電時とは逆向きの電流を流して充電すると、両電極と希硫酸はもとの状態に戻り、起電力を回復させることができます。

鉛蓄電池の放電と充電の反応式は、次のようになります。

$$Pb + 2H_2SO_4 + PbO_2 \underset{充電}{\overset{放電}{\rightleftarrows}} 2PbSO_4 + 2H_2O$$

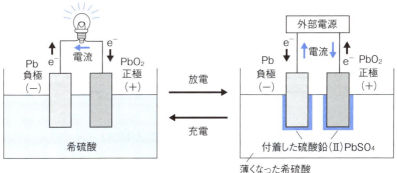

■鉛蓄電池の放電と充電

リチウムイオン電池

リチウムイオン電池は，負極活物質にリチウム Li を含む黒鉛 LiC_6，正極活物質にコバルト（Ⅲ）酸リチウム $LiCoO_2$，電解液に $LiClO_4$ などの塩を含む有機溶媒などを用いた二次電池です。電解液に水を含まないので，低温でも凍らず，寒さに強い。また，小型・軽量にもかかわらず起電力が約 4.0V と大きいので，ノート型パソコン，携帯電話，電気自動車など広範囲に利用されています。

燃料電池

水素や天然ガスなどの燃料と空気を外部から供給し，燃料のもつ化学エネルギーを，直接，電気エネルギーとして取り出す装置を**燃料電池**といいます。

代表的な燃料電池には，負極活物質に水素 H_2，正極活物質に酸素 O_2，電解液にリン酸 H_3PO_4 水溶液を用いたもの（リン酸型燃料電池）があり，普及しています（下図）。

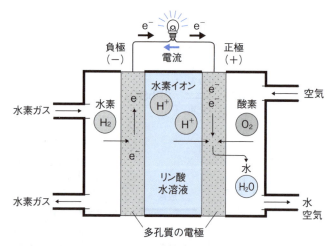

■代表的な燃料電池（リン酸型燃料電池）

両電極には，白金 Pt（触媒）を付着させた多孔質の黒鉛 C 板が用いられ，水素や酸素が細孔を通過して，直接，電解液に接触できるようになっています。

リン酸型燃料電池の電池式は，次のように表されます。

$(-)\,H_2\mid H_3PO_4\,aq\mid O_2\,(+)$　　起電力は約 1.2V

負極では，H_2 が酸化されて水素イオン H^+ になります。H^+ は電解液中を正極へ向かって移動します。

正極では，H^+ と O_2 が反応して水 H_2O が生じます。

負極$(-)$：$H_2 \longrightarrow 2H^+ + 2e^-$　（酸化反応）

正極$(+)$：$O_2 + 4H^+ + 4e^- \longrightarrow 2H_2O$　（還元反応）

両電極での変化を 1 つにまとめると，次のようになります。

$$2H_2 + O_2 \longrightarrow 2H_2O$$

燃料電池は，電気エネルギーへの変換効率が高く，40～45％もあります。発電と同時に発生する熱エネルギーを利用すると，エネルギーの利用効率は 80％近くに達します。

また，発電による生成物は水だけであり，二酸化炭素の発生量が少ないため，環境への負荷が小さい電池です。

燃料電池は，ホテルや病院などの電源のほか，自動車用の動力源や家庭用の電源などとして，利用されています。

175

5-6 電気分解

学習の目標
- 酸化還元反応の応用例として，電気分解の原理について学びます。
- 水溶液の電気分解において，各電極で起こる反応について学習します。また，その量的関係について学習します。

A 電気分解の原理

電解質の水溶液や高温の融解液に電極を入れ，外部から直流電流を流すと，各電極に酸化還元反応を起こすことができます。この操作を**電気分解**（**電解**）といいます（下図）。電気分解は，金属の精錬など，さまざまな物質の製造に利用されています。

電気分解では，直流電源（電池）の負極に接続した電極を**陰極**，正極と接続した電極を**陽極**といいます。また，電気分解の電極には，ふつう，化学的に安定な白金**Pt**や炭素**C**などが用いられます。

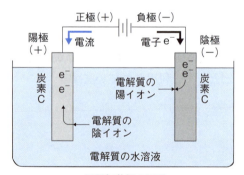

■電気分解の原理

電池と電気分解では，次のような違いがあります（次ページの図）。

電池…自発的に起こる酸化還元反応を利用して，電気エネルギーを取り出す。
電気分解…電気エネルギー（電流）を使って，強制的に酸化還元反応を起こす。

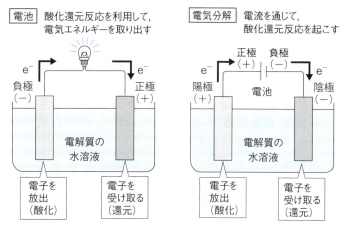

■電池と電気分解の違い

🧪 水溶液の電気分解

陰極での反応

電子が流れ込む陰極では，最も還元されやすいイオンや分子が電子を受け取る反応(**還元反応**)が起こります。

還元反応の起こりやすさ	(1) Ag^+, Cu^{2+} > (2) H^+, H_2O ≫ (3) Al^{3+}, Na^+, K^+

(1) 銅(Ⅱ)イオン Cu^{2+}，銀イオン Ag^+ のようなイオン化傾向の小さい金属のイオンは，容易に還元されて，銅 Cu，銀 Ag のような金属の単体が生成します。

$$Cu^{2+} + 2e^- \longrightarrow Cu$$
$$Ag^+ + e^- \longrightarrow Ag$$

(2) 酸性の水溶液では，水素イオン H^+ が還元されて，水素 H_2 が発生します。

$$2H^+ + 2e^- \longrightarrow H_2$$

(3) カリウムイオン K^+，ナトリウムイオン Na^+，アルミニウムイオン Al^{3+} のようなイオン化傾向の大きい金属のイオンは，水溶液中では還元されません。代わりに，水分子 H_2O が還元されて H_2 が発

■ **5章** ■ 酸化還元反応

生します。

$$2H_2O + 2e^- \longrightarrow H_2 + 2OH^-$$

陽極での反応

　電子が流れ出す陽極では，最も酸化されやすいイオンや分子が電子を放出する反応（**酸化反応**）が起こります。また，電極に使う物質が何かによっても，反応が変わります。

〈電極に白金 **Pt**，炭素 **C** を用いた場合〉

還元反応の起こりやすさ	(1) $I^-,\ Br^-,\ Cl^-$	>	(2) $OH^-,\ H_2O$	≫	(3) $NO_3^-,\ SO_4^{2-}$

(1)　塩化物イオン Cl^-，ヨウ化物イオン I^- のようなハロゲン化物イオンは容易に酸化されて，塩素 Cl_2，ヨウ素 I_2 のようなハロゲンの単体が生成します。

$$2Cl^- \longrightarrow Cl_2 + 2e^-$$

(2)　塩基性の水溶液では，水酸化物イオン OH^- が酸化されて，酸素 O_2 が発生します。

$$4OH^- \longrightarrow O_2 + 2H_2O + 4e^-$$

(3)　硝酸イオン NO_3^- や硫酸イオン SO_4^{2-} などは水溶液中では酸化されません。代わりに，水分子 H_2O が酸化されて O_2 が発生します。

$$2H_2O \longrightarrow O_2 + 4H^+ + 4e^-$$

〈電極に銅 **Cu**，銀 **Ag** などの金属を用いた場合〉

電極に用いた金属自身が酸化され，陽イオンとなって溶け出します。

$$Cu \longrightarrow Cu^{2+} + 2e^-$$

$$Ag \longrightarrow Ag^+ + e^-$$

　例えば，両極に銅 **Cu** 板を用いて硫酸銅（II）$CuSO_4$ 水溶液を電気分解すると，陽極の **Cu** は銅（II）イオン Cu^{2+} となって溶け出します。このとき，陰極では銅 **Cu** が析出します。

陽極（＋）：$Cu \longrightarrow Cu^{2+} + 2e^-$　（酸化反応）

陰極（－）：$Cu^{2+} + 2e^- \longrightarrow Cu$　（還元反応）

塩化銅(Ⅱ)水溶液の電気分解

塩化銅(Ⅱ) $CuCl_2$ は，水溶液中では次のように電離しています。

$CuCl_2 \longrightarrow Cu^{2+} + 2Cl^-$

この水溶液を，陰極・陽極ともに炭素C電極を用いて電気分解すると，陰極では銅(Ⅱ)イオン Cu^{2+} が電子を受け取って還元され，単体の銅 Cu が析出します。陽極では，塩化物イオン Cl^- が電子を放出して酸化され，気体の塩素 Cl_2 が発生します（下図）。

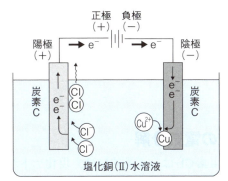

陰極では Cu^{2+} が電子を受け取り，Cu となって析出します。
$Cu^{2+} + 2e^- \longrightarrow Cu$
陽極では Cl^- が電子を放出し，Cl_2 となって発生します。
$2Cl^- \longrightarrow Cl_2 + 2e^-$

■塩化銅(Ⅱ)水溶液の電気分解

水酸化ナトリウム水溶液の電気分解

水酸化ナトリウム $NaOH$ は，水溶液中では次のように電離しています。

$NaOH \longrightarrow Na^+ + OH^-$

この水溶液を，陰極・陽極ともに白金 Pt 電極を用いて電気分解すると，陰極ではイオン化傾向の大きいナトリウムイオン Na^+ は還元されず，代わりに水分子 H_2O が還元されて水素 H_2 が発生します。一方，陽極では水酸化物イオン OH^- が酸化されて，酸素 O_2 が発生します。

陰極(−)：$2H_2O + 2e^- \longrightarrow H_2 + 2OH^-$ （還元反応）
陽極(+)：$4OH^- \longrightarrow O_2 + 2H_2O + 4e^-$ （酸化反応）

両電極で起こる変化をまとめると，次のように水 H_2O が電気分解されたことがわかります。

$2H_2O \longrightarrow 2H_2 + O_2$

5章 ■ 酸化還元反応

希硫酸の電気分解

希硫酸 H_2SO_4 は，水溶液中では次のように電離しています。

$$H_2SO_4 \longrightarrow 2H^+ + SO_4{}^{2-}$$

この水溶液を，陰極・陽極ともに白金 Pt 電極を用いて電気分解すると，陰極では水素イオン H^+ が還元されて水素 H_2 が発生します。一方，陽極では硫酸イオン $SO_4{}^{2-}$ は酸化されず，代わりに水分子 H_2O が酸化されて，酸素 O_2 が発生します。

陰極（－）：$2H^+ + 2e^- \longrightarrow H_2$ （還元反応）

陽極（＋）：$2H_2O \longrightarrow O_2 + 4H^+ + 4e^-$ （酸化反応）

この電気分解でも，両電極で起こる変化をまとめると，次のように水 H_2O が電気分解されたことがわかります。

$$2H_2O \longrightarrow 2H_2 + O_2$$

塩化ナトリウム水溶液の電気分解

水酸化ナトリウム NaOH や塩素 Cl_2 は，工業的には，塩化ナトリウム NaCl 水溶液の電気分解で製造されています。

NaCl は，水溶液中では次のように電離しています。

$$NaCl \longrightarrow Na^+ + Cl^-$$

この水溶液を，鉄 Fe を陰極，炭素 C を陽極として電気分解すると，陰極ではイオン化傾向の大きいナトリウムイオン Na^+ は還元されず，代わりに水分子 H_2O が還元されて，水素 H_2 が発生します。一方，陽極では塩化物イオン Cl^- が酸化されて，Cl_2 が発生します。

陰極（－）：$2H_2O + 2e^- \longrightarrow H_2 + 2OH^-$ （還元反応）

陽極（＋）：$2Cl^- \longrightarrow Cl_2 + 2e^-$ （酸化反応）

このとき，生成した水酸化ナトリウムと塩素は互いに反応しやすいので，陰極液と陽極液が混合しないように隔膜を用います。現在では，隔膜に陽イオンだけを通過させる陽イオン交換膜を用いて，NaCl 水溶液を電気分解します。この方法を，**イオン交換膜法**といい，陰極液に高純度の NaOH を得ることができます（次ページの図）。

この電気分解が進むと，陽極液では Cl^- が消費されるため，相対的

180

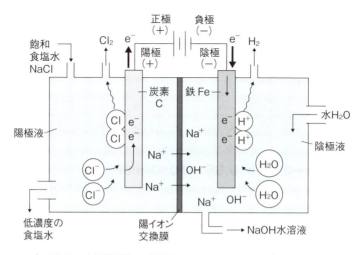

Na⁺は陽イオン交換膜を通って移動することで、またOH⁻は電気分解によって、陰極側での濃度がそれぞれ増加します。

■**イオン交換膜法**

にNa⁺が余り、正電荷が過剰になります。一方、陰極液では水酸化物イオンOH⁻が生成するため、負電荷が過剰になります。この電荷のつり合いを保つために、イオンが溶液中を移動しますが、中央の陽イオン交換膜は陽イオンだけを選択的に通すため、Na⁺だけが陰極側へ移動し、OH⁻は陽極側へは移動できません。したがって、陰極液にはNa⁺とOH⁻が増加するので、この水溶液を濃縮すれば、高純度のNaOHの結晶を得ることができます。

電気分解の法則

1833年、ファラデー（イギリス）は、水溶液の電気分解において、次の関係が成り立つことを発見しました。

「各電極で変化する物質の物質量は、流れた**電気量**に比例する」。
これを、**ファラデーの電気分解の法則**といいます。

物理学では、電気量はクーロン（記号：C）という単位で表し、1アンペア〔A〕の電流が1秒〔s〕間流れたときの電気量を1クーロン〔C〕と定義されています。そして、一定の大きさの電流〔A〕を一定時間〔s〕流し

■ **5章** ■ 酸化還元反応

たときの電気量〔C〕は，次式で求められます。

電気量〔C〕＝電流〔A〕×時間〔s〕

また，電子1molのもつ電気量の大きさを**ファラデー定数**といい，記号Fで表します。

電子1個のもつ電気量の大きさ（電気素量といいます）1.60×10^{-18}C にアボガドロ定数6.02×10^{23}/mol（有効数字を3桁とします）をかけると，約9.65×10^4C/molになります。

ファラデー定数$F = 9.65 \times 10^4$C/mol

このファラデー定数は，物理学で使う電気量〔C〕と，化学で使う電子の物質量〔mol〕を相互に変換するための重要な定数です。

$$\text{電子の物質量〔mol〕} = \frac{\text{電気量〔C〕}}{\text{ファラデー定数〔C/mol〕}}$$

例えば，0.5Aの電流を6分26秒間流したときの電気量〔C〕と流れた電子の物質量〔mol〕は，次のように求められます。

電気量〔C〕＝電流〔A〕×時間〔s〕

$= 0.5\,\mathrm{A} \times (6 \times 60 + 26)\,\mathrm{s}$

$= 193\,\mathrm{C}$

また，ファラデー定数$F = 9.65 \times 10^4$C/molより，

$$\text{電子の物質量〔mol〕} = \frac{193\,\mathrm{C}}{9.65 \times 10^4\,\mathrm{C/mol}} = 2.0 \times 10^{-3}\,\mathrm{mol}$$

🧪 電気分解の量的関係

陰極・陽極ともに白金**Pt**電極を用いて，塩化銅（Ⅱ）**CuCl₂**水溶液を電気分解すると，陰極・陽極では，それぞれ次の式で表す反応が起こります。

陰極$(-)$：$\mathrm{Cu^{2+} + 2e^-} \longrightarrow \mathrm{Cu}$　（還元反応）

陽極$(+)$：$\mathrm{2Cl^-} \longrightarrow \mathrm{Cl_2 + 2e^-}$　（酸化反応）

これらの式は，2molの電子が流れると，陰極では銅**Cu**が1mol析出し，陽極では塩素**Cl₂**が1mol発生することを示しています。

このように，電気分解の量的関係は，各電極で起こるイオン反応式（電子**e⁻**を含む）によってわかります。すなわち，このイオン反応式中

182

の電子 **e**⁻ と生成物との係数の比が，（反応した電子 **e**⁻の物質量）と（生成物の物質量）との比を表すという関係を理解することが重要です。

例題 2

硫酸銅（Ⅱ）$CuSO_4$ 水溶液を白金電極を用いて，1.0Aの電流で32分10秒間，電気分解しました。Cuの原子量を64とし，ファラデー定数 $F = 9.65 \times 10^4$ C/mol として，次の値を求めなさい。

(1) 流れた電子の物質量は何 mol ですか。
(2) 陰極に析出した銅 **Cu** の質量は何 g ですか。
(3) 陽極で発生した酸素 O_2 の体積（標準状態）は何 L ですか。

解き方

(1) 電気量〔C〕＝電流〔A〕×時間〔s〕
$$= 1.0A \times (32 \times 60 + 10)s = 1930\,C$$

ファラデー定数 $F = 9.65 \times 10^4$ C/mol より，

$$流れた電子の物質量〔mol〕= \frac{1930\,C}{9.65 \times 10^4\,C/mol}$$

$$= 2.0 \times 10^{-2}\,mol \quad ※1 \boxed{答}$$

(2) 陰極でのイオン反応式は，次のように表せます。

$$Cu^{2+} + 2e^- \longrightarrow Cu$$

電子 **e**⁻ が 2 mol 流れると，銅 **Cu** が 1 mol 析出します。

$$析出した銅の質量〔g〕= 2.0 \times 10^{-2}\,mol \times \frac{1}{2} \times 64\,g/mol$$

$$= 0.64\,g \quad ※2 \boxed{答}$$

(3) 陽極でのイオン反応式は，次のように表せます。

$$2H_2O \longrightarrow O_2 + 4H^+ + 4e^-$$

電子 **e**⁻ が 4 mol 流れると，O_2 が 1 mol 発生します。

$$発生した酸素の体積〔L〕= 2.0 \times 10^{-2}\,mol \times \frac{1}{4} \times 22.4\,L/mol$$

$$= 0.112\,L \fallingdotseq 0.11\,L \quad ※3 \boxed{答}$$

183

■ **6**章 ■ 物質の状態

6 ^章 物質の状態

　物質は，原子・分子・イオンなどの粒子からなり，温度や圧力によっ
て，固体・液体・気体のいずれかの状態で存在します。物質の状態は，
粒子間に働く引力と粒子の熱運動の大小関係によって決まります。

　この章では，物質の状態の変化とエネルギーの関係を，物質の構造
や粒子間に働く引力に関連づけて学習します。さらに，気体の体積・
圧力・温度の間には，その種類を問わず，共通した法則が成り立つこ
とや，液体にはさまざまな物質を溶かす性質があり，また溶液と純溶
媒とには物理的な性質に違いがあることなども学習します。

6-1 物質の状態変化

学習の目標

●物質を構成する粒子の熱運動は，どのように行われているかにつ
　いて学習します。
●気体の圧力の原因について学習します。
●大気圧の測定の仕方について学習します。

拡散

　水に赤インクを1滴落とすと，かき混ぜなくても，その赤色が水中
に広がっていきます。これは，赤インクをつくる粒子が水中に散らばっ
ていくからです。このように，物質が自然に散らばっていく現象を**拡
散**といいます（次ページの上図，p.19参照）。拡散は，物質を構成する
粒子が絶えず運動しているために起こります。

　物質を構成する粒子がその温度に応じて行っている不規則な運動
を，粒子の**熱運動**といいます（p.19参照）。

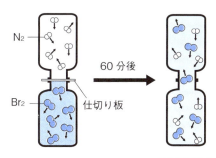

集気びんに分けて入れておいた窒素 N_2（無色）と臭素 Br_2 の気体（赤褐色）が、仕切り板を取ると互いに拡散を始め、最終的に一様な組成の N_2 と Br_2 の混合気体（薄い赤褐色）となります。

■気体分子の拡散

🧪 粒子の熱運動

　粒子の熱運動の様子は温度によって変わり、低温ほど穏やかになり、高温ほど激しくなります。

　気体分子は、熱運動によって空間を自由に飛び回っていますが、頻繁に衝突を繰り返し、その向きや速さを変えています。したがって、同じ温度であっても、すべての分子が同じ速さで運動しているわけではありません。実際には、気体分子はさまざまな速さで運動しており、その様子は、下図のような山形の分布曲線で表されます。すなわち、気体分子の速さの分布曲線のピークは、高温になるほど、速さの大きい方へと移っていき、各分子がもっている運動エネルギーの平均値も大きくなります。

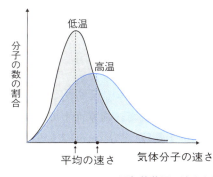

温度を高くすると、気体分子の平均の速さは大きくなります。ただし、分子の数は変わらないので、高温になるほど、気体分子の速さの分布曲線の山は低く、なだらかになります。

■気体分子の速さと温度の関係

気体の圧力

気体を容器に入れると，激しく熱運動している気体分子が容器の壁（器壁）に衝突するため，全体として，容器を外側に押す力が発生します。そして，単位面積あたりに働くこの力を，**気体の圧力**といいます（下図）。

気体の圧力は，熱運動している気体分子の運動エネルギーの平均値（→絶対温度に比例する）が大きいほど，また，単位時間あたりに衝突する分子の数（→物質量に比例する）が多いほど大きくなります。詳しくは，「6-3 気体の法則（p.193～）」で学習します。

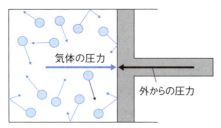

気体の体積が一定のときは，気体の圧力と外からの圧力が等しくつり合っています。

■気体の圧力

国際単位系（System of International Unit，略号SI）では，圧力の単位には**パスカル**（記号：Pa）を用います。1Paとは，面積1m²あたりに1ニュートン（記号：N）の大きさの力を加えたときの圧力をいいます。すなわち，$1\text{Pa} = 1\text{N/m}^2$ となります。

大気圧と圧力の単位

地球表面をとり巻く大気の圧力を**大気圧**といい，その大きさは，場所や気象条件などによって変化します。そこで，海水面上での大気圧の平均値を**標準大気圧**といい，これを **1気圧**（記号：atm）といいます。

トリチェリー（イタリア）は，次ページの図のような方法で大気圧の大きさを測定しました（1643年）。

一端を閉じたガラス管に水銀を満たし，これを水銀槽の中に倒立さ

せると，ガラス管内の水銀の一部が流れ出て，ガラス管内の水銀柱は760mmの高さで静止し，ガラス管上部の空間はほぼ真空になります。[*1]

*1) この真空をトリチェリーの真空といい，この空間には水銀の蒸気が存在しますが，その圧力は極めて小さく，ほぼ真空とみなせます。

このとき，ガラス管外の水銀面に働く大気圧Pと，高さ760mmの水銀柱による圧力P_{Hg}がつり合っています。そこで，高さ1mmの水銀柱による圧力を1ミリメートル水銀柱（記号：mmHg）とすれば，標準大気圧1atmは次のようになります。

1atm = 760mmHg

また，標準大気圧1atmを，パスカル〔Pa〕を使って表すと，次のようになります。

1atm ≒ 1.0 × 10⁵Pa

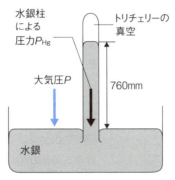

高さ760mmの水銀柱によって生じる圧力と大気圧が容器の水銀面でつり合います。大気圧が変化すると，水銀柱の高さも変化します。

■トリチェリーによる大気圧の測定

0.20atmをmmHgとPaの単位で表すと，次のようになります。
0.20 × 760mmHg = 152mmHg
0.20 × 1.0 × 10⁵Pa = 2.0 × 10⁴Pa

6-2 気液平衡と蒸気圧

学習の目標
- 密閉容器に水を入れて長く放置したときに起こる現象について学習します。
- 液体が沸騰するための条件や，沸点と分子間力との関係について学習します。

気液平衡

　開放容器に水を入れて放置した場合，液面付近にあって比較的大きな運動エネルギーをもつ水分子が，分子間力を振り切って空間へ飛び出す現象（蒸発）が起こります（下図）。また，空気中の水分子のなかで，比較的小さな運動エネルギーをもつ水分子が液面に衝突すると，分子間力によって気体から液体に戻る現象（凝縮）も起こります。実際には，空間へ飛び出した水分子はどんどん拡散していくので，液体の水がなくなるまで蒸発が絶え間なく続きます。

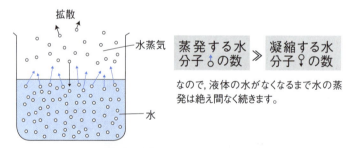

■開放容器に水を入れて放置した場合

　一方，密閉容器に水を入れて放置した場合は，開放容器の場合のように，蒸発が無制限に起こることはありません。
　最初は，単位時間あたりに，蒸発する水分子の数が凝縮する水分子の数よりもずっと多いので，液体の水の量は少し減少します。しかし，容器の空間を満たす水分子の数が増えるにつれて，凝縮する水分子の数が増えていきます。やがて，単位時間あたりに，蒸発する水分子の

数と凝縮する水分子の数が等しくなり，見かけ上，蒸発も凝縮も起こっていないような状態になります（下図）。それ以降，液体の水の量は変化しなくなります。

一般に，実際には変化が起こっているにも関わらず，見かけ上，変化が認められない状態を**平衡状態**といい，特に，気体と液体間の状態変化による平衡を**気液平衡**といいます。液体と気体が気液平衡の状態にあるとき，容器の空間は液体の蒸気（気体）で飽和された状態にあり，その蒸気の示す圧力を**飽和蒸気圧**，または**蒸気圧**といいます。

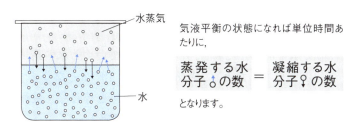

■密閉容器に水を入れて放置した場合（気液平衡）

蒸気圧の性質

液体の蒸気圧には，次のような性質があります。

1. 温度一定のとき，蒸気圧は物質ごとに決まった値を示す。
2. **温度が高くなるほど，蒸気圧は大きくなる。**
3. 温度一定ならば，蒸気圧は他の気体が共存しても変わらない。
4. 温度一定ならば，蒸気圧は液体の量や容器の体積に関係せず一定の値を示す。

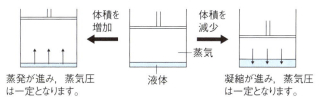

■容器の体積と蒸気圧の関係（温度一定）

蒸気圧の最も重要な性質は，温度のみの影響を受けるということです。高温になるほど，液体中で大きな運動エネルギーをもつ分子の割合が増え，蒸発する分子の数が増加します。やがて，気液平衡になりますが，このとき凝縮する分子の数も増加している必要があります。そのためには，空間により多くの気体分子が存在すること，すなわち，蒸気圧が大きくなる必要があるのです。

液体の蒸気圧と温度との関係を表したグラフを，**蒸気圧曲線**といい，次のページの図のように，すべて右上がりの曲線になります。

🝪 液体の沸騰

開放容器で水を加熱した場合，温度を上げていくと水の蒸気圧も大きくなり，100℃になったとき，蒸気圧は1.0×10^5 Paとなります。このときの水の蒸気圧は，水面を押している大気圧と等しく，液体の内部から気泡(水蒸気)が発生します。この現象を**沸騰**といいます(下図)。

一般に，液体の蒸気圧が外圧(通常は大気圧)と等しくなったとき，沸騰が始まります。沸騰が起こる温度を，その外圧における**沸点**といいます。圧力が省略されているときは，通常，1.0×10^5 Paのもとでの沸点を示します。

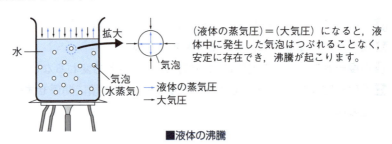

■液体の沸騰

各物質の沸点は，蒸気圧曲線から知ることができます(次ページ図)。

また，同じ温度で比較した場合，分子間力が小さい物質ほど蒸気圧は大きくなり，分子間力の大きい物質ほど蒸気圧は小さくなります。したがって，分子間力の大きさは，次のようになります。

　　ジエチルエーテル＜エタノール＜水

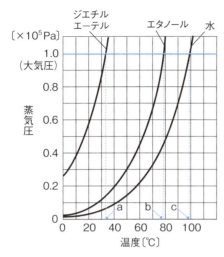

■蒸気圧曲線と液体の沸点

なお,外圧が小さくなると,より低い温度で,(蒸気圧)=(外圧)となるため,液体の沸点は低くなります。逆に,外圧が大きくなると,より高い温度にならないと,(蒸気圧)=(外圧)とならないため,液体の沸点は高くなります。

🧪 状態図

純物質は,温度と圧力によって状態が変化します。物質がさまざまな温度・圧力のもとでどのような状態をとるかを示した図を,**状態図**といいます(次ページの図)。

状態図は3本の曲線で区切られ,それぞれの曲線上ではその両側の状態が共存できます。また,3本の曲線が交わった点を**三重点**といいます。この点は,固体・液体・気体が共存できる特殊な平衡状態にあり,各物質ごとに固有の定点となります。

また,蒸気圧曲線の途切れた点を**臨界点**といい,それ以上の温度や圧力では,物質は気体とも液体とも区別のつかない中間的な状態になります。この状態の物質を**超臨界流体**といいます。

*1) 液体を加熱すると，液体の密度は減少する一方，蒸気圧が大きくなるため，気体の密度は増加します。やがて，気体と液体の密度は同じとなり，気体と液体の境界面は消失します。こうして生じた超臨界流体は，気体の拡散性と液体の溶解性を合わせ持ちます。CO_2の超臨界流体は，コーヒーからカフェインを除くのに利用されています。

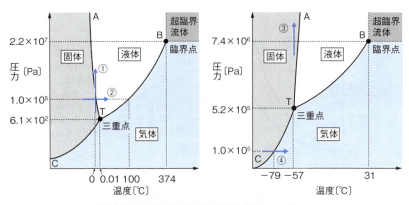

固体と液体を分ける曲線ATを**融解曲線**といいます。
液体と気体を分ける曲線BTを**蒸気圧曲線**といいます。
固体と気体を分ける曲線CTを**昇華圧曲線**といいます。

■**水の状態図(左)と二酸化炭素の状態図(右)**

　多くの物質では，融解曲線の傾きは正であり，上図↑③のように，温度一定で固体を加圧しても液体には変化しません(逆に，液体を加圧すると固体になります)。一方，水などごく限られた物質では，融解曲線の傾きは負であり，上図↑①のように，温度一定で固体を加圧すると液体に変化します*2(逆に，液体を加圧しても固体にはなりません)。

*2) これは，H_2Oの固体(密度小) $\rightleftarrows$ H_2Oの液体(密度大) なので，圧力を大きくすると，水の密度が大きくなる右方向へ平衡が移動する(p.255参照)ことから説明することができます。

　また，水の三重点の圧力(6.1×10^2 Pa)は，大気圧より小さいため，1.0×10^5 Paの下で，氷(固体)を加熱すると，0℃で水(液体)へと融解が起こります(上図→②)。しかし，二酸化炭素の三重点の圧力(5.2×10^5 Pa)は，大気圧より大きいため，1.0×10^5 Paの下で，ドライアイスCO_2(固体)をいくら加熱しても，融解は起こらず，-79℃で気体へと昇華してしまうことがわかります(上図→④)。

6-3 気体の法則

学習の目標
- 温度や圧力を変えると，気体の体積はどのように変化するかを学習します。
- 気体の体積・圧力・温度・物質量の間には，どのような関係が成り立つのかを学習します。

気体の状態量を決定する要素

気体の状態量を決定する要素には，次の4つがあります。
(1) **体積**(Volume) …気体分子が動きうる空間の大きさ。
　　　　　　　　　容器の大きさに等しい。
(2) **圧力**(Pressure) …気体分子の熱運動によって生じます。
　　　　　　　　　気体分子が器壁を押す単位面積あたりの力。
(3) **温度**(Temperature) …気体分子の熱運動の激しさを表します。
(4) **物質量**(Amount of Substance) …気体分子の数に対応します。

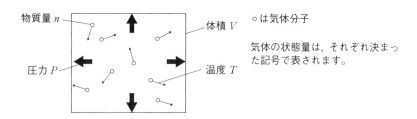

■気体の状態量を決定する要素

ボイルの法則

温度一定で，一定量の気体を圧縮し，その体積を $\frac{1}{2}$ にすると，圧力は2倍になります。

一般に，「温度一定のとき，一定量の気体の体積Vは，圧力Pに反比例する」という関係は，**ボイルの法則**と呼ばれます(次ページの図)。

$$PV = k \quad (k：一定)$$

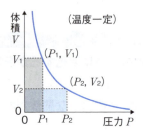

温度一定のとき，$P_1V_1=P_2V_2$ が成り立ちます。温度一定で，気体を圧縮して体積を $\frac{1}{2}$ 倍にすると，単位体積に含まれる気体分子の数は2倍になるので，器壁への分子の衝突回数は2倍になり，圧力もちょうど2倍になります。

■ボイルの法則

シャルルの法則

圧力一定で，気体の温度を上げると，体積は大きくなります。

一般に，「圧力一定のとき，一定量の気体の体積 V は，絶対温度 T に比例する」という関係は，**シャルルの法則**と呼ばれます（下図）。

$$V = kT \quad (k：一定)$$

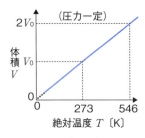

圧力一定のとき，気体の体積と絶対温度をグラフで表すと，比例関係にあることがわかります。

■シャルルの法則

ボイル・シャルルの法則

ボイルの法則とシャルルの法則をまとめると，「一定量の気体の体積 V は，圧力 P に反比例し，絶対温度 T に比例する」となります。これを**ボイル・シャルルの法則**といいます。

$$V = k\frac{T}{P} \quad (k：一定)$$

圧力 P_1，温度 T_1，体積 V_1 の気体の状態が，圧力 P_2，温度 T_2，体積 V_2 に変化したとき，気体の物質量が同じであれば，k の値は変わらないので，次式が成り立ちます。

$$\frac{P_1V_1}{T_1} = \frac{P_2V_2}{T_2}$$

> 例1　27℃，1.0×10^5 Paで10Lの気体を，87℃，8.0×10^4 Paにしたとき，体積V〔L〕はいくらですか。

ボイル・シャルルの法則を用いるときは，温度は必ず絶対温度でなければなりません。　T〔K〕$= t$〔℃〕$+ 273$　より（p.21参照），

$T_1 = 27 + 273 = 300$ K，$T_2 = 87 + 273 = 360$ K

次に，圧力，体積の単位を両辺でそろえてから，ボイル・シャルルの法則の式に代入すると，

$$\frac{1.0 \times 10^5 \text{Pa} \times 10 \text{L}}{300 \text{K}} = \frac{8.0 \times 10^4 \text{Pa} \times V \text{〔L〕}}{360 \text{K}}$$

よって，$V = 15$ L　答

気体の状態方程式

ボイル・シャルルの法則において，比例定数kの値はいくらになるのでしょうか。

標準状態（0℃，1.01×10^5 Pa）において，気体1molあたりの体積（モル体積）は22.4 L/molです。これを用いて，1molの気体のk_1の値は，次のように求められます。

$$k_1 = \frac{PV}{T} = \frac{1.01 \times 10^5 \text{Pa} \times 22.4 \text{L/mol}}{273 \text{K}}$$
$$\fallingdotseq 8.3 \times 10^3 \text{Pa} \cdot \text{L}/(\text{K} \cdot \text{mol})$$

この値は，気体の種類に関係しない定数で，**気体定数**と呼ばれ，記号Rで表されます。

$R = 8.3 \times 10^3$ **Pa・L/(K・mol)**

一般に，物質量n〔mol〕の気体の体積は，気体1molあたりの体積のn倍となるので，n〔mol〕の気体のkの値は，nRとなります。

よって，$k = \dfrac{PV}{T} = nR$

この式を整理すると，$PV = nRT$　が得られます。

この関係式を**気体の状態方程式**といい，気体の種類に関係なく普遍

的に成り立つ重要な公式です。

すなわち，気体の状態方程式は，物質量n〔mol〕の気体について，ボイル・シャルルの法則を表したものといえます。

気体の状態方程式$PV = nRT$は，ある気体について，圧力P，体積V，絶対温度T，物質量nのうち，3つが決まれば，残る1つの状態量は，この方程式を解くことによって求められることを示しています。

ただし，気体の状態方程式を使う場合，体積V，圧力P，温度Tには，気体定数Rと同じ単位の値を代入しなければなりません（そうしないと，方程式が成立しません）。

すなわち，気体定数$R = 8.3 \times 10^3 \text{Pa} \cdot \text{L}/(\text{K} \cdot \text{mol})$を使う場合，単位として，圧力$P$は〔Pa〕，体積$V$は〔L〕，温度$T$は〔K〕の値を代入しなければなりません。

> 例2　27℃，3.0×10^5Paで300mLの気体の物質量は何molですか。ただし，気体定数は$R = 8.3 \times 10^3 \text{Pa} \cdot \text{L}/(\text{K} \cdot \text{mol})$とします。

求める気体の物質量をn〔mol〕とし，気体の状態方程式$PV = nRT$に，$P = 3.0 \times 10^5$Pa，$V = 300$mL $= 0.30$L，$T = 27 + 273 = 300$K，$R = 8.3 \times 10^3 \text{Pa} \cdot \text{L}/(\text{K} \cdot \text{mol})$　を代入します。

$3.0 \times 10^5 \text{Pa} \times 0.30 \text{L} = n \text{〔mol〕} \times 8.3 \times 10^3 \text{Pa} \cdot \text{L}/(\text{K} \cdot \text{mol}) \times 300 \text{K}$

よって，$n ≒ 3.6 \times 10^{-2}$mol　答

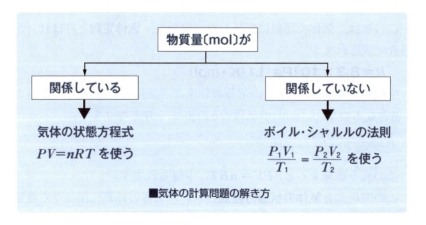

■気体の計算問題の解き方

6-3 気体の法則

🧪 気体の分子量の測定

気体や揮発性の液体の分子量は，気体の状態方程式 $PV = nRT$ を利用すると，簡単に求めることができます。

気体の質量を w [g]，そのモル質量を M [g/mol] とすると，この気体の物質量 n [mol] は，次のようになります。

$$n = \frac{w \text{ [g]}}{M \text{ [g/mol]}} = \frac{w}{M} \text{ [mol]}$$

これを気体の状態方程式 $PV = nRT$ に代入すると，次の式が得られます。

$$PV = \frac{w}{M} RT \xrightarrow{\text{変形して}} M = \frac{wRT}{PV}$$

上式を使うと，気体の質量 w [g]，体積 V [L]，絶対温度 T [K]，圧力 P [Pa] を測定すれば，モル質量 M [g/mol] が算出できるので，気体の分子量が求められます。

例3 ある揮発性の液体2.4gを気体にしたら，77℃，1.0×10^5 Pa で体積は1.2Lを示しました。この物質の分子量はいくらですか。ただし，気体定数は $R = 8.3 \times 10^3$ Pa·L/(K·mol) とします。

液体物質であっても，蒸気（気体）になれば，気体の状態方程式を適用することができます。

気体の状態方程式を変形した $M = \dfrac{wRT}{PV}$ に，

$P = 1.0 \times 10^5$ Pa, $V = 1.2$ L, $w = 2.4$ g, $T = 77 + 273 = 350$ K,
$R = 8.3 \times 10^3$ Pa·L/(K·mol) を代入すると，この物質のモル質量が次のように求められます。

$$M = \frac{wRT}{PV} = \frac{2.4 \text{ g} \times 8.3 \times 10^3 \text{ Pa·L/(K·mol)} \times 350 \text{ K}}{1.0 \times 10^5 \text{ Pa} \times 1.2 \text{ L}}$$

$$\fallingdotseq 58 \text{ g/mol}$$

よって，分子量は単位を除いた58　[答]

197

6-4 混合気体の圧力

学習の目標
- 混合気体の全圧と分圧の関係について学習します。
- 実在する気体の体積には，気体分子自身の体積や分子間力が影響することを学習します。

全圧と分圧

互いに反応しない2種類の気体を混合したとき，混合気体が示す圧力を，**全圧**といいます。また，混合気体中の各成分気体が，単独で混合気体と同体積を占めるとしたときに示す圧力を，各成分気体の**分圧**といいます（下図）。

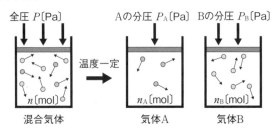

■全圧と分圧のモデル図（体積を変えずに混合気体を2種類の成分気体A, Bに分けたとき）

分圧の法則

n_A〔mol〕の気体Aとn_B〔mol〕の気体Bを，体積V〔L〕の容器に入れて温度をT〔K〕に保つと，気体A, Bの混合気体ができます。

このとき，混合気体の全圧をP〔Pa〕，成分気体A, Bの分圧をそれぞれP_A〔Pa〕，P_B〔Pa〕とすると，次のように状態方程式が適用できます。

（混合気体について）　　$PV = (n_A + n_B)RT$　　…①
（気体Aについて）　　　$P_A V = n_A RT$　　…②
（気体Bについて）　　　$P_B V = n_B RT$　　…③
②+③より，$(P_A + P_B)V = (n_A + n_B)RT$　…④
①と④を比べると，$P = P_A + P_B$

すなわち,「混合気体の全圧は,各成分気体の分圧の和に等しい」ことがわかります。これを,**ドルトンの分圧の法則**といいます。
　この法則は,各成分気体の分圧から全圧を求めるときに使います。

🧪 混合気体の組成と分圧の関係

$\dfrac{②}{③}$ より, $\dfrac{P_A}{P_B} = \dfrac{n_A}{n_B}$ ⇨ $P_A : P_B = n_A : n_B$

よって,混合気体中の各成分気体では,**(分圧の比)＝(物質量の比)**が成り立つことがわかります。

$\dfrac{②}{①}$ より, $\dfrac{P_A}{P} = \dfrac{n_A}{n_A + n_B}$ ⇨ $P_A = P \times \dfrac{n_A}{n_A + n_B}$

$\dfrac{③}{①}$ より, $\dfrac{P_B}{P} = \dfrac{n_B}{n_A + n_B}$ ⇨ $P_B = P \times \dfrac{n_B}{n_A + n_B}$

ここで, $\dfrac{n_A}{n_A + n_B}$ と $\dfrac{n_B}{n_A + n_B}$ は,混合気体の全物質量に対する各成分気体の物質量の割合を表し,それぞれ成分気体A, Bの**モル分率**といいます。すなわち,

Aの分圧＝全圧×Aのモル分率

> **例1** 一定温度・一定体積の容器に,窒素 N_2 2.0 mol, 酸素 O_2 3.0 mol を入れ,混合気体の全圧を 1.5×10^5 Pa に保ちました。混合気体中の N_2 と O_2 の分圧は,それぞれ何 Pa ですか。

N_2 の分圧を P_{N_2} 〔Pa〕, O_2 の分圧を P_{O_2} 〔Pa〕とすると,
N_2 の分圧＝全圧×N_2 のモル分率 より,

$P_{N_2} = 1.5 \times 10^5 \text{Pa} \times \dfrac{2.0 \text{ mol}}{(2.0 + 3.0) \text{ mol}}$

　　　$= 6.0 \times 10^4 \text{Pa}$　答

O_2 の分圧＝全圧×O_2 のモル分率 より,

$P_{O_2} = 1.5 \times 10^5 \text{Pa} \times \dfrac{3.0 \text{ mol}}{(2.0 + 3.0) \text{ mol}}$

　　　$= 9.0 \times 10^4 \text{Pa}$　答

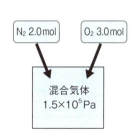

🧪 混合気体の平均分子量

2種類以上の分子からなる混合気体を，1種類の分子のみからなる単一の気体として考えたとき，その混合気体の見かけの分子量を，混合気体の**平均分子量**といいます。

例えば，空気を窒素 N_2（分子量28）と酸素 O_2（分子量32）が物質量比4：1の混合気体として，その平均分子量を求めてみましょう。

空気1 molの質量〔g〕は，N_2のモル質量が28 g/mol，O_2のモル質量が32 g/molなので，

$$28\,\text{g/mol} \times \frac{4}{5}\,\text{mol} + 32\,\text{g/mol} \times \frac{1}{5}\,\text{mol} = 28.8\,\text{g}$$

よって，空気の平均分子量は，単位〔g〕を除いて，28.8となります。

平均分子量がわかれば，空気のような混合気体に対しても，気体の状態方程式を適用することが可能になります。

🧪 理想気体と実在気体

あらゆる温度・圧力で，気体の状態方程式に完全に従う気体を**理想気体**といいます。一方，実際に存在する気体を**実在気体**といいます。

圧力一定で，理想気体を冷却していくと，下図のように，気体のままで体積が限りなく0に近づきます。一方，圧力一定で，実在気体を冷却していくと，途中で液体や固体に変化し，体積が0になることはありません。

これは，実在気体の場合，分子間に分子間力が働くとともに，分子自身が一定の体積をもつことが原因と考えられます。

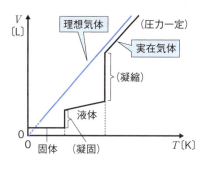

■気体の温度 T と体積 V の関係

一方，理想気体の場合，分子間力が働かないため，低温でも液体や固体に変化せず，また分子自身の体積が0であるため，低温にすると，体積が限りなく0に近づきます。

■理想気体と実在気体の違い

	理想気体	実在気体
模式図		
分子の体積	なし	あり
分子間力	働かない	働く

実在気体の理想気体からのずれ

理想気体では，気体の状態方程式$PV = nRT$が厳密に成り立つので，$\dfrac{PV}{nRT}$の値は常に1になります。この$\dfrac{PV}{nRT}$は記号Zで表され，実在気体の理想気体からのずれを表す指標として用いられます。

実在気体のZと圧力P，および温度Tとの関係を調べると，次のようなグラフが得られます。

圧力の影響

下図のように，多くの実在気体では，Tが一定のとき，Pを大きくす

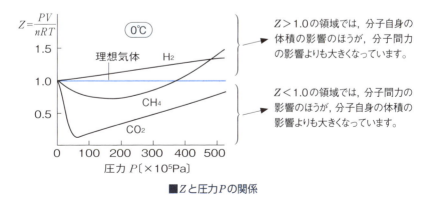

■Zと圧力Pの関係

ると，Zの値は1.0からいったん減少しますが，やがて増加する傾向を示します。

Zの値が減少するのは，実在気体を圧縮すると，はじめは分子間力の影響が強く現れ，実在気体の体積が，理想気体の体積よりも減少するからです。さらに，実在気体を圧縮すると，今度は分子自身の体積の影響が強く現れ，実在気体の体積が理想気体の体積よりも減少しにくくなるため，Zの値は増加するのです。

つまり，実在気体は圧力が高いほど，理想気体からはずれる傾向を示します。

温度の影響

下図のように，どのような実在気体でも，Pが一定のとき，Tを小さくしていくと，Zの値は1.00から減少する傾向を示します。これは，気体の温度が低くなると分子の熱運動が穏やかになり，相対的に分子間力の影響が大きくなるためです。

つまり，実在気体は温度が低いほど理想気体からはずれる傾向を示します。

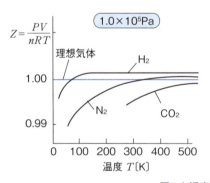

実在気体の温度が高くなると，分子の熱運動が激しくなり，相対的に分子間力の影響が小さくなります。つまり，実在気体は，温度が高いほど理想気体に近づく傾向を示します。

■Zと温度Tの関係

以上のことから，**実在気体では，低温・高圧になるほど理想気体からはずれるふるまいをする**ようになります。逆に，**実在気体でも，高温・低圧になるほど理想気体に近いふるまいをする**ようになることがわかります。

6-5 物質の溶解

学習の目標
- 物質が溶けるという現象を分子のレベルで学習します。
- 物質によって,溶けやすさに違いがある理由を考えていきます。

溶質と溶媒

物質が液体中に均一に溶けこんだものを**溶液**といいます。また,溶液中に溶けている物質を**溶質**,溶質を溶かしている液体を**溶媒**といいます(p.85参照)。

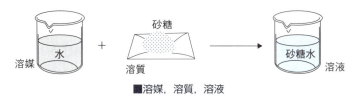

■溶媒,溶質,溶液

溶媒には,水のように極性分子(p.56参照)からなる**極性溶媒**と,ヘキサンのように無極性分子からなる**無極性溶媒**とがあります。また,溶質には,塩化ナトリウムのようなイオン結晶(p.44参照)のほか,分子結晶(p.60参照)があります。分子結晶には,グルコースのように極性分子からなるものと,ヨウ素のように無極性分子からなるものがあります。

イオン結晶の溶解

水 H_2O は極性分子であり,O原子はやや負の電荷($\delta-$)を,H原子はやや正の電荷($\delta+$)を帯びています。

塩化ナトリウム $NaCl$ の結晶を水に入れると,結晶の表面にあるナトリウムイオン Na^+ は水分子のO原子と,塩化物イオン Cl^- は水分子のH原子と,それぞれ静電気的な引力(クーロン力)で引き合います。その結果,Na^+ と Cl^- はそれぞれ何個かの水分子に取り囲まれて安定化します(次ページの上図)。このような現象を**水和**といいます。また,[*1(次ページ)]

水和されたイオンを**水和イオン**といい,これが熱運動によって水中に拡散していき,NaClの水への溶解が進行するのです。

*1) 一般に,溶質粒子が溶媒分子で取り囲まれる現象を**溶媒和**といいます。溶質が溶媒に溶解するためには,溶媒和が起こる必要があります。

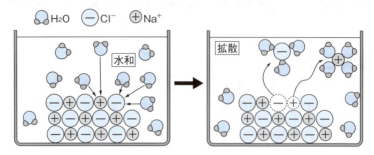

■塩化ナトリウムの水への溶解のモデル

イオン結晶でも,炭酸カルシウム $CaCO_3$ や硫酸バリウム $BaSO_4$ のように水に溶けにくいものもあります。これは,イオン結合が強い結晶では,たとえ水和が起こっても,結晶が崩れないためと考えられます。

分子性物質の溶解

分子からなるエタノール C_2H_5OH やグルコース $C_6H_{12}O_6$ が水に溶けやすいのは,下図のように,分子中のヒドロキシ基—OHの部分に極性があり,水 H_2O 分子との間で水素結合(p.58参照)を形成して水和

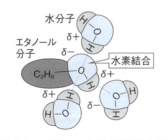

極性をもつ—OHに水分子が水素結合を形成することにより,エタノール分子は水和されて水中に拡散します。

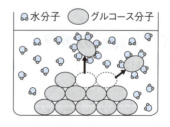

グルコース分子の—OHは水分子と水素結合を形成します。グルコース分子は水和され,水和分子となって水中に拡散していきます。

■エタノールとグルコースの水和

■ **6-5** ■ 物質の溶解 ■

され，水中に拡散していくからです。

　一般に，－**OH**のように，極性をもち，水和しやすい部分を**親水基**，エチル基C_2H_5－のように，極性が小さく，水和しにくい部分を**疎水基**といいます。したがって，分子中に親水基と疎水基を両方持つエタノールは，水にも油にも溶けやすい性質があります。

🧪物質の溶解性

　それぞれの溶媒が溶かすことのできる溶質の種類は，ほぼ決まっています。

　塩化ナトリウム$NaCl$のようなイオン結晶や，極性分子であるグルコース$C_6H_{12}O_6$やスクロース$C_{12}H_{22}O_{11}$などは，水（極性溶媒）に水和されやすく，よく溶けます。しかし，ヘキサンC_6H_{14}やベンゼンC_6H_6（無極性溶媒）には溶媒和されにくく，ほとんど溶けません。

　一方，無極性分子であるヨウ素I_2やナフタレン$C_{10}H_8$などは，水に水和されにくく，ほとんど溶けませんが，ヘキサンやベンゼンには溶媒和されやすいので，よく溶けます。

　このように，極性物質どうしや無極性物質どうしは混ざりやすいが，極性物質と無極性物質は混ざりにくい傾向があります（下表）。

■物質の溶解性

		溶質		
		イオン結晶	分子結晶	
			極性物質	無極性物質
溶媒	極性	水＋NaCl 溶ける	水＋グルコース 溶ける	水＋I_2 溶けない
	無極性	ヘキサン＋NaCl 溶けない	ヘキサン＋グルコース 溶けない	ヘキサン＋I_2 溶ける

205

6-6 溶解度と濃度

学習の目標
- 一定量の溶媒に溶ける溶質の量（溶解度）の表し方を学習します。
- 溶液の濃度の表し方には3種類あり、それぞれの特徴と違いについて学習します。

溶解平衡

　一定量の溶媒に溶質を溶かすと，ある量以上は溶けなくなることがよくあります。この限度の量を**溶解度**といい，溶解度まで溶質を溶かした溶液を**飽和溶液**といいます。

　飽和溶液中では，(溶質が溶解する速さ) = (溶質が析出する速さ)となり，見かけ上，溶解も析出もしていないような状態にあります。このような状態を**溶解平衡**といいます(下図)。

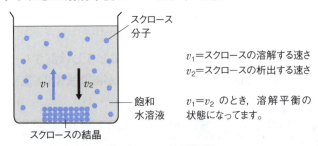

■スクロースの溶解平衡

固体の溶解度

　固体の溶解度は，通常，溶媒100gに溶ける溶質の最大質量〔g〕の数値で表します。例えば，「塩化ナトリウムNaClの水への溶解度は20℃で36である」というとき，「20℃の水100gにNaClは36gまで溶ける」ということを意味します。

　固体の溶解度は，一般に，高温になるほど大きくなるものが多いですが，NaClのようにほとんど変化しないものや，逆に，水酸化カルシウムCa(OH)$_2$のように高温ほど小さくなるものもあります。

下図のように，溶解度と温度との関係を示したグラフを，**溶解度曲線**といいます。

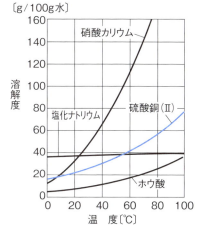

硫酸銅(Ⅱ)五水和物 $CuSO_4・5H_2O$ のように，結晶中に水分子を含む物質を**水和物**といいます。結晶中に取り込まれた水分子を**水和水**あるいは**結晶水**といいます。水和水を含まない物質は，**無水物**と呼ばれます。

硫酸銅(Ⅱ)五水和物 $CuSO_4・5H_2O$ のような水和物の場合，溶解度は，水100gに溶ける無水物 $CuSO_4$ の質量〔g〕の値で示します。なぜなら，水和水をもつ物質を水に溶かすと，水和水は溶媒の水の一部となってしまうからです。

■溶解度曲線

🧪 再結晶

温度による溶解度の変化を利用すると，固体物質を精製することができます。上図の硝酸カリウム KNO_3 のように，温度により溶解度が大きく変化する物質では，高温の飽和溶液を冷却すると，溶質の溶解度が減少するので，溶けきれなくなった溶質が純粋な結晶として析出します。このとき，もとの溶液中に含まれていた不純物は少量のため，飽和に達しないので析出しません。

このように，固体物質を適当な溶媒に溶かし，再び結晶として析出させる操作を**再結晶**といいます(p.10参照)。

塩化ナトリウム $NaCl$ のように，温度によって溶解度があまり変化しない物質では，飽和溶液を冷却してもほとんど結晶は析出しません。そこで，$NaCl$ の飽和溶液を濃縮すれば，その溶媒に溶けていた溶質が析出します(再結晶)。

次に，再結晶による溶質の析出量の算出について考えてみます。

例えば，60℃の硝酸カリウム KNO_3 の飽和溶液100gを20℃に冷却

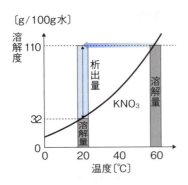

■KNO₃の結晶の析出

すると、析出するKNO₃の質量は次のように求められます。なお、温度による溶解度の変化量を考えるときは、必ず、水が100gあるときを基準に考えます。

上図のように、60℃の水100gにKNO₃は110gまで溶けるので、飽和溶液は210gです。20℃では、KNO₃は32gまでしか溶けないので、結晶の析出量は、溶解度の差、すなわち110 − 32 = 78gとなります。

ここで、飽和溶液が100gのときのKNO₃の析出量をx〔g〕とすると、結晶の析出量は飽和溶液の量に比例するので、

$\dfrac{結晶の析出量}{飽和溶液の量}$を考えると、$\dfrac{78 g}{210 g} = \dfrac{x 〔g〕}{100 g}$ より、

$x ≒ 37 g$ となります。

🧪 気体の溶解度

気体の溶解度は、圧力が1.0×10^5 Paのとき、溶媒1Lに最大限溶ける気体の物質量や質量、または、体積(0℃, 1.0×10^5 Paに換算した値)で表します。

一般に、気体の溶解度は、固体の溶解度とは逆で、温度が高くなると減少します。これは、温度が高いほど、溶液中に溶けている気体分子の熱運動が活発になり、溶液中から飛び出しやすくなるためです。

気体の溶解度の大小により、気体は次のように分類できます。
(1) 溶解度の小さい気体…水素H₂, 窒素N₂, 酸素O₂, 希ガスなど。
比較的サイズが小さな無極性分子で、水と反応しないもの。

(2) 溶解度が中程度の気体…二酸化炭素 CO_2, 塩素 Cl_2 など。
比較的サイズが大きな無極性分子で、水と少し反応するもの。
(3) 溶解度が大きい気体…塩化水素 HCl, アンモニア NH_3 など。
極性分子で、水と反応するもの。

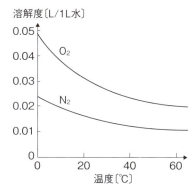

気体	0℃	20℃	40℃	60℃
H_2	0.022	0.018	0.016	0.016
N_2	0.024	0.016	0.012	0.011
O_2	0.049	0.031	0.023	0.020
CO_2	1.71	0.88	0.53	0.36
HCl	510	463	419	349
NH_3	477	319	206	130

■気体の溶解度と温度の関係（標準状態に換算した体積〔L/水1L〕）

ヘンリーの法則

炭酸飲料の栓を開けると、盛んに気泡が発生します（下図）。このことから、高圧では気体の溶解度は大きいが、低圧になると気体の溶解度は小さくなることがわかります。

高圧の二酸化炭素 CO_2 を溶かした炭酸飲料の栓を開けると、びん内の圧力が低下し、溶けきれなくなった CO_2 が気泡となって発生します。

■気体の溶解度と圧力の関係

H_2, N_2, O_2 などのように、溶解度が小さい気体の場合、気体の溶解度と圧力の間には、次のような関係があります。
「一定温度で、一定量の溶媒に溶ける気体の質量（または物質量）は、その気体の圧力（混合気体の場合は分圧）に比例する」。
これを**ヘンリーの法則**といいます。[*1(次ページ)]

■ **6章** ■ 物質の状態

*1) 溶解度の大きいNH_3やHClが水に溶けると，水と反応してイオンに変化してしまうので，ヘンリーの法則は成り立ちません。一方，溶解度の小さいH_2, O_2, N_2などは水に溶けても水と反応せず，分子の状態のままで溶けているので，ヘンリーの法則が成り立ちます。

気体の溶解度を体積で表す場合は注意が必要です。

(1) 溶かした圧力のもとでの体積で表すと，圧力に関係なく一定となります（下図）。

P〔Pa〕でV〔L〕溶ける気体は，$2P$〔Pa〕では$2V$〔L〕溶けるはずです。

しかし，圧力が2倍になると体積は$\dfrac{1}{2}$になる（ボイルの法則）ので，

$2P$〔Pa〕のもとでは，$2V \times \dfrac{1}{2} = V$〔L〕となり，圧力に関係なく，$V$〔L〕で一定となることがわかります。

(2) 一定の圧力のもとでの体積で表すと，圧力に比例します（下図）。

P〔Pa〕でV〔L〕溶ける気体は，$2P$〔Pa〕でもV〔L〕溶けます。したがって，P〔Pa〕で測定したとき，圧力が$\dfrac{1}{2}$になると体積は2倍になる（ボイルの法則）ので，$V \times 2 = 2V$〔L〕となり，圧力に比例していることがわかります。

■**ヘンリーの法則の意味（一定温度のとき）**

圧力		圧力 P〔Pa〕 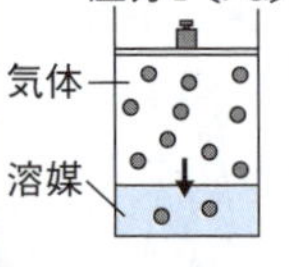	圧力 $2P$〔Pa〕 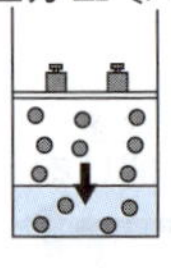	圧力 $3P$〔Pa〕 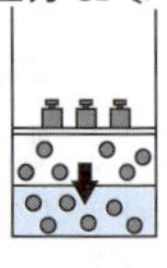
溶けた気体の	質量〔g〕	a	$2a$	$3a$
	物質量〔mol〕	n	$2n$	$3n$
	溶かした圧力のもとでの気体の体積〔L〕	 V	 V	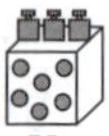 V
	一定の圧力のもとでの気体の体積〔L〕	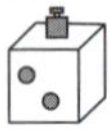 V	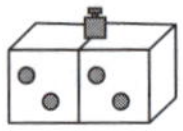 $2V$	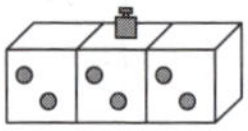 $3V$

210

■ **6-6** ■ 溶解度と濃度 ■

🔬 溶液の濃度

溶液中に溶けている溶質の割合を，**溶液の濃度**といいます。溶液の濃度には，その目的に応じて次の3種類が使われます(p.86参照)。

(1) **質量パーセント濃度**…溶液の質量に対する溶質の質量の割合を百分率(パーセント)で表した濃度。単位〔%〕

$$質量パーセント濃度〔\%〕= \frac{溶質の質量〔g〕}{溶液の質量〔g〕} \times 100$$

日常生活において，最もよく使われる濃度です。

(2) **モル濃度**…溶液 **1L** 中に溶けている溶質の量を物質量〔mol〕で表した濃度。単位〔mol/L〕

$$モル濃度〔mol/L〕= \frac{溶質の物質量〔mol〕}{溶液の体積〔L〕}$$

温度変化のない溶液反応の計算で，最もよく使われる濃度です。

(3) **質量モル濃度**…溶媒 **1kg** 中に溶けている溶質の量を物質量〔mol〕で表した濃度。単位〔mol/kg〕

$$質量モル濃度〔mol/kg〕= \frac{溶質の物質量〔mol〕}{溶媒の質量〔kg〕}$$

温度変化のある沸点上昇や凝固点降下などで使われる濃度です。

211

6-7 希薄溶液の性質

学習の目標
- 溶媒に少量の物質を溶かした溶液(希薄溶液)の沸点・凝固点について学習します。
- 溶液と溶媒をセロハン膜で仕切って放置したときに見られる現象について学習します。

蒸気圧降下

　食塩水でぬれたタオルは,水でぬれたタオルよりも乾きにくい。これは,塩化ナトリウムやグルコースのような不揮発性の物質を溶かした溶液の蒸気圧は,水のような純粋な溶媒(純溶媒)の蒸気圧よりも低くなるからです。このような現象を**蒸気圧降下**といいます。

　不揮発性の物質を水に溶かした溶液では,溶液全体の粒子の数に対する溶媒分子の数の割合が減少します。そのため,溶液の蒸気圧は純溶媒の蒸気圧よりも低くなり,溶媒が蒸発しにくくなります(下図)。

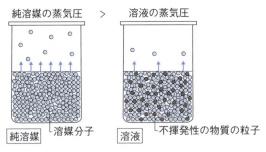

■蒸気圧降下

沸点上昇

　沸騰は,液体の蒸気圧が外圧(通常は大気圧)に等しくなる温度で起こります(p.190参照)。

　不揮発性の物質を溶かした溶液では,蒸気圧降下が起こるので,純溶媒の沸点と同じ温度では沸騰しません。溶液が沸騰するためには,

溶液の蒸気圧が大気圧と等しくなる必要があり，純溶媒よりもさらに高い温度まで加熱しなければなりません。

例えば，純水を100℃に加熱すると，蒸気圧が$1.0 \times 10^5 \mathrm{Pa}$となり，沸騰が起こります(下図)。しかし，溶液を100℃に加熱しても，蒸気圧は$1.0 \times 10^5 \mathrm{Pa}$に達しないので，沸騰は起こりません。したがって，溶液の蒸気圧を$1.0 \times 10^5 \mathrm{Pa}$にするためには，純水の沸点100℃よりも$\Delta t_b$ [K]^{*2}だけ温度を高くしなければなりません。

以上より，不揮発性の物質を溶かした溶液の沸点は，純溶媒の沸点よりも高くなることがわかります。この現象を**沸点上昇**^{*1}といいます。また，溶液の沸点と純溶媒との沸点の温度差を，**沸点上昇度**^{*2}といいます。

*1) 沸点上昇は，不揮発性の物質を溶かした溶液では起こりますが，揮発性の物質を溶かした溶液では起こらないので，注意して下さい。
*2) 温度差の単位には，[℃]ではなく[K]を用います。

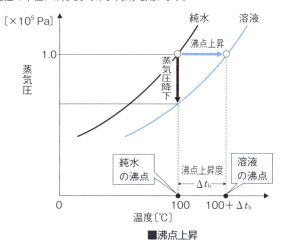

■沸点上昇

🧪 凝固点降下

純水は0℃で凝固しますが，海水は約-2℃で凝固します。このように，溶液の凝固点が純溶媒の凝固点よりも低くなる現象を**凝固点降下**といいます。また，純溶媒の凝固点と溶液の凝固点との温度差を，**凝固点降下度**^{*2}といいます。

溶液を冷却した場合，先に溶媒だけが凝固し，溶質は凝固しません。

したがって，溶液の凝固点とは，溶液中から溶媒が凝固し始める温度のことをいいます。

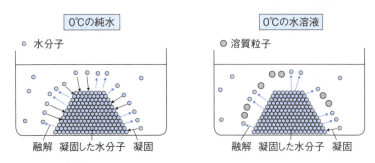

■溶液の凝固点降下(モデル図)

　0℃の純水では，単位時間あたりに(凝固する水分子の数) = (融解する水分子の数)で，平衡状態(固液平衡)にあります(上図の左)。

　0℃の水溶液では，加えた溶質粒子のぶんがあるので，単位時間あたりに，(凝固する水分子の数) < (融解する水分子の数)となります(上図の右)。したがって，溶液を凝固させるには，さらに温度を下げて，(凝固する水分子の数) = (融解する水分子の数)にしなければなりません。つまり，溶液では凝固点降下が起こることがわかります。

🧪 ラウールの法則

　希薄溶液の沸点上昇度 Δt_b 〔K〕と凝固点降下度 Δt_f 〔K〕は，それぞれ溶かした溶質の種類に関係なく，溶液の質量モル濃度 m 〔mol/kg〕に比例します(**ラウールの法則**)。

$$\begin{cases} \Delta t_b = k_b \cdot m \\ \Delta t_f = k_f \cdot m \end{cases}$$

　上式の比例定数 k_b, k_f は，それぞれ溶液の質量モル濃度が1mol/kgのときの沸点上昇度，凝固点降下度を表し，**モル沸点上昇**，**モル凝固点降下**と呼ばれます。

　次ページの表のように，k_b, k_f は，各溶媒ごとに決まった値を示しますが，同じ溶媒では，$k_b < k_f$ の関係があります。

■ **6-7** ■ 希薄溶液の性質 ■

■モル沸点上昇とモル凝固点降下

溶媒	沸点〔℃〕	k_b〔K・kg/mol〕	凝固点〔℃〕	k_f〔K・kg/mol〕
水	100	0.52	0	1.85
ベンゼン	80.1	2.53	5.53	5.12
酢酸	118	2.53	16.7	3.90

　例えば，0.25 mol/kgのグルコース水溶液の沸点と，0.40 mol/kgのスクロース水溶液の凝固点は，上表の値を使うと求められます。

　沸点上昇度 $\Delta t_b = k_b \times m$ より，

　　$0.52\,\text{K・kg/mol} \times 0.25\,\text{mol/kg} = 0.13\text{K}$

よって，0.25 mol/kgのグルコース水溶液の沸点は，

　　$100 + 0.13 = 100.13℃$

　また，凝固点降下度 $\Delta t_f = k_f \times m$ より，

　　$1.85\,\text{K・kg/mol} \times 0.40\,\text{mol/kg} = 0.74\text{K}$

よって，0.40 mol/kgのスクロース水溶液の凝固点は，

　　$0 - 0.74 = -0.74℃$

🧪 電解質の希薄溶液の沸点上昇・凝固点降下

　イオン結晶などの電解質の水溶液では，水中で電解質が電離するので，沸点上昇度や凝固点降下度は，溶質の電離で生じたすべての溶質粒子の質量モル濃度に比例します。

　例えば，0.1 mol/kgの塩化ナトリウム NaCl 水溶液では，

　　$NaCl \longrightarrow Na^+ + Cl^-$

のように100％電離すると考えてよいので，水溶液中のナトリウムイオン Na^+ と塩化物イオン Cl^- の全溶質粒子の質量モル濃度は，

　　$0.1 \times 2 = 0.2\,\text{mol/kg}$

となります。したがって，0.1 mol/kgの塩化ナトリウム水溶液は，0.1 mol/kgのグルコース水溶液の2倍の沸点上昇度や凝固点降下度を示します。

215

不揮発性物質の分子量測定

溶液の沸点上昇度や凝固点降下度の測定から，不揮発性物質の分子量を求めることができます。

例えば，モル質量がM〔g/mol〕の溶質w〔g〕を溶媒W〔g〕に溶かしたとき，溶液の凝固点降下度がΔt_f〔K〕であったとします。

この溶液の質量モル濃度mは，

$$m = \frac{w〔\mathrm{g}〕}{M〔\mathrm{g/mol}〕} \div \frac{W}{1000}〔\mathrm{kg}〕 = \frac{1000w}{MW}〔\mathrm{mol/kg}〕$$

$\Delta t_f = k_f \times m$ に代入すると，

$$\Delta t_f = k_f \times \frac{1000w}{MW}$$

よって，$M = \dfrac{1000 k_f w}{W \Delta t_f}$〔g/mol〕

モル質量から単位〔g/mol〕を除くと，溶質の分子量が求められます。

水の浸透

一般に，溶液中のある成分は通すが，他の成分は通さないという選択性をもつ膜を**半透膜**といいます。例えば，セロハン膜は水のような小さい分子は自由に通すが，デンプンやタンパク質のような大きな分子は通さないので，半透膜といえます。

下図のように，純水と水溶液を半透膜で仕切ってしばらく放置すると，水分子が半透膜を通って，純水側から水溶液側へ移動していきま

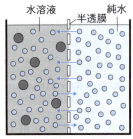

単位時間あたり，水溶液（左側）から純水（右側）へは水分子2個が，純水（右側）から水溶液（左側）へは水分子4個が移動するとすれば，一定時間後には右側から左側への水の浸透が観察できます。

■水の浸透

す。このような現象を，水の**浸透**といいます。

これは，水分子だけしか半透膜を通れないため，単位時間あたりで，水溶液側から純水側へ移動する水分子よりも，純水側から水溶液側へ移動する水分子の方が，常に多いことが原因で起こります。

野菜に食塩をかけて重しをのせて放置しておくと，漬物ができます。これは，野菜内部の水が細胞膜（半透膜）を通過し，外部に向かって移動する現象（水の浸透）を利用した例です。

🧪 浸透圧

下図の①のように，U字管の中央を半透膜で仕切り，一方には純水，他方にはデンプン水溶液を，同じ高さになるように入れます。長時間放置しておくと，図の②のように，水の浸透によって，純水側の液面が下がる一方，デンプン水溶液側の液面は上がり，両液面に高さの差（液面差）hが生じて，平衡状態になります。

図の③のように，両液面を同じ高さに保つためには，デンプン水溶液側に余分な圧力Pを加える必要があります。この加えた圧力Pを，この水溶液の**浸透圧**といいます。

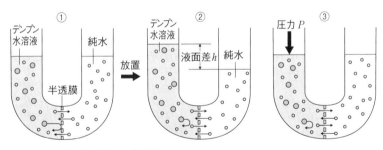

● デンプン分子　◦ 水分子

図の③では，半透膜を境にして水の浸透は起こっていないので，加えた圧力Pは最初に入れたデンプン水溶液の浸透圧と等しくなります。

一方，図の②では，半透膜を境にして水の浸透が起こった後なので，液面差hに相当する圧力は，最初に入れたデンプン水溶液ではなく，水で薄まった平衡状態におけるデンプン水溶液の浸透圧と等しくなります。

■水の浸透と浸透圧

■ **6章** ■ 物質の状態

🧪ファントホッフの法則

「希薄溶液の浸透圧 Π〔Pa〕は，溶液のモル濃度C〔mol/L〕と絶対温度T〔K〕に比例し，溶質や溶媒の種類には無関係である」。これを，**ファントホッフの法則**といいます。

$\Pi = kCT$　（k：比例定数）

詳しく調べてみると，この式の比例定数kは，気体定数$R = 8.3 \times 10^3$ Pa・L/（K・mol）と同じ値になるので，上式は次のようにも表せます。

$\Pi = CRT$

ここで，溶液の体積をV〔L〕，溶質の物質量をn〔mol〕とすると，溶液のモル濃度$C = \dfrac{n}{V}$〔mol/L〕となり，上式は次のように表せます。

$$\Pi = \frac{n}{V}RT \quad \overset{変形}{\Rightarrow} \quad \Pi V = nRT$$

この式は，気体の状態方程式$PV = nRT$と形が一致しています。

この事実について，ファントホッフ（オランダ）は次のように説明しました。

溶液の浸透圧は，溶液中からすべての溶媒分子を取り除いたとき，溶質粒子の自由な熱運動によって引き起こされる圧力である。この圧力は，空間中を気体分子が自由に熱運動することによって生じる気体の圧力と，本質的には同じものである。

すなわち，溶液の浸透圧に関して，気体の状態方程式と同じ関係が成り立つことを見出したのです。この研究により，彼は第1回のノーベル化学賞を受賞しました。

6-8 コロイド溶液

学習の目標
- 真の溶液とコロイド溶液との違いについて学習します。
- コロイド溶液の種類と特徴について学習します。

コロイドとは

グルコースや塩化ナトリウムの水溶液では、ほぼ同程度の大きさの溶質粒子と溶媒分子が均一に混合しています。このような溶液を**真の溶液**といいます。

デンプンやゼラチンの水溶液は、半透明で少し濁りが見られます。これは、通常の分子やイオンよりも大きな粒子が水中に分散しているためです。一般に、直径が10^{-9}〜10^{-7}m（1〜100nm）程度の大きさの微粒子を**コロイド粒子**といい、コロイド粒子が溶媒中に分散したものを**コロイド溶液**といいます（下図）。また、一般に、コロイド粒子が物質中に均一に分散した物質または、その状態を**コロイド**といいます。

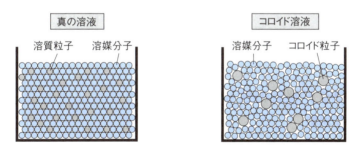

■真の溶液とコロイド溶液

コロイドの種類

コロイドにおいて、分散している物質（コロイド粒子）を**分散質**、分散させている物質を**分散媒**といい、これらを合わせて**分散系**といいます。

分散質と分散媒には固体・液体・気体のものがあり、これらの組み

合わせによって、次のようなさまざまなコロイドが存在します。

分散媒＼分散質	気体	液体	固体
気体	—*1	雲, 霧	煙
液体	せっけんの泡, 気泡	牛乳, クリーム	ペンキ, 墨汁
固体	軽石, スポンジ	豆腐, 寒天	真珠, 色ガラス

*1) 分散質が、コロイド粒子の大きさをもつ気体分子は存在しません。

🧪 コロイドの状態

牛乳や豆乳のように、流動性のあるコロイドを**ゾル**，豆腐や寒天のように，流動性を失い全体が固まったコロイドを**ゲル**，シリカゲルのように，ゲルを乾燥させたコロイドを**キセロゲル**といいます（次図）。

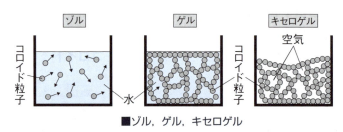

■ゾル, ゲル, キセロゲル

🧪 コロイド溶液の性質

チンダル現象

コロイド溶液に横から強い光を当てると、光の進路が輝いて見えます。この現象を**チンダル現象**といい，コロイド粒子が普通の分子やイオンよりも大きく，光をよく散乱するために起こります（下図）。

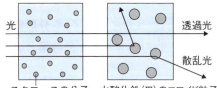

真の溶液（スクロース溶液）では，溶質の粒子が小さいので光をほとんど散乱しません。

■チンダル現象

ブラウン運動

コロイド溶液を特殊な顕微鏡で観察すると、コロイド粒子が絶えず不規則な運動をしている様子が見られます。このような運動を**ブラウン運動**といいます。

これは、多数の分散媒分子が熱運動によってコロイド粒子に不規則に衝突することによって起こる見かけの現象です(次図)。

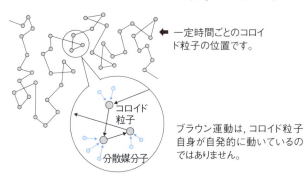

■ブラウン運動

透析

コロイド粒子は大きいため、半透膜を透過できません。そこで、不純物を含むコロイド溶液をセロハン膜の袋に入れ、純水中に浸しておくと、小さな分子やイオンなどは袋の外へ出ていき、袋の中にはコロイド粒子だけが残ります。このようにして、コロイド溶液を精製する操作を**透析**といいます(下図)。

血液の人工透析は、腎臓の機能が低下した人の血液の浄化に利用されています。

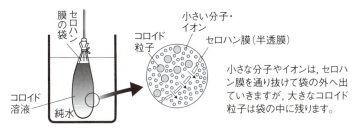

■コロイド溶液の透析とその原理

電気泳動

コロイド粒子の多くは，正または負に帯電しているので，コロイド溶液に電極を入れ，直流電圧をかけると，コロイド粒子は自身が帯びた電荷とは反対符号の電極へ向かって移動します。この現象を**電気泳動**といいます。下図の水酸化鉄(Ⅲ) **Fe(OH)₃** のコロイドのように，電気泳動によって，陰極へ移動するものを**正コロイド**，粘土のコロイドのように，陽極へ移動するものを**負コロイド**といいます。

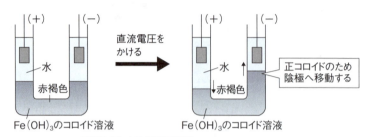

■正コロイドの電気泳動

🧪 コロイド溶液の種類

疎水コロイド

水酸化鉄(Ⅲ)や粘土などのコロイド粒子は，水との親和力が小さいので，**疎水コロイド**と呼ばれます。

疎水コロイドの水溶液に少量の電解質を加えて放置すると，コロイド粒子が集まって沈殿します。このような現象を**凝析**といいます。

疎水コロイドの粒子は，自身のもつ正または負の電荷による反発力によって水中に分散しています。ここへ少量の電解質を加えると，コロイド粒子の表面に反対符号のイオンが吸着され，コロイド粒子間の電気的な反発力は失われて集合し，やがて沈殿します（次ページの図）。

疎水コロイドの凝析には，コロイド粒子と反対符号の電荷をもち，価数の大きいイオンほど有効に働きます。

> 正コロイドに対して…Cl⁻ ＜ SO₄²⁻ ＜ PO₄³⁻
> 負コロイドに対して…Na⁺ ＜ Mg²⁺ ＜ Al³⁺

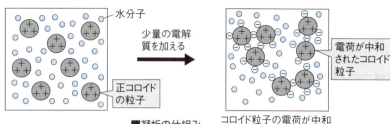

■凝析の仕組み　コロイド粒子の電荷が中和

凝析は，河川水の濁りを除き，透明な水道水をつくるのに利用されています。

親水コロイド

タンパク質やデンプンなどのコロイド粒子は，水との親和力が大きいので，**親水コロイド**と呼ばれます。

親水コロイドの水溶液に少量の電解質を加えても沈殿しませんが，多量の電解質を加えると，コロイド粒子が集まって沈殿します。このような現象を**塩析**といいます。

親水コロイドの粒子は，その表面に－OHや－COOHなどの親水基(p.205参照)をもち，多数の水分子が水和して安定に存在します。ここへ多量の電解質を加えると，まず，水和水が取り除かれ，さらにコロイド粒子がもつ電荷が中和され，コロイド粒子間の電気的な反発力が失われて集合し，やがて沈殿します(下図)。

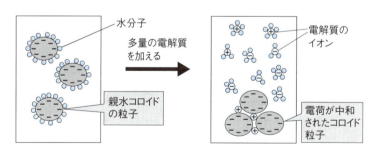

親水コロイドは水和水を多くもちます。そのため少量の電解質では水和水を奪うことができませんが，多量の電解質を加えることによりコロイド粒子は水和水を奪われ，さらに表面の電荷が中和され，沈殿します。

■塩析の仕組み

塩析は,豆乳ににがり(主成分は塩化マグネシウム $MgCl_2$)を加えて,豆腐をつくるのに利用されています。

保護コロイド

疎水コロイドに適当な親水コロイドを加えておくと,凝析が起こりにくくなり,疎水コロイドを安定化させることができます。これは,疎水コロイドのまわりを親水コロイドが取り囲み,あたかも親水コロイドのようにふるまうからです。

このような働きをする親水コロイドを,特に**保護コロイド**といいます(下図)。

例えば,ポスターカラーには,色素のコロイド溶液(疎水コロイド)にアラビアゴム[*1](保護コロイド)を加えて,沈殿しにくくしてあります。また,墨汁には,炭素のコロイド溶液(疎水コロイド)に,かつては「にかわ」[*2],現在ではポリビニルアルコール[*3]を保護コロイドとして加え,沈殿しにくくしてあります。

*1) アカシア類の樹液から得られる水溶性の多糖類で,切手の糊(のり)などに利用されます。
*2) 動物の骨や皮などを水で煮た液を,乾燥して固めたものを「にかわ」といい,コラーゲンなどのタンパク質でできています。
*3) 水溶性の合成高分子化合物で,合成糊,合成繊維などの原料等に用いられます。

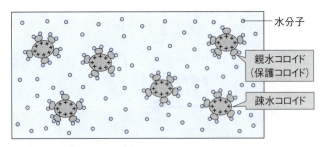

疎水コロイドは親水コロイド(保護コロイド)に囲まれると安定化し,少量の電解質では沈殿しなくなります。

■保護コロイド

6-9 固体の性質

学習の目標
- 結晶と非晶質の違いについて学習します。
- 金属結晶やイオン結晶の種類と構造の特徴について学習します。

結晶とは

固体は，物質を構成する粒子(原子，分子，イオン)の位置がほぼ一定で，一定の形を示すという特徴をもっています。

水晶のように粒子の配列が規則的な固体を**結晶**といい，一方，ガラスのように粒子の配列が規則的でない固体を**非晶質**(**アモルファス**)といいます。また，結晶を構成する粒子の配列構造を表したものを**結晶格子**といい，その最小の繰り返し単位を**単位格子**といいます(下図)。

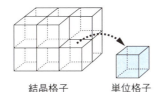

結晶格子は，単位格子が立体的に積み重なってできていると考えることができます。

結晶格子　単位格子　■**結晶格子と単位格子**

結晶の種類

結晶は，構成粒子の種類と，粒子間に働く力の種類によって次の4種類に分けられます(p.69参照)。

(1) **金属結晶**　金属元素の原子が金属結合で結合した結晶。融点は低いもの(水銀Hg)から高いもの(タングステンW)までさまざまです。

(2) **イオン結晶**　金属元素の陽イオンと非金属元素の陰イオンがイオン結合で結合した結晶。融点は高く，常温ではすべて固体です。

(3) **分子結晶**　非金属元素の原子からできた分子が，分子間力で集まってできた結晶。融点は低く，常温では液体や気体として存在するものが多い。

(4) **共有結合の結晶**　非金属元素の原子が共有結合だけで結合した結晶。融点は極めて高く，常温ではすべて固体です。

■ **6章** ■ 物質の状態

金属結晶

主な金属結晶の結晶格子は，**面心立方格子**，**体心立方格子**，**六方最密構造**のいずれかに分類されます。

■金属結晶の結晶格子

結晶格子名	面心立方格子	体心立方格子	六方最密構造
結晶格子	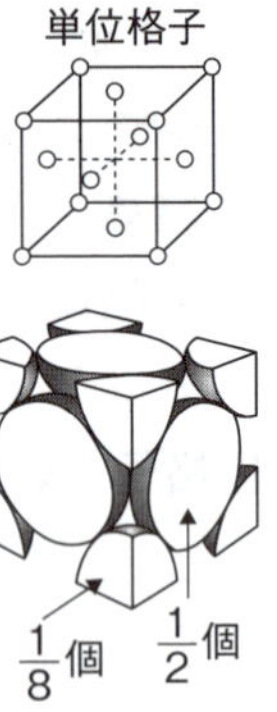 単位格子 $\frac{1}{8}$個 $\frac{1}{2}$個	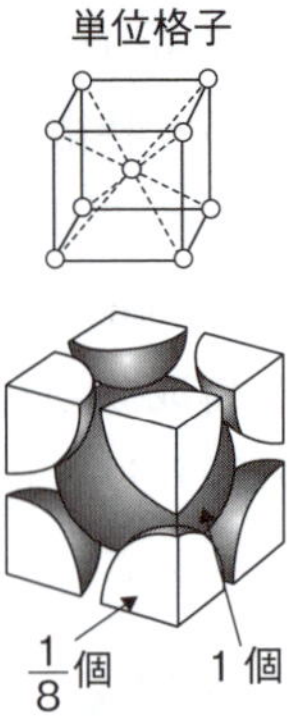 単位格子 $\frac{1}{8}$個 1個	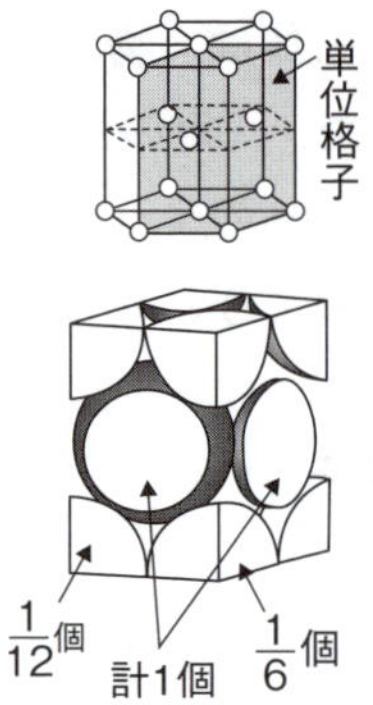 単位格子 $\frac{1}{12}$個 計1個 $\frac{1}{6}$個
所属原子数	4個	2個	2個
配位数	12	8	12
充填率	74%	68%	74%
金属の例	Cu, Ag, Al, Ca, Au	Li, Na, K, Ba, Fe	Zn, Mg, Be, Ti

単体格子に所属する原子の数

単位格子に所属する原子の数は，次のように求められます（上図）。

面心立方格子では，立方体の頂点と面の中心に原子が配列しています。立方体の頂点には$\frac{1}{8}$個分，立方体の面の中心には$\frac{1}{2}$個分の原子が含まれるので，単位格子に所属する原子の数は，次の通りです。

$$\frac{1}{8} \times 8 + \frac{1}{2} \times 6 = 4個 \quad 所属原子数は4個$$

体心立方格子では，立方体の頂点と立方体の中心に原子が配列しています。立方体の頂点には$\frac{1}{8}$個分，立方体の中心には1個分の原子が含まれるので，単位格子に所属する原子の数は，次の通りです。

226

$\dfrac{1}{8} \times 8 + 1 = 2$ 個　所属原子数は2個

六方最密構造では，下層は正六角形の頂点6個とその中心に1個，計7個の原子があり，中間層には3個の原子，上層にも下層と同じ計7個の原子があり，全体として正六角柱を構成しています。正六角柱の頂点には $\dfrac{1}{6}$ 個分，正六角形の中心には $\dfrac{1}{2}$ 個分，中間層では計3個分の原子が含まれるので，正六角柱に所属する原子の数は，次の通りです。

$\dfrac{1}{6} \times 12 + \dfrac{1}{2} \times 2 + 3 = 6$ 個

ただし，六方最密構造の単位格子は，この正六角柱の $\dfrac{1}{3}$ に相当するので，単位格子に所属する原子の数は2個となります。

配位数

金属結晶では，着目した1個の原子に隣接する他の原子の数を**配位数**といいます。

体心立方格子の場合，下図で立方体の中心にある原子●に着目すると，各頂点にある8個の原子が隣接しています。⇒配位数は8

面心立方格子の場合，下図のように単位格子を2つ横に並べ，中心の●の原子に着目すると，12個の原子が隣接しています。
⇒配位数は12

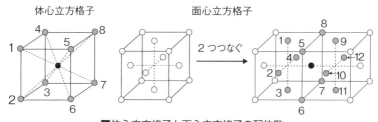

■体心立方格子と面心立方格子の配位数

六方最密構造の場合，正六角柱の下面の中心にある原子に着目すると，同一平面上で6個，上の層で3個，下の層で3個，合計12個の原子と接しています。⇒配位数は12

単位格子の一辺の長さaと原子の半径rの関係

面心立方格子では，下図の左のように，原子は立方体の側面の対角線上で接しています。側面の対角線の長さは$\sqrt{2}a$であり，これは原子の半径rの4個分と一致するので，次の関係が導かれます。

$$\sqrt{2}\,a = 4r \quad \xrightarrow{変形} \quad r = \frac{\sqrt{2}}{4}a$$

体心立方格子では，下図の右のように，原子は立方体の対角線上で接しています。対角線の長さは$\sqrt{3}a$であり，これは原子の半径rの4個分と一致するので，次の関係が導かれます。

$$\sqrt{3}\,a = 4r \quad \xrightarrow{変形} \quad r = \frac{\sqrt{3}}{4}a$$

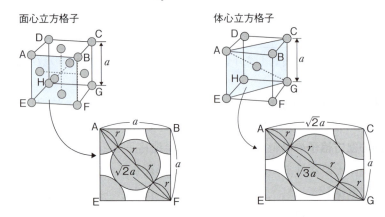

■面心立方格子と体心立方格子における原子の半径の求め方

充填率(じゅうてん)

単位格子の体積に占める原子自身の体積の割合を**充填率**といいます。

面心立方格子では，単位格子中に4個の原子が含まれ，単位格子の一辺の長さaと原子の半径rの間には$r = \frac{\sqrt{2}}{4}a$の関係があるので，充填率は次のようになります。

$$\frac{原子4個分の体積}{単位格子の体積} = \frac{\frac{4}{3}\pi r^3 \times 4}{a^3} = \frac{\frac{4}{3}\pi \left(\frac{\sqrt{2}}{4}a\right)^3 \times 4}{a^3}$$

$$= \frac{\sqrt{2}\,\pi}{6} = \frac{1.41 \times 3.14}{6} \fallingdotseq 0.74 \;\Rightarrow\; 充填率は74\%$$

体心立方格子では，単位格子中に2個の原子が含まれ，単位格子の一辺の長さaと原子半径rの間には$r = \dfrac{\sqrt{3}}{4}a$の関係があるので，充填率は次のようになります。

$$\frac{原子2個分の体積}{単位格子の体積} = \frac{\frac{4}{3}\pi r^3 \times 2}{a^3} = \frac{\frac{4}{3}\pi \left(\frac{\sqrt{3}}{4}a\right)^3 \times 2}{a^3}$$

$$= \frac{\sqrt{3}\,\pi}{8} = \frac{1.73 \times 3.14}{8} \fallingdotseq 0.68 \;\Rightarrow\; 充填率は68\%$$

なお，配位数が12で，充填率が74%である面心立方格子と六方最密構造（p.226の表参照）は，いずれも原子を空間に最も密に詰め込んだ構造（**最密構造**）であることがわかっています。

また，配位数が8で，充填率が68%である体心立方格子は，最密構造ではなく，原子が少しゆるやかに詰まった構造であることがわかります。

■ **6章** ■ 物質の状態

イオン結晶

　イオン結晶は，陽イオン・陰イオンの価数と大きさなどにより異なる構造をとります。陽イオンと陰イオンが1:1で集まったイオン結晶の単位格子には，次の表の3種類があります。

■イオン結晶の結晶格子

イオン結晶	塩化ナトリウム型 （NaCl型）	塩化セシウム型 （CsCl型）	硫化亜鉛型 （ZnS型）
単位格子の構造	●Na$^+$ ○Cl$^-$ 0.564nm $\frac{1}{8}$個 $\frac{1}{4}$個 $\frac{1}{2}$個	●Cs$^+$ ○Cl$^-$ 0.412nm $\frac{1}{8}$個 1個	●Zn^{2+} ○S^{2-} 0.540nm 1個　$\frac{1}{2}$個 $\frac{1}{8}$個
単位格子中に含まれる粒子の数	Na$^+$：$\frac{1}{4}\times12+1$ 　　　$=4$個 Cl$^-$：$\frac{1}{8}\times8+\frac{1}{2}\times6$ 　　　$=4$個	Cs$^+$：$1\times1=1$個 Cl$^-$：$\frac{1}{8}\times8=1$個	Zn^{2+}：$1\times4=4$個 S^{2-}：$\frac{1}{8}\times8+\frac{1}{2}\times6$ 　　　$=4$個
配位数	6	8	4

　イオン結晶では，あるイオンを取り囲む反対符号のイオンの数を**配位数**といいます。

　NaCl型では，中心の**Na$^+$**は6個の**Cl$^-$**に取り囲まれ，同様に，**Cl$^-$**も6個の**Na$^+$**に取り囲まれているので，配位数は6です。

　CsCl型では，中心の**Cs$^+$**は8個の**Cl$^-$**に取り囲まれ，同様に，**Cl$^-$**も8個の**Cs$^+$**に取り囲まれているので，配位数は8です。

　ZnS型では，**Zn^{2+}**は4個の**S^{2-}**に取り囲まれ，同様に，**S^{2-}**も4個の**Zn^{2+}**に取り囲まれているので，配位数は4です。

230

🧪 イオン結晶の安定性

イオン結晶の安定性については，次のようなことがいえます。

下図(a)のように，陽イオンの半径が一定以上の大きさのときは，陰イオンどうしは接触しておらず，結晶は安定に存在します。

下図(b)のように，陰イオンどうしが接触した状態では，結晶は安定限界で，結晶はぎりぎり安定に存在できます。

下図(c)のように，陽イオンと陰イオンが接触しない状態では，結晶は不安定となり，存在することはできません。

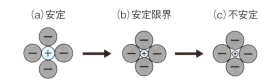

一般に，"陰イオンの半径＞陽イオンの半径"の場合について考えます。

■イオン半径の大きさとイオン結晶の安定性

イオン結晶が上図(b)のような安定限界にあるときの，陽イオンの半径r^+と陰イオンの半径r^-との比$\dfrac{r^+}{r^-}$を**限界半径比**といいます。陽イオンと陰イオンが1：1で集まったイオン結晶の配位数と限界半径比を求めると次の表のようになります。

■イオン結晶の配位数と限界半径比

結晶構造	配位数	限界半径比
塩化セシウム(**CsCl**)型	8	0.73より大
塩化ナトリウム(**NaCl**)型	6	0.41〜0.73
硫化亜鉛(**ZnS**)型	4	0.41より小

イオン結晶の$\dfrac{r^+}{r^-}$の比が限界半径比の範囲を越えると，その結晶構造は不安定となり，配位数の異なる別の結晶構造へと変化していきます。温度・圧力の変化によって，結晶構造が変化する現象を**相転移**といいます。

■ **7章** ■ 化学反応と熱

7章 化学反応と熱

　化学反応や状態変化の際には，一般に熱の出入りが起こります。このとき発生・吸収される熱は，さまざまな場面で利用されています。熱はエネルギーの1つの形態であり，それが出入りするということは，物質自身がもつ化学エネルギーが変化したことを意味します。

　この章では，物質の変化に伴う熱の出入りに関する法則や，量的関係および結合エネルギーなどについて学習します。

7-1 反応熱と熱化学方程式

学習の目標

- ●化学変化において，熱の出入りが起こる理由について学習します。
- ●物質の変化と熱の出入りを同時に表す熱化学方程式について学習します。

🧪 発熱反応と吸熱反応

　化学カイロは，鉄が空気中の酸素と化合するときに発生する熱を利用しています。また，冷却パックは，硝酸アンモニウムが水に溶けるときに，熱が吸収されることを利用しています。

　炭素（黒鉛）Cが完全燃焼して二酸化炭素CO_2になるとき，炭素1molあたり394kJの熱量が発生します。このように，熱を発生する反応を**発熱反応**といいます。

　赤熱した炭素Cに水蒸気H_2Oを通じると，水素H_2と一酸化炭素COが生成します。このとき，炭素1molあたり131kJの熱量が吸収されます。このように，熱を吸収する反応を**吸熱反応**といいます。

　一般に，化学変化が起こると必ず熱の出入りがあります。物質は，それぞれ固有のエネルギーをもっていますが，化学変化によって物質

232

の種類が変化すると，反応の前後で各物質がもつエネルギー量に過不足が生じ，これが熱の出入りとなって現れることになります。

化学変化では，化学結合の切断と生成が起こり，物質の種類が変化します。したがって，物質のもつ固有のエネルギーは，物質中の化学結合の形で蓄えられているエネルギーという意味で，**化学エネルギー**と呼ばれます。

反応物の化学エネルギーの総和が生成物の化学エネルギーの総和よりも大きいときは，そのエネルギーの差が熱の形で周囲に放出されるため，**発熱反応**になります（下図）。逆に，反応物の化学エネルギーの総和よりも生成物の化学エネルギーの総和が大きいときは，そのエネルギーの差が熱の形で周囲から吸収されるため，**吸熱反応**になります。

■発熱反応(炭素の完全燃焼)　　■吸熱反応(炭素と水蒸気の反応)

🧪 反応熱

化学反応の際に，出入りする熱エネルギーの量(熱量)を，**反応熱**といいます。熱量の単位には，エネルギーの単位であるジュール〔J〕または，キロジュール〔kJ〕を用います。また，反応熱は，その反応において，着目した物質1molあたりの熱量で表されるので，単位には〔kJ/mol〕が使われます。

🧪 エネルギー図

各物質は固有の化学エネルギーを保有していますが，その値そのものはわかりません。ただ，反応熱を調べることによって，反応物と生成物がもつエネルギーの大小関係だけがわかります。反応物と生成物がもつ相対的なエネルギーの大きさを表した図を，**エネルギー図**といいます。

下図のように、エネルギー図では、保有するエネルギーの大きい物質を上位に、小さい物質を下位に書きます。したがって、下向きへの反応が発熱反応、上向きへの反応が吸熱反応となります。

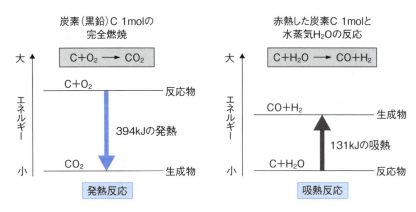

■発熱反応と吸熱反応のエネルギー図

🧪 熱化学方程式

化学反応式の右辺に反応熱を書き加え、両辺を等号（＝）で結んだ式を**熱化学方程式**といい、次のようにしてつくります。

> **1** 着目する物質の係数が1となるように化学反応式を書きます（そのため、他の物質の係数が分数になっても構いません）。
> **2** 反応熱を右辺の最後にkJの単位で記し、反応式の→を＝にかえます。ただし、反応熱には、発熱反応のときは＋、吸熱反応のときは－の符号をつけます。
> **3** 反応熱は、各物質の状態によっても異なるので、化学式の後に物質の状態を（固）、（液）、（気）のように書きます。ただし、物質の状態が25℃、1.0×10^5 Paで明らかなときは省略しても構いません。また、水溶液のときは、化学式の後にaqを付記します。
> **4** 炭素のように、同素体の存在する物質では、C（ダイヤモンド）、C（黒鉛）のように、それらを区別します。

■ **7-1** ■ 反応熱と熱化学方程式 ■

> 例1　炭素(黒鉛) **C** 1 mol が燃焼して，二酸化炭素 CO_2 に変化するとき，394 kJ の熱量が発生します。この熱化学方程式をつくりなさい。

1 **C** の係数が 1 となるように，化学反応式を書きます。

$$C + O_2 \longrightarrow CO_2$$

2 右辺に + 394 kJ を加え，$\longrightarrow$ を = にかえます。

$$C + O_2 = CO_2 + 394 \, kJ$$

3 4 物質の状態を ( ) で示します。

$$C \, (黒鉛) + O_2 \, (気) = CO_2 \, (気) + 394 \, kJ \quad ☜1 \boxed{答}$$

> 例2　水素 H_2 1 mol が燃焼して，液体の水 H_2O が生成するとき，286 kJ の熱量が発生します。この熱化学方程式をつくりなさい。

1 H_2 の係数が 1 となるように，反応式を書きます。

$$H_2 + \frac{1}{2} O_2 \longrightarrow H_2O$$

2 右辺に + 286 kJ を加え，$\longrightarrow$ を = にかえます。

$$H_2 + \frac{1}{2} O_2 = H_2O + 286 \, kJ$$

3 物質の状態を ( ) で示します。

$$H_2 \, (気) + \frac{1}{2} O_2 \, (気) = H_2O \, (液) + 286 \, kJ \quad ☜1 \boxed{答}$$

235

■ **7章** ■ 化学反応と熱

熱化学方程式の意味すること

　熱化学方程式の両辺が等号（＝）で結ばれているのは，反応熱を書き加えたことにより，反応系（左辺）と生成系（右辺）のエネルギーが等しくなったことを示します。すなわち，<u>熱化学方程式はエネルギーに関する等式でもあり</u>，各化学式は物質の種類を表すだけでなく，各物質1molがもつ化学エネルギーの量も表していることになります。

物質の状態を表す

発熱反応を表す
（吸熱反応は－）

$$H_2(気) + \frac{1}{2}O_2(気) = H_2O(液) + 286kJ$$

係数が分数になるときもある

反応熱を表す

　この式全体としては，気体の水素$H_2$1molと気体の酸素O_2 $\frac{1}{2}$molが反応すると，液体の水 H_2O 1molが生成するとともに，286kJの熱が発生することを表します。

■熱化学方程式の意味すること

🧪反応熱の種類

　反応熱には，反応の種類に応じて次のようなものがあります。いずれも着目した物質1molあたりの熱量〔kJ/mol〕で表されます。

(1) **燃焼熱**　1molの物質が完全燃焼するときに発生する熱量。

　　例 プロパンC_3H_8の燃焼熱は2219kJ/mol

　　$C_3H_8(気) + 5O_2(気) = 3CO_2(気) + 4H_2O(液) + 2219kJ$

(2) **中和熱**　酸と塩基の水溶液の中和反応によって，水1molができるときに発生する熱量。

　　例 塩酸と水酸化ナトリウム水溶液の中和熱は56.5kJ/mol

　　$HClaq + NaOHaq = NaClaq + H_2O(液) + 56.5kJ$

(3) **溶解熱**　1molの物質が多量の水に溶けるときの反応熱。

　　発熱の場合と吸熱の場合があります。熱化学方程式で，多量の水は，ラテン語のaqua（水）を略して，aqと表します。

　　例 水酸化ナトリウム（固）の溶解熱は44.5kJ/mol（発熱）

　　$NaOH(固) + aq = NaOHaq + 44.5kJ$

(4) **生成熱**　化合物1molが，その成分元素の単体から生成するときの反応熱。発熱の場合と吸熱の場合があります。

　例　メタン**CH₄**の生成熱は74.9kJ/mol（発熱）

　　メタンの成分元素は，**C**と**H**で，それぞれの単体は**C**（黒鉛），**H₂**（気）なので，

　　C（黒鉛）+ **2H₂**（気）= **CH₄**（気）+ 74.9kJ

　物質のもつ化学エネルギーは，その状態によっても異なるので，状態変化に伴う熱の出入りも熱化学方程式で表すことができます。

(5) **融解熱**[*1]　固体1molが液体になるときに吸収する熱量。

　例　水の融解熱は6.0kJ/mol（0℃）

　　H₂O（固）= **H₂O**（液）− 6.0kJ

*1）液体1molが固体になるときに，融解熱と等しい熱量（**凝固熱**）が放出されます。

(6) **蒸発熱**[*2]　液体1molが気体になるときに吸収する熱量。

　例　水の蒸発熱は41kJ/mol（100℃）

　　H₂O（液）= **H₂O**（気）− 41kJ

*2）気体1molが液体になるときに，蒸発熱と等しい熱量（**凝縮熱**）が放出されます。

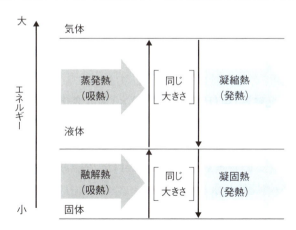

物質のもつ化学エネルギーは同じ物質の場合，固体，液体，気体の順に大きくなります。したがって，融解熱・蒸発熱は吸熱反応に，凝固熱・凝縮熱は発熱反応になります。

■融解熱・蒸発熱と凝固熱・凝縮熱

反応熱の測定

反応熱を測定するには，外部への熱の出入りがない断熱容器（**熱量計**）内で反応を行わせ，その際に出入りする熱を，熱量計に入れた水の温度変化として測定する方法がとられます。

例えば，炭素の燃焼熱の測定は，右図のような鉄製ボンベと熱量計を組み合わせたボンベ熱量計を用いて行います。

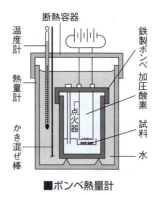

■ボンベ熱量計

> **実験 1**
> 燃焼皿に1.0gの炭素（黒鉛）の粉末を入れ，十分量のO₂をボンベに充填します。このボンベを500gの水が入った熱量計に浸し，電流を通じて点火し，完全燃焼させます。燃焼後，水の温度変化を調べたところ，15.5K上昇していました。この実験結果から，炭素（黒鉛）の燃焼熱を求めます。

考察
まず，この反応での発熱量を求めます。水1gの温度を1K上昇させるのに必要な熱量（**比熱**）を4.2J/(g・K)とすれば，この実験での発熱量は次式で求まります。

（発熱量）＝（比熱）×（質量）×（温度変化）
$$= 4.2\,\text{J}/(\text{g}\cdot\text{K}) \times 500\,\text{g} \times 15.5\,\text{K}$$
$$= 32550\,\text{J} = 32.55\,\text{kJ}$$

次に，この発熱量を炭素C 1mol（＝12g）あたりに変換すると，Cの燃焼熱が求まります。

$$32.55\,\text{kJ} \times \frac{12\,\text{g}}{1.0\,\text{g}} = 390.6\,\text{kJ} \fallingdotseq 391\,\text{kJ}$$

よって，炭素（黒鉛）の燃焼熱は，391kJ/mol となります。

7-2 ヘスの法則と結合エネルギー

学習の目標
- 反応経路と出入りする熱量との関係について学習します。
- 結合エネルギーと反応熱の関係について学習します。

🧪 ヘスの法則

化学反応において，反応物から生成物ができる反応経路には，いくつかの異なる場合があります。ヘス（ロシア）は，1840年，多くの化学反応の反応熱を測定し，「反応熱の総和は，反応の最初の状態と最後の状態だけで決まり，反応経路や反応方法には無関係である」ということを発見しました。これを**ヘスの法則**または，**総熱量保存の法則**といいます。

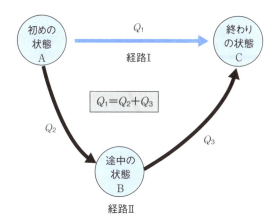

反応の初めの状態Aから，反応の終わりの状態Cへ直接行くとき（経路I）の反応熱Q_1と，Aから途中の状態Bを経てCへ行くとき（経路II）の反応熱の和Q_2+Q_3は等しい。

■ヘスの法則

🧪 ヘスの法則の利用

ヘスの法則を利用すると、実験で直接測定できない反応熱を、測定可能な他の反応熱から計算で求めることができます。

例えば、炭素Cと酸素O_2から一酸化炭素COだけを生成させる反応熱(COの生成熱)は、直接測定することは困難です(同時に、二酸化炭素CO_2を生成するため)。しかし、測定が可能な炭素(黒鉛)の燃焼熱と一酸化炭素の燃焼熱から、次のようにして求めることができます。

(Cの燃焼熱)：$C(黒鉛) + O_2(気) = CO_2(気) + 394\,kJ$　…①

(COの燃焼熱)：$CO(気) + \frac{1}{2}O_2(気) = CO_2(気) + 283\,kJ$　…②

①－②より、CO_2(気)を消去して整理すると、

$C(黒鉛) + \frac{1}{2}O_2(気) = CO(気) + 111\,kJ$　…③

よって、CO(気)の生成熱は、111 kJ/mol となります。

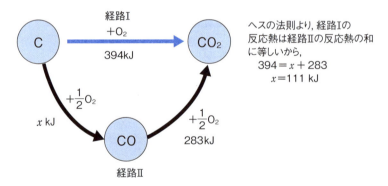

■ヘスの法則を利用して求めたCOの生成熱

COの生成熱は、上の図のように、ヘスの法則で求めた111 kJ/molと、熱化学方程式の計算で求めた111 kJ/molが一致したことから、ヘスの法則は、「熱化学方程式は、数学の方程式と同様に四則計算を行ってもよい」ということの根拠を与えるものであるといえます。

■ **7-2** ■ ヘスの法則と結合エネルギー ■

🧪生成熱と反応熱の関係

$$C（黒鉛）+ O_2（気）= CO_2（気）+ 394\,kJ \quad \cdots ①$$

$$H_2（気）+ \frac{1}{2}O_2（気）= H_2O（液）+ 286\,kJ \quad \cdots ②$$

$$3C（黒鉛）+ 4H_2 = C_3H_8（気）+ 105\,kJ \quad \cdots ③$$

上式を用いて，プロパンC_3H_8の燃焼熱を求めるには，プロパンの燃焼熱を$x\,[kJ/mol]$として，次のように計算します。

$$C_3H_8（気）+ 5O_2（気）= 3CO_2（気）+ 4H_2O（液）+ x\,[kJ]$$

右辺の$3CO_2$（気）に着目$\longrightarrow ① × 3$

右辺の$4H_2O$（液）に着目$\longrightarrow ② × 4$

左辺のC_3H_8（気）に着目（移項が必要）$\longrightarrow ③ × (-1)$

そして，$① × 3 + ② × 4 - ③$を計算します。

$$
\begin{array}{l}
\quad\ \ 3C（黒鉛）+ 3O_2（気）= \quad 3CO_2（気）+ (394 × 3)\,kJ \\
\quad\ \ 4H_2（気）\ \ + 2O_2（気）= \quad 4H_2O（液）+ (286 × 4)\,kJ \\
+)\ -3C（黒鉛）- 4H_2（気）= -C_3H_8（気）\ \ -105\,kJ \\
\hline
\quad\ \ C_3H_8（気）+ 5O_2（気）= \quad 3CO_2（気）+ 4H_2O（液） \\
\qquad\qquad\qquad\qquad\qquad + (394 × 3 + 286 × 4 - 105)\,kJ
\end{array}
$$

したがって，$x = 394 × 3 + 286 × 4 - 105$
$$= 2221\,kJ$$

また，反応に関係する物質の生成熱がすべてわかっているときは，次の関係式を用いると簡単に反応熱が求められます。ただし，H_2（気），O_2（気），C（黒鉛）など，単体の生成熱はすべて0として計算します。

反応熱＝生成物の生成熱の総和－反応物の生成熱の総和

$$x = (394\,kJ × 3) + (286\,kJ × 4) - (105\,kJ \ + \ 0\,kJ)$$

↑	↑	↑	↑
CO_2（気）の生成熱	H_2O（液）の生成熱	C_3H_8（気）の生成熱	O_2（気）の生成熱

生成物の生成熱の総和　　　反応物の生成熱の総和

$$= 2221\,kJ$$

241

🧪 結合エネルギー

共有結合を切断して,ばらばらの原子にするのに必要なエネルギーを,その結合の**結合エネルギー**といい,着目した結合1molあたりの熱量〔kJ/mol〕で表されます。

例えば,水素分子H_2 1 molを水素原子H 2 molにするのに,432 kJのエネルギーが必要であるとき,H－Hの結合エネルギーは432 kJ/molであり,これを熱化学方程式で表すと次のようになります。

H_2(気) = 2H(気) － 432 kJ

逆に,水素原子H 2 molが共有結合して水素分子H_2 1 molになるときは432 kJのエネルギーが放出されるので,これを熱化学方程式で表すと次のようになります。

2H(気) = H_2(気) ＋ 432 kJ

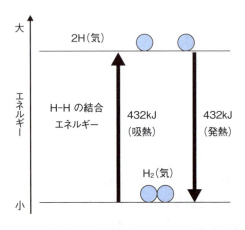

H－Hの結合エネルギーが432kJ/molの場合,結合の切断・生成どちらの場合もあるので,符号をつけずに絶対値(大きさ)で表します。しかし,熱化学方程式で表す場合は,結合を切断するときは吸熱反応なので－の符号を,結合を生成するときは発熱反応なので＋の符号をつける必要があります。

■H－Hの結合エネルギー

■ **7-2** ■ ヘスの法則と結合エネルギー ■

🜂 結合エネルギーと反応熱

　化学反応では，反応物中の共有結合が切れて，結合の組み換えが起こり，新たに共有結合が生じて生成物ができます。

　反応物・生成物がともに気体である場合，反応物の結合エネルギーと生成物の結合エネルギーがわかれば，次のようにして反応熱を求めることができます。

$$\left(\text{反応熱}\right) = \left(\begin{array}{l}\text{反応物では共有結合を切断するの}\\ \text{で吸熱。結合エネルギーの符号は}-\end{array}\right) + \left(\begin{array}{l}\text{生成物では共有結合を生成するの}\\ \text{で発熱。結合エネルギーの符号は}+\end{array}\right)$$

したがって，次の関係式が得られます。

$$\left(\text{反応熱}\right) = \left(\begin{array}{l}\text{生成物の結合エ}\\ \text{ネルギーの総和}\end{array}\right) - \left(\begin{array}{l}\text{反応物の結合エ}\\ \text{ネルギーの総和}\end{array}\right)$$

　例えば，水素 H_2 と塩素 Cl_2 から塩化水素 HCl を生成するときの反応熱 Q は，結合エネルギー（$H-H$：$432\,kJ/mol$，$Cl-Cl$：$239\,kJ/mol$，$H-Cl$：$428\,kJ/mol$）を用いて，次のように求められます。

　　H_2（気）$+ Cl_2$（気）$= 2HCl$（気）$+ Q\,kJ$

$$\begin{aligned}\text{反応熱}\,Q &= \left(\begin{array}{l}\text{生成物}\,H-Cl\,\text{の}\\ \text{結合エネルギー}\end{array}\right) \times 2 - \left(\begin{array}{l}\text{反応物}\,H-H\,\text{と}\,Cl-Cl\,\text{の}\\ \text{結合エネルギーの和}\end{array}\right)\\ &= 428 \times 2 - (432 + 239)\\ &= 185\,kJ\end{aligned}$$

243

■ 8章 ■ 反応の速さと化学平衡

8章 反応の速さと化学平衡

　私たちの身の回りで起こる化学反応は，ダイナマイトの爆発のように瞬時に起こる速い反応から，金属の腐食のようにゆっくりと進行する遅い反応まで，さまざまな進み方をします。また，化学反応には，反応がある程度進行すると，反応物と生成物の濃度が一定となり，見かけ上，反応が停止した状態（化学平衡の状態）になるものがあります。

　この章では，化学反応の速さの表し方を学ぶとともに，反応の速さに影響を与える要因について学習します。また，化学平衡における各成分の量的関係および，外部条件の変化に伴う化学平衡の移動についても学習します。さらに，化学平衡の応用として，水溶液中での弱酸・弱塩基の電離など電解質の平衡についても学習します。

8-1 化学反応の速さ

学習の目標

● 化学反応の速さの表し方を学習します。
● 化学反応の速さに影響を与える要因について学習します。
● 化学反応の起こる仕組みについて学習します。

反応速度の表し方

　化学反応には，酸・塩基の中和や火薬の爆発のように，瞬時に起こる**速い反応**もあれば，金属の腐食や微生物による発酵のように，ゆっくりと進む**遅い反応**もあります。

　化学反応が進むにつれて，反応物の量は減少する一方で，生成物の量は増加します。一般に，反応の速さは，単位時間あたりの反応物の減少量，または，生成物の増加量で表し，これを**反応速度**といいます。

　気体や溶液の反応のように，一定体積中で反応が進む場合，物質の

244

変化量は濃度の変化量にも等しいので、反応速度vは次のような式で表すことができます。

$$v = \frac{\text{反応物（生成物）の濃度の減少量（増加量）}}{\text{反応時間}}$$

反応速度と係数の関係

1分子の反応物Aから生成物Bが2分子できる反応を考えます。

$$A \longrightarrow 2B$$

時刻$t_1 \sim t_2$の間（$\Delta t = t_2 - t_1$)[*1]に、Aのモル濃度$[A]$が$\Delta[A]$[*1]だけ減少したとすると、この間のAの反応速度v_Aは、次式で表せます。[*2]

$$v_A = -\frac{\Delta[A]}{\Delta t}$$

*1) Δ（デルタ）は変化量を、$[A]$は物質Aのモル濃度〔mol/L〕を表します。
*2) Δtは正の値、$\Delta[A]$は負の値になるので、右辺にマイナスをつけてvを正の値にしておきます。

時刻$t_1 \sim t_2$の間Δtに、Bのモル濃度$[B]$が$\Delta[B]$だけ増加したとすると、この間のBの反応速度v_Bは、次式で表せます。

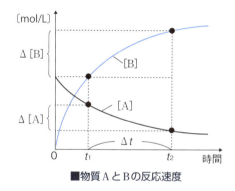

■物質AとBの反応速度

$$v_B = \frac{\Delta[B]}{\Delta t}$$

この反応では、右上図のように、$[A]$が1mol/L減少するとき、$[B]$は2mol/L増加しており、どの時間内においても、常に$v_A : v_B = 1 : 2$の関係があります。

一般に、同じ反応であっても、着目する物質によって反応速度の値が変わることに注意して下さい。

同じ反応では、物質Aの反応速度がわかれば、反応式の係数の比を利用することで、物質Bの反応速度を簡単に求めることができます。

反応速度式

約400℃では,気体の水素H_2とヨウ素I_2が反応して,気体のヨウ化水素HIが生成する反応が起こります。

$$H_2 + I_2 \longrightarrow 2HI$$

下図のように,最初,I_2の濃度$[I_2]$を一定にしてH_2の濃度$[H_2]$を2倍にすると,HIの生成速度vは,$[H_2]$に比例して2倍になります。同様に,$[H_2]$を一定にして,$[I_2]$を2倍にしても,vは$[I_2]$に比例して2倍になります。このような実験の結果,vは$[H_2]$と$[I_2]$のそれぞれに比例しているので,次のように表すことができます。

$$v = k[H_2][I_2] \quad \cdots ①$$

①式のように,反応速度と反応物の濃度の関係を表す式を,**反応速度式**といいます。なお,①式の比例定数kを**反応速度定数**または,単に**速度定数**[*1]といいます。

*1) kの値は,同じ反応であっても温度を高くしたり,触媒を加えると大きくなるので,反応速度vは大きくなると考えられます。

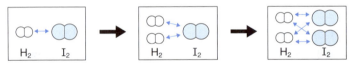

H_2, I_2の単位時間あたりの衝突回数を1回とし,これを1つの矢印で結びます。

$[H_2]$を2倍にすると,2つの矢印が引けて,H_2とI_2の衝突回数はもとの2倍になります。

さらに$[I_2]$を2倍にすると,4つの矢印が引けて,H_2とI_2の衝突回数はもとの4倍になります。

■反応物の濃度と反応速度の関係(イメージ)

反応速度式の表し方

いろいろな化学反応について,$H_2 + I_2 \longrightarrow 2HI$ と同様の実験を行って反応速度式を求めると,次のような結果が得られます。

(1) ヨウ化水素HIの分解反応

$$2HI \longrightarrow H_2 + I_2$$

HIの分解速度をvとすると,$v = k[HI]^2$

(2)　過酸化水素 H_2O_2 の分解反応

　　$2H_2O_2 \longrightarrow 2H_2O + O_2$

　H_2O_2 の分解速度を v とすると，$v = k\,[H_2O_2]$

(3)　五酸化二窒素 N_2O_5 の分解反応

　　$2N_2O_5 \longrightarrow 4NO_2 + O_2$

　N_2O_5 の分解速度を v とすると，$v = k\,[N_2O_5]$

　このように，反応速度が反応物の濃度の何乗に比例するかは実験によって決まり，反応式の係数とは必ずしも一致しません。

　一般に，$aA + bB \longrightarrow cC$ の反応（a, b, c は係数）のとき，反応速度式は，$v = k\,[A]^x\,[B]^y$　と表せます。

　この x, y を**反応の次数**といい，この反応は，A について x 次，B について y 次，あわせて $(x + y)$ 次反応といいます。

🧪反応速度を変える要因

反応速度と温度

　硫酸で酸性にした過マンガン酸カリウム $KMnO_4$ 水溶液にシュウ酸 $(COOH)_2$ 水溶液を加えると，$MnO_4{}^-$（赤紫色）が Mn^{2+}（無色）に変化して，水溶液の色が消えます。

　　$2MnO_4{}^- + 5(COOH)_2 + 6H^+ \longrightarrow 2Mn^{2+} + 10CO_2 + 8H_2O$

　この反応の場合，低温ではなかなか色が消えません。しかし，高温では速やかに色が消えます。

　このように，反応速度は温度が高いほど大きくなります。

反応速度と触媒

　過酸化水素 H_2O_2 水は，常温ではほとんど変化しませんが，少量の酸化マンガン(Ⅳ) MnO_2 や，鉄(Ⅲ)イオン Fe^{3+} を含む水溶液を加えると，過酸化水素の分解が急激に進行し，盛んに酸素 O_2 が発生します。

　　$2H_2O_2 \longrightarrow 2H_2O + O_2$

　反応の前後で，MnO_2 や Fe^{3+} の量を調べても，まったく変化はありません。このように，反応の前後で自身は変化せず，反応速度を大きくする物質を，**触媒**といいます。

🧪 触媒の働き

触媒は，反応物に対する作用の違いによって，次のように分類されます。

(1) **均一触媒** H_2O_2の分解反応の際に加えたFe^{3+}のように，反応物と均一に混じり合って働く触媒を，**均一触媒**といいます。酸のH^+や塩基のOH^-のほか，生物体内で働く酵素もその代表といえます。均一触媒では，反応物に触媒が結合して反応中間体をつくり，それが生成物と触媒に分解され，触媒は再生されます。

(2) **不均一触媒** H_2O_2の分解反応の際に加えたMnO_2のように，反応物とは均一に混ざり合わずに働く触媒を，**不均一触媒**といいます。白金Ptや鉄Feなど多くの固体触媒がその代表といえます。

不均一触媒では，まず反応物が触媒表面に吸着されます。続いて，反応物が反応を起こしやすい状態(**活性化状態**)になり，この状態で原子の組み換えが起こります。その後，生成物が触媒表面から離脱すると，触媒はもとの状態に戻り，再生されます(下図)。

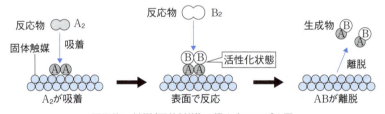

■不均一触媒(固体触媒)の働き方のモデル図

🧪 反応のしくみ

化学反応が起こるには，反応物の分子どうしが衝突する必要があります。しかし，衝突した分子すべてが反応するわけではありません。例えば，$H_2 + I_2 \longrightarrow 2HI$ の反応では，十分なエネルギーをもったH_2分子とI_2分子が，新しい結合をつくるのに都合のよい方向から衝突し，結合の組み換えが起こるエネルギーの高い状態になる必要があります。このような状態を**活性化状態**といい，このとき生じた複合体を**活性錯体**といいます(次ページの上図)。

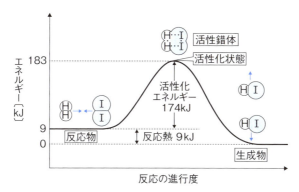

■$H_2+I_2 \longrightarrow 2HI$の活性化状態と活性化エネルギー

　反応物を活性化状態にするのに必要な最小のエネルギーを，その反応の**活性化エネルギー**といいます。つまり，活性化エネルギーとは，ある反応が起こるためにどうしても越えなければならないエネルギーの障壁と考えられます。

　活性化エネルギーはそれぞれの反応ごとに異なりますが，同じ反応であっても，反応条件が異なると活性化エネルギーは変化します。一般に，活性化エネルギーが小さいほど，反応速度は大きくなります。

反応速度が変化する理由

温度と反応速度の関係

　一般に，温度が10K上昇すると，反応速度は2〜4倍に増加します。しかし，温度が10K上がっても，分子どうしの衝突回数は，わずか1〜

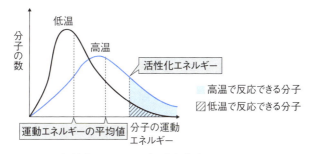

■気体分子のエネルギー分布曲線と温度の関係

2%しか増加しません。温度を上げると反応速度が急激に増加するのは，前ページの下図に示すように，分子の運動エネルギーを示す分布曲線が右側にずれ，活性化エネルギーを上回るエネルギーをもった分子の割合が増加するためと考えられます。

触媒と反応速度の関係

触媒を使用すると反応速度が大きくなるのは，触媒と反応物が結びつき，活性化エネルギーの小さな別の反応経路を通って反応が進行するようになるためです（下図）。

なお，触媒を加えても，反応の途中にある活性化エネルギーが低くなるだけで，反応物と生成物のもつエネルギーは変化しないので，それらの差で決まる反応熱の値は変化しません。

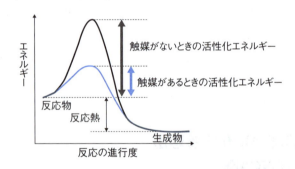

■触媒の有無による活性化エネルギーの変化

固体の表面積と反応速度の関係

亜鉛 Zn と塩酸 HCl の反応では，塊状の Zn よりも粉末の Zn を使用したほうが，激しく水素 H_2 が発生します。

$$Zn + 2HCl \longrightarrow ZnCl_2 + H_2$$

一般に，固体が関係する反応では，固体の表面積を大きくすると反応速度は大きくなります。これは，固体の場合，表面の粒子しか反応できないためで，表面積を大きくすると，反応物どうしの衝突回数が増加し，反応速度が大きくなると考えられます。

■ 8-2 ■ 化学平衡 ■

8-2 化学平衡

学習の目標

● 左右どちら向きにも進む反応を放置すると，化学平衡の状態になることを学習します。
● 化学反応が平衡状態になったとき，温度や圧力などを変えると，どのような現象が起こるのかを学習します。

可逆反応と不可逆反応

密閉容器に窒素 N_2 と水素 H_2 を入れて高温に保つと，アンモニア NH_3 が生成します。一方，NH_3 を高温に保つと，N_2 と H_2 に分解します。

$$N_2 + 3H_2 \rightleftharpoons 2NH_3$$

このように，左向きにも右向きにも進む反応を**可逆反応**といい，反応式では記号 $\rightleftharpoons$ で表します。通常，与えられた反応式において，右向きの反応を**正反応**，左向きの反応を**逆反応**といいます。

それに対して，一方向にしか進まない反応を**不可逆反応**といいます。反応熱の大きな燃焼反応，気体が発生する反応，および溶液中で沈殿が生成する反応は，多くの場合，不可逆反応となります。

化学平衡

水素 H_2 とヨウ素 I_2 を密閉容器に入れて加熱すると，H_2，I_2 の濃度はしだいに減少し，ヨウ化水素 HI の濃度が増加します。

$$H_2 + I_2 \underset{v_2}{\overset{v_1}{\rightleftharpoons}} 2HI$$

反応の初期では，H_2，I_2 の濃度が大きく正反応の反応速度 v_1 が大きいですが，反応が進むと H_2，I_2 の濃度は減少して，v_1 は小さくなります。一方，反応が進むと HI の濃度は増加するので，逆反応の反応速度 v_2 は大きくなります。やがて，ある時間が経過すると，$v_1 = v_2$ となり，見かけ上，反応が停止したような状態になります。このような状態を，**化学平衡の状態**または，単に**平衡状態**といいます（次ページの上図）。

251

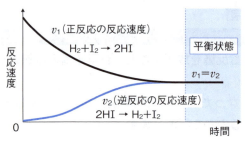

■平衡状態に至る反応速度の変化

平衡状態では,反応物の濃度$[H_2]$,$[I_2]$および,生成物の濃度$[HI]$がどちらも一定になっています(下図)。

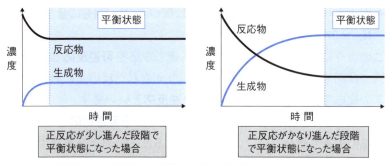

平衡状態での,反応物と生成物の濃度の時間変化を示したものです。

■いろいろな平衡状態

平衡定数

可逆反応 $H_2 + I_2 \rightleftarrows 2HI$ において,正反応の反応速度をv_1,逆反応の反応速度をv_2とし,H_2, I_2, HIの各濃度を$[H_2]$,$[I_2]$,$[HI]$とすると,反応速度式は次のようになります。

$v_1 = k_1[H_2][I_2]$　　(k_1は正反応の速度定数)

$v_2 = k_2[HI]^2$　　(k_2は逆反応の速度定数)

平衡状態では,$v_1 = v_2$が成り立つから,

$k_1[H_2][I_2] = k_2[HI]^2$

この式を,左辺に物質の濃度,右辺に速度定数を集めて変形し,さらに右辺のk_1/k_2をKとおくと,次式のような重要な関係が得られます。

$$\frac{[\text{HI}]^2}{[\text{H}_2][\text{I}_2]} = \frac{k_1}{k_2} = K \quad (\text{一定})$$

上式は，$\text{H}_2 + \text{I}_2 \rightleftarrows 2\text{HI}$ が平衡状態にあるとき，生成物の濃度の積を反応物の濃度の積で割った値 K は，常に一定であることを示しています。この K は，温度によって決まる定数で，この化学平衡の**平衡定数**といいます。

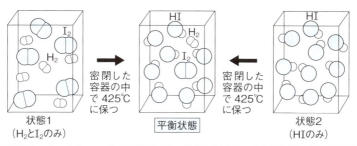

状態1（H_2 1mol, I_2 1mol）から出発しても，状態2（HI 2mol）から出発しても，同じ温度（425℃）ならば，同じ平衡状態（H_2 0.2mol, I_2 0.2mol, HI 1.6mol）に達します。

■平衡状態になる過程

化学平衡の法則

一般に，次の可逆反応（A, B, P, Q は反応物や生成物）が平衡状態にあるとします。

$a\text{A} + b\text{B} \rightleftarrows p\text{P} + q\text{Q}$ （a, b, p, q は係数）

このとき，平衡状態における各物質のモル濃度を[A], [B], [P], [Q]とすると，平衡定数 K は次の式のように表されます。

$$K = \frac{[\text{P}]^p [\text{Q}]^q}{[\text{A}]^a [\text{B}]^b}$$

この関係を**化学平衡の法則**といいます。K の値は，それぞれの反応に固有で，温度が一定ならば，反応を開始したときの反応物がどのような濃度であっても一定となります。

例えば，$\text{N}_2 + 3\text{H}_2 \rightleftarrows 2\text{NH}_3$ のように，気体のみの化学平衡の平衡定数は，上の式を適用して，次のようになります。

$$K = \frac{[\text{NH}_3]^2}{[\text{N}_2][\text{H}_2]^3} \, [(\text{mol/L})^{-2}]$$

■ **8章** ■ 反応の速さと化学平衡

また，C（固）$+ CO_2$（気）$\rightleftarrows$ $2CO$（気）　のような，固体が関係する化学平衡では，固体の濃度$[C$（固）$]$は常に一定とみなせるので，その量の多少は化学平衡には影響しません。したがって，平衡定数Kは，気体成分のモル濃度だけで，次のように表されます。

$$K = \frac{[CO]^2}{[CO_2]} \, [\text{mol/L}]$$

🧪平衡定数の計算

例えば，水素H_2 1.0 mol とヨウ素I_2 1.0 mol を密閉容器に入れ，ある温度に保つと，$H_2 + I_2 \rightleftarrows 2HI$　の可逆反応が平衡状態になります。この反応の平衡定数Kを 36 とし，H_2とI_2がx [mol] ずつ反応して化学平衡に達したとすると，平衡時のヨウ化水素HIの物質量は，次のように求められます。

可逆反応	H_2	$+$	I_2	$\rightleftarrows$	$2HI$
反応前	1.0		1.0		0 〔mol〕
変化量	$-x$		$-x$		$+2x$ 〔mol〕
平衡時	$1.0 - x$		$1.0 - x$		$2x$ 〔mol〕

密閉容器の体積をV〔L〕とし，平衡時の各物質のモル濃度を平衡定数Kの式へ代入します。

$$K = \frac{[HI]^2}{[H_2][I_2]} \text{ より, } 36 = \frac{\left(\dfrac{2x}{V}\right)^2}{\left(\dfrac{1.0-x}{V}\right)\left(\dfrac{1.0-x}{V}\right)}$$

右辺が完全平方式なので，両辺の平方根をとると，

$$\frac{2x}{1.0-x} = \pm 6 \quad (-6 \text{は不適})$$

よって，$2x = 6.0 - 6x$　より，　$x = 0.75$ mol

平衡時のHIの物質量 $= 2x$

$$= 2 \times 0.75 = 1.5 \text{ mol} \quad \text{となります。}$$

🧪 ルシャトリエの原理

　可逆反応が平衡状態にあるとき，反応の条件(濃度，圧力，温度など)を変化させると，一時的に平衡状態がくずれ，反応が左・右いずれかの方向に進んで，最初の平衡状態とは異なる新しい平衡状態になります。このような現象を，**化学平衡の移動**または，単に**平衡の移動**といいます。

　1884年，ルシャトリエ(フランス)は，平衡の移動に関して次のような原理を発表しました。

> 可逆反応が平衡状態にあるとき，濃度・圧力・温度などの条件を変化させると，その影響を打ち消す(和らげる)方向へ平衡が移動する。

　この原理を，**ルシャトリエの原理**または，**平衡移動の原理**といいます[*1](下図)。

*1) この原理は，化学平衡だけでなく，気液平衡や溶解平衡などの物理変化に伴う平衡でも成り立ちます。

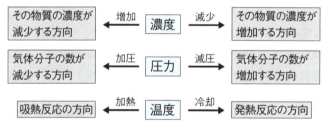

■反応条件の変化と平衡の移動

濃度変化と平衡の移動

可逆反応 $H_2 + I_2 \rightleftarrows 2HI$ が平衡状態にあるとき，温度・体積を一定に保ってH_2を容器に加えると，H_2の減少する方向，すなわち，HIの生成する右方向へ反応が進み，新たな平衡状態になります。

一般に，平衡に関係がある物質を加えてその濃度を増加させると，その物質の濃度を減少させる方向へ平衡が移動します。逆に，平衡に関係がある物質の濃度を減少させると，その物質の濃度を増加させる方向へ平衡が移動します（前ページの図）。

例えば，塩化ナトリウムNaClの飽和水溶液では，次の溶解平衡が成り立ちます。

$$NaCl(固) \rightleftarrows Na^+ + Cl^-$$

ここへ塩化水素HClを通じると，NaClの結晶が析出します（下図）。これは，HClが水に溶けると，NaCl水溶液中の$[Cl^-]$が大きくなり，その影響を打ち消す（$[Cl^-]$を減少させる）左方向へ平衡が移動したためです。このように，電解質の水溶液に，その水溶液中に存在するイオンと共通するイオンを加えると，それらが減少する方向へ平衡が移動し，電解質の溶解度が減少します。このような現象を**共通イオン効果**といいます。

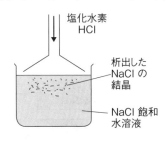

液面付近に，NaClの微結晶が析出し，やがて沈降します。

■共通イオン効果

圧力変化と平衡の移動

常温付近で，二酸化窒素NO_2（褐色）と，四酸化二窒素N_2O_4（無色）は，次のような平衡状態にあります。

$$2NO_2 \rightleftarrows N_2O_4$$

次のページの上図のように，NO_2とN_2O_4の混合気体を注射器に入れ，温度一定で，ピストンを押して加圧すると，その瞬間はNO_2の濃度が大きくなるので，褐色は濃くなりますが，やがて色は少し薄くな

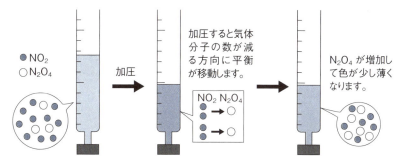

■ $2NO_2 \rightleftharpoons N_2O_4$ の平衡移動（圧力変化）

ります。これは，圧力の増加によって，気体分子の数が減少する右方向へ平衡が移動したためです（p.255の図）。

なお，$H_2 + I_2 \rightleftharpoons 2HI$ のように，反応の前後で気体分子の数が変化しない反応では，圧力を変化させても，平衡は移動しません。

温度変化と平衡の移動

二酸化窒素 NO_2（褐色）から四酸化二窒素 N_2O_4（無色）に変化する反応を，熱化学方程式で表すと次のようになります。

$2NO_2$（気）$= N_2O_4$（気）$+ 57kJ$

平衡状態にある NO_2 と N_2O_4 の混合気体を，体積を一定に保ったまま温水に浸すと，吸熱反応の方向（温度を下げる方向），すなわち左向きに平衡が移動し，褐色が濃くなります（下図，p.255の図）。逆に，氷水に浸した場合は，発熱反応の方向（温度を上げる方向），すなわち右向きに平衡が移動し，褐色が薄くなる変化が見られます。

低温ではN_2O_4（無色）が多く，高温ではNO_2（褐色）が多くなります。

■ $2NO_2 \rightleftharpoons N_2O_4$ の平衡移動（温度変化）

触媒と平衡移動

　触媒は、反応が進む際に越えなければならない活性化エネルギーを小さくするだけなので、正反応の速度だけでなく、逆反応の速度も大きくします。したがって、触媒を加えても、平衡状態に達するまでの時間（反応時間）は短くなりますが、平衡の移動は起こりません。

化学平衡の工業への応用

　窒素 N_2 と水素 H_2 からアンモニア NH_3 を合成する反応の熱化学方程式は、次式で表されます。

　　N_2（気）+ $3H_2$（気）= $2NH_3$（気）+ 92kJ

　この反応が右へ進むと、発熱し、気体分子の数が減少します。ルシャトリエの原理によると、NH_3 の生成率を高めるには、低温・高圧の条件が望ましいことになります。

　しかし、工業的に NH_3 を合成するには、化学平衡だけでなく、反応速度や反応装置、コストなども考慮する必要があります。

(1) 温度を低くしすぎると、反応速度が小さくなり、反応時間が長くなって、生産効率が悪くなる。
(2) 圧力を高くしすぎると、反応装置の強度や安全性に問題が生じる。

　この問題点を、ハーバー（ドイツ）は NH_3 合成に適した触媒を研究し、ボッシュ（ドイツ）は高圧に耐える装置を開発することで解決しました。このような NH_3 の工業的製法を**ハーバー・ボッシュ法**といいます。

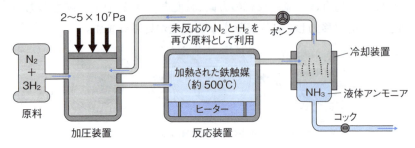

■ハーバー・ボッシュ法によるアンモニアの合成装置（概念図）

■ **8-3** ■ 電解質水溶液の平衡 ■

■8-3■ 電解質水溶液の平衡

学習の目標

● 弱酸や弱塩基が水中で電離したときに成り立つ平衡について学習します。

● 塩類が水に溶けたときに成り立つ平衡について学習します。

🧪 弱酸の電離平衡

強酸である塩化水素 HCl や強塩基である水酸化ナトリウム $NaOH$ を水に溶かすと，ほぼ完全に電離します（p.112参照）。一方，弱酸である酢酸 CH_3COOH を水に溶かすと，その一部の分子だけが電離し，生じたイオンと電離していない分子との間に，次のような平衡が成立します。

$$CH_3COOH + H_2O \rightleftharpoons CH_3COO^- + H_3O^+ \quad \cdots①$$

このような，電解質の電離によって生じる平衡を**電離平衡**といい，このときの平衡定数 K を，特に**電離定数**といいます。

酢酸水溶液の電離平衡を表す①式に対して，化学平衡の法則を適用すると，その平衡定数 K は次式で表されます。

$$K = \frac{[CH_3COO^-][H_3O^+]}{[CH_3COOH][H_2O]}$$

希薄な水溶液では，水のモル濃度 $[H_2O]$ は，他の成分の濃度よりも十分に大きく，一定とみなせます。そこで $K[H_2O]$ も一定になるので，これを K_a で表し，H_3O^+ を H^+ と略記すれば，次式が得られます。

$$K_a = \frac{[CH_3COO^-][H^+]}{[CH_3COOH]} \quad \text{（K_a の a は酸 "acid" を意味します）}$$

この K_a は**酸の電離定数**と呼ばれ，平衡定数 K と同様に，温度が一定ならば，酸の水溶液の濃度に関わらず一定の値をとります。

🧪 弱塩基の電離平衡

弱塩基のアンモニア NH_3 を水に溶かすと，次のような電離平衡が成立します。

259

$$NH_3 + H_2O \rightleftharpoons NH_4^+ + OH^- \quad \cdots ②$$

アンモニアの電離平衡を表す②式に対して，化学平衡の法則を適用すると，その平衡定数Kは次式で表されます。

$$K = \frac{[NH_4^+][OH^-]}{[NH_3][H_2O]}$$

希薄な水溶液では，酢酸のときと同様に，$[H_2O]$は一定とみなせるので，$K[H_2O]$も一定となり，これをK_bで表すと，次式が得られます。

$$K_b = \frac{[NH_4^+][OH^-]}{[NH_3]} \quad (K_bのbは塩基"base"を意味します)$$

このK_bは**塩基の電離定数**とよばれ，平衡定数Kと同様に，温度が一定ならば，塩基の水溶液の濃度に関わらず一定の値をとります。

🧪 弱酸の濃度と電離度の関係

濃度C〔mol/L〕の酢酸水溶液の電離度をαとすると，電離平衡になったとき，水溶液中に存在する各成分の濃度は次の通りです。

$$CH_3COOH \rightleftharpoons CH_3COO^- + H^+$$

平衡時　　$C(1-\alpha)$　　　　$C\alpha$　　　　$C\alpha$　〔mol/L〕

これらの値を酢酸の電離定数K_aの式に代入すると，

$$K_a = \frac{[CH_3COO^-][H^+]}{[CH_3COOH]} = \frac{C\alpha \times C\alpha}{C(1-\alpha)} = \frac{C\alpha^2}{1-\alpha} \text{〔mol/L〕}$$

酢酸のような弱酸では，ふつう，電離度αは1より極めて小さいので(下図)，$1-\alpha \fallingdotseq 1$と近似できます。

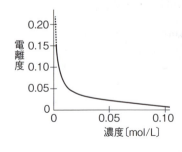

弱酸		電離定数K_a〔mol/L〕
ギ酸	HCOOH	2.8×10^{-4}
酢酸	CH_3COOH	2.7×10^{-5}
炭酸	H_2CO_3 *1	7.7×10^{-7}(第一電離)
硫化水素	H_2S *2	9.5×10^{-8}(第一電離)

*1) $H_2CO_3 \rightleftharpoons H^+ + HCO_3^-$ (第一電離)
*2) $H_2S \rightleftharpoons H^+ + HS^-$ (第一電離)

■酢酸の濃度と電離度の関係(左)，弱酸の電離定数(右)

よって，$K_a = C\alpha^2$　より，$\alpha = \sqrt{\dfrac{K_a}{C}}$　となります。

この関係式を，**オストワルトの希釈律**といい，次のことがわかります。

(1) K_aが同じ弱酸では濃度Cが小さくなるほど電離度αは大きくなる。

(2) 同じ濃度Cの弱酸では電離定数が小さいほどより弱い酸となる。

🧪水の電離平衡

純水もわずかに電離し，電離平衡の状態にあります（p.114参照）。

$$H_2O \rightleftharpoons H^+ + OH^-$$

化学平衡の法則を適用すると，次の関係式が成り立ちます。

$$K = \frac{[H^+][OH^-]}{[H_2O]}$$

$[H_2O]$は一定とみなせるので，$K[H_2O]$も一定となり，これをK_wで表すと，次式が得られます。

$$K_w = [H^+][OH^-]$$

このK_wを**水のイオン積**といい（p.115参照），25℃の純水では，$[H^+] = [OH^-] = 1.0 \times 10^{-7} mol/L$　なので，次の値になります。

$$\boldsymbol{K_w = [H^+][OH^-] = 1.0 \times 10^{-14} (mol/L)^2 \quad (25℃)}$$

この関係式はとても重要で，純水や中性の水溶液だけでなく，酸性や塩基性の水溶液でも，温度が一定ならば，常に成立します。

水のイオン積の関係式を使うと，$[OH^-]$を$[H^+]$に変換し，水溶液の酸性，塩基性の強弱を，$[H^+]$の大小だけで表すことができます。

🧪酸の水溶液のpH

水溶液中の$[H^+]$は，通常，$10^0 \sim 10^{-14} mol/L$のように，非常に広い範囲で変化するので，mol/Lの単位のままでは扱いにくいです。そこで，$[H^+]$の大小を扱いやすくするために，次の**水素イオン指数，pH**（ピーエイチ）が用いられます（p.116参照）。

$$[H^+] = 1 \times 10^{-n} mol/L のとき，pH = n$$

261

■ **8章** ■ 反応の速さと化学平衡

　数学的には，$[H^+]$の常用対数をとり，その値に－の符号をつけて正の値にしたものがpHになります。

$$pH = -\log_{10}[H^+]$$

　例えば，$[H^+] = 1 \times 10^{-2}$mol/Lの水溶液のpHは，前ページの式からpH = 2と求まります。また，$[H^+] = 2 \times 10^{-2}$mol/Lの水溶液のpHは，前ページの式では求まらないので，上の式を使って計算して求めます（$\log_{10}2 = 0.3$とします）。

$$pH = -\log_{10}(2 \times 10^{-2}) = 2 - \log_{10}2 = 1.7 \quad \text{と求まります。}$$

補足 **常用対数とその計算方法, 平方根の指数への変換, 解の公式**

A. $x = 10^n$のとき, nをxの常用対数といい, $n = \log_{10}x$と表されます。また, 常用対数の計算は, 次の公式を用いて行います。

(1) $\log_{10}10 = 1$　　(2) $\log_{10}1 = 0$

(3) $\log_{10}a^n = n\log_{10}a$　　例 $\log_{10}10^2 = 2\log_{10}10 = 2$

(4) $\log_{10}(a \times b) = \log_{10}a + \log_{10}b$

　　例 $\log_{10}20 = \log_{10}(10 \times 2) = \log_{10}10 + \log_{10}2 = 1 + \log_{10}2$

(5) $\log_{10}(a \div b) = \log_{10}a - \log_{10}b$

　　例 $\log_{10}5 = \log_{10}(10 \div 2) = \log_{10}10 - \log_{10}2 = 1 - \log_{10}2$

B. 平方根の指数への変換は次のような公式によります。

(1) $\sqrt{a^p} = a^{\frac{p}{2}}$　　例 $\sqrt{27} = \sqrt{3^3} = 3^{\frac{3}{2}}$

(2) $\sqrt{a \times b} = a^{\frac{1}{2}} \times b^{\frac{1}{2}}$　　例 $\sqrt{6} = \sqrt{2 \times 3} = 2^{\frac{1}{2}} \times 3^{\frac{1}{2}}$

C. 二次方程式 $ax^2 + bx + c = 0$ の解は, 次の解の公式で求められます。

$$x = \frac{-b \pm \sqrt{b^2 - 4ac}}{2a}$$

⚗ 酢酸水溶液のpH

　酢酸の電離定数を2.7×10^{-5}mol/Lとして，次の酢酸水溶液のpHを求めます。ただし，$\log_{10}2 = 0.30$, $\log_{10}2.7 = 0.44$とします。

例1　0.10mol/L酢酸水溶液のpH

$$CH_3COOH \rightleftharpoons CH_3COO^- + H^+$$

平衡時　　$C(1-a)$　　　　　　$C\,a$　　　　　　$C\,a$　　(mol/L)

8-3 ■ 電解質水溶液の平衡 ■

$$K_a = \frac{[\mathbf{CH_3COO^-}][\mathbf{H^+}]}{[\mathbf{CH_3COOH}]} = \frac{C\alpha \times C\alpha}{C(1-\alpha)} = \frac{C\alpha^2}{1-\alpha}$$

酢酸（弱酸）は，ふつう，電離度 α が十分小さいので，$1-\alpha \fallingdotseq 1$ と近似できます（p.260参照）。

$$\alpha = \sqrt{\frac{K_a}{C}} \qquad \text{また，} [\mathbf{H^+}] = C\alpha = C\sqrt{\frac{K_a}{C}} = \sqrt{CK_a}$$

$$[\mathbf{H^+}] = \sqrt{1 \times 10^{-1} \times 2.7 \times 10^{-5}} = \sqrt{2.7 \times 10^{-6}} = 2.7^{\frac{1}{2}} \times 10^{-3} \text{mol/L}$$

$$\text{pH} = -\log_{10}(2.7^{\frac{1}{2}} \times 10^{-3}) = 3 - \frac{1}{2}\log_{10}2.7 = 2.78 \fallingdotseq 2.8 \quad \text{答}$$

例2　1.0×10^{-4} mol/L酢酸水溶液のpH

酢酸の濃度 C がかなり小さくなって，K_a の値に近づくと，電離度 α は大きくなるので，$1-\alpha \fallingdotseq 1$ の近似は使えなくなります。この場合，近似前の二次方程式を解いて α を求める必要があります。

$$K_a = \frac{C\alpha^2}{1-\alpha} \text{より，} C\alpha^2 + K_a\alpha - K_a = 0$$

ここへ，$C = 1.0 \times 10^{-4}$ mol/L，$K_a = 2.7 \times 10^{-5}$ mol/L を代入すると，

$$1.0 \times 10^{-4}\alpha^2 + 2.7 \times 10^{-5}\alpha - 2.7 \times 10^{-5} = 0$$

整理して，$10\alpha^2 + 2.7\alpha - 2.7 = 0$

$\alpha > 0$ を考慮し，二次方程式の解の公式より，

$$\alpha = \frac{-2.7 + \sqrt{2.7^2 + 108}}{20} \fallingdotseq \frac{-2.7 + 10.7}{20} = 0.40$$

よって，$[\mathbf{H^+}] = C\alpha = 1.0 \times 10^{-4} \times 0.40 = 4.0 \times 10^{-5}$ mol/L

$$\text{pH} = -\log_{10}(2^2 \times 10^{-5}) = 5 - 2\log_{10}2 = 4.4 \quad \text{答}$$

🧪 緩衝液

純水に少量の酸や塩基を加えると，水溶液のpHは大きく変化します。しかし，酢酸（弱酸）と酢酸ナトリウム $\mathbf{CH_3COONa}$（弱酸の塩）の混合水溶液や，アンモニア（弱塩基）と塩化アンモニウム $\mathbf{NH_4Cl}$（弱塩基の塩）の混合水溶液に，少量の酸や塩基を加えてもpHはほとんど変化しません。これは，弱酸や弱塩基の電離平衡が，加えた $\mathbf{H^+}$ や $\mathbf{OH^-}$

263

■ 8章 ■ 反応の速さと化学平衡

の濃度増加の影響を打ち消す方向に移動するためです。このような溶液を**緩衝液**といいます。

例えば，酢酸－酢酸ナトリウムの混合水溶液の場合，酢酸は弱酸で，水溶液中では次の電離平衡の状態にあります。

$$CH_3COOH \quad \rightleftharpoons \quad CH_3COO^- + H^+ \quad \cdots ③$$

一方，酢酸ナトリウムは塩なので，水中では完全に電離します。

$$CH_3COONa \quad \longrightarrow \quad CH_3COO^- + Na^+ \quad \cdots ④$$

水溶液中に生じた多量のCH_3COO^-のため，③式の平衡は大きく左に移動します。この水溶液に酸を加えると，次の反応が起こるので，H^+はさほど増えず，pHもほとんど変化しません。

$$CH_3COO^- + H^+ \quad \longrightarrow \quad CH_3COOH$$

また，この水溶液に塩基を加えると，次の反応が起こるので，OH^-はさほど増えず，pHもほとんど変化しません。

$$CH_3COOH + OH^- \quad \longrightarrow \quad CH_3COO^- + H_2O$$

🧪 緩衝液のpH

酢酸－酢酸ナトリウムの緩衝液のpHは，酢酸の電離定数を利用して求められます。例として，0.10 molの酢酸と0.20 molの酢酸ナトリウムを純水に溶かして1.0Lとした水溶液のpHを求めてみます（酢酸の電離定数$K_a = 2.7 \times 10^{-5}$ mol/L，$\log_{10}2 = 0.30$，$\log_{10}2.7 = 0.44$とします）。

酢酸の電離平衡は，酢酸－酢酸ナトリウムの緩衝液中でも，上の③式のように成立しています。

$$K_a = \frac{[CH_3COO^-][H^+]}{[CH_3COOH]} \xrightarrow{\text{変形して}} [H^+] = K_a \frac{[CH_3COOH]}{[CH_3COO^-]} \cdots ⑤$$

酢酸ナトリウムは上の④式のように完全に電離するので，生じた多量のCH_3COO^-により，③式の平衡は大きく左に移動し，酢酸の電離は，事実上，無視することができます。したがって，$[CH_3COOH]$は加えた酢酸の濃度0.10 mol/Lに等しく，$[CH_3COO^-]$は加えた酢酸ナトリウムの濃度0.20 mol/Lに等しくなります。これらを⑤式に代入すると，

264

$$[\mathsf{H}^+] = 2.7 \times 10^{-5} \times \frac{0.10}{0.20} = \frac{2.7}{2} \times 10^{-5}\,\mathrm{mol/L}$$

$$\mathrm{pH} = -\log_{10}\left(\frac{2.7}{2} \times 10^{-5}\right) = 5 - \log_{10}2.7 + \log_{10}2 = 4.86 \fallingdotseq 4.9$$

緩衝液のpHは，使用する弱酸の電離定数K_aによっておよそのpHが決まり，弱酸とその塩の混合比を調整することによって，目的のpHをもつ緩衝液をつくることができます。

難溶性塩の溶解平衡

塩化銀**AgCl**は水に溶けにくい難溶性の塩ですが，ごくわずかだけ水に溶けて，次のような溶解平衡が成り立ちます。

$$\mathsf{AgCl}\,(固) \;\; \rightleftarrows \;\; \mathsf{Ag}^+ + \mathsf{Cl}^- \quad \cdots ⑥$$

⑥式に化学平衡の法則を適用すると，次のようになります。

$$K = \frac{[\mathsf{Ag}^+][\mathsf{Cl}^-]}{[\mathsf{AgCl}\,(固)]}$$

ここで，$[\mathsf{AgCl}\,(固)]$は一定とみなせるので，$K[\mathsf{AgCl}\,(固)]$も一定となり，これをK_{sp}で表すと，次のようになります。

$$\boldsymbol{K_{\mathrm{sp}} = [\mathsf{Ag}^+][\mathsf{Cl}^-]} \qquad \small (K_{\mathrm{sp}}のspは溶解度積“solubility product”を意味します)$$

すなわち，**AgCl**の飽和水溶液中では，$[\mathsf{Ag}^+]$と$[\mathsf{Cl}^-]$の積は一定値となり，このK_{sp}を**AgCl**の**溶解度積**といいます。

溶解度積は，難溶性塩の溶解度を表す指標として使われます。

沈殿生成の判定

水溶液中で陽イオンA^+と陰イオンB^-を反応させたとき，その塩ABの沈殿が生成するか否かは，次のように判定されます。

混合直後のイオン濃度の積$[\mathrm{A}^+][\mathrm{B}^-]$を求め，その値と塩$\mathrm{AB}$の溶解度積$K_{\mathrm{sp}}$を比較すると，沈殿生成の有無は次のようになります。

$[\mathrm{A}^+][\mathrm{B}^-] > K_{\mathrm{sp}}$ （過飽和溶液）… 沈殿を生じる

$[\mathrm{A}^+][\mathrm{B}^-] = K_{\mathrm{sp}}$ （飽和溶液） … 沈殿を生じない

$[\mathrm{A}^+][\mathrm{B}^-] < K_{\mathrm{sp}}$ （不飽和溶液）… 沈殿を生じない

■ 9章 ■ 無機物質

9 ◆章 無機物質

　元素の性質は，元素の周期表の位置によっておおよそ推定できます。元素は，金や銀を代表とする金属元素と，水素や酸素を代表とする非金属元素に分類されます。金属元素は全元素の約80％を占め，陽イオンになりやすく，その単体は電気伝導性，熱伝導性，展性・延性など特有の性質をもっています。一方，非金属元素は希ガスを除いて陰イオンになりやすく，また，共有結合で分子をつくるものが多く，その単体は電気や熱を導きにくい性質などをもっています。

　この章では，周期表に基づいて，各族を代表する非金属元素と金属元素の単体・化合物について，その製法や性質，用途などについて系統的に学習していきます。

9-1 ハロゲン

学習の目標

● 17族元素（ハロゲン）の単体と化合物について学習します。

⚗ ハロゲンの単体

　周期表の17族に属するフッ素F，塩素Cl，臭素Br，ヨウ素Iなどの元素を**ハロゲン**といいます。ハロゲンの原子は，価電子の数が7個で，1価の陰イオンになりやすい性質があります。

　ハロゲンの単体は，いずれも二原子分子で，有色で刺激臭があり，毒性もあります（次ページの上表）。

　いずれも，他の物質から電子を奪う力（**酸化力**）があり，その強さは，次の順になります。[*1]

フッ素F_2＞塩素Cl_2＞臭素Br_2＞ヨウ素I_2

＊1）原子の半径が小さくなるほど，他から電子を取り込む力（酸化力）が強くなります。

266

■ハロゲンの単体

単体	フッ素 F_2	塩素 Cl_2	臭素 Br_2	ヨウ素 I_2
色・状態 （常温・常圧）	淡黄色 気体	黄緑色 気体	赤褐色 液体	黒紫色 固体
融点・沸点*2	低 ——————————————→ 高			

*2）分子量が大きくなるほど，分子間力が強くなり，融点・沸点は高くなります。

ハロゲンの単体と水素H_2との反応性は，次の表のようになります。

■ハロゲンの単体と水素との反応

水素との反応	F_2	反応性 大	低温・暗所でも爆発的に反応する
	Cl_2	↑	常温で光があれば爆発的に反応する
	Br_2		高温（触媒下）ならば反応する
	I_2	小	高温（触媒下）でも一部しか反応しない（平衡状態）

フッ素F_2

フッ素F_2は極めて酸化力が強く，水H_2Oと激しく反応して酸素O_2を発生します。

$$2F_2 + 2H_2O \longrightarrow 4HF + O_2$$

塩素Cl_2

塩素Cl_2は反応性に富み，多くの元素と化合物（**塩化物**）をつくります。また，塩素は水に溶け，その水溶液（**塩素水**）中では一部が水と反応して，塩化水素HClと次亜塩素酸$HClO$が生じます。

$$Cl_2 + H_2O \rightleftarrows HCl + HClO$$

$HClO$は酸化作用が強く，塩素水は水道水の殺菌や色素の漂白などに利用されます（p.165参照）。

267

塩素は，実験室では，酸化マンガン(Ⅳ) MnO_2 に濃塩酸 HCl を加え，加熱してつくります。

$$MnO_2 + 4HCl \longrightarrow MnCl_2 + Cl_2 + 2H_2O$$

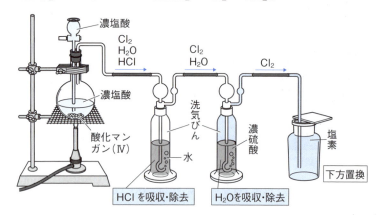

発生した Cl_2 には，濃塩酸から揮発した HCl と H_2O が混合しています。そこで，水に通して HCl を除き，続いて濃硫酸で水蒸気を除き，乾燥します。また，Cl_2 は水に少し溶け，空気より重いので，下方置換で捕集します。

■塩素 Cl_2 の製法

ヨウ素 I_2

ヨウ素 I_2 は水にあまり溶けませんが，ヨウ化カリウム KI 水溶液には三ヨウ化物イオン I_3^- となって溶け，褐色の**ヨウ素溶液**になります。

ハロゲン化水素

ハロゲンと水素の化合物を**ハロゲン化水素**といいます。ハロゲン化水素は，いずれも無色・刺激臭のある気体で，有毒です（下表）。

■ハロゲン化水素

名称	化学式	沸点(℃)	水溶液の名称	酸の性質
フッ化水素	HF	20	フッ化水素酸	弱酸
塩化水素	HCl	－85	塩酸	強酸
臭化水素	HBr	－67	臭化水素酸	強酸
ヨウ化水素	HI	－35	ヨウ化水素酸	強酸

フッ化水素 HF

　フッ化水素 HF は，実験室では，ホタル石 CaF_2（主成分はフッ化カルシウム）に濃硫酸 H_2SO_4 を加えて加熱すると得られます（p.125 参照）。

$$CaF_2 + H_2SO_4 \longrightarrow CaSO_4 + 2HF$$
　弱酸の塩　　　強酸　　　　強酸の塩　　　弱酸

　フッ化水素は，他のハロゲン化水素に比べて，著しく沸点が高いです（次図）。

　フッ化水素の水溶液であるフッ化水素酸は弱酸ですが，ガラスを腐食する性質があります。

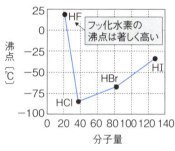
■フッ化水素の沸点の特異性

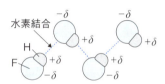
水素結合によって，フッ化水素の沸点は著しく高くなります。
■フッ化水素の水素結合

塩化水素 HCl

　塩化水素 HCl は，実験室では，塩化ナトリウム NaCl に濃硫酸を加えて穏やかに加熱すると得られます[*1]。

$$NaCl + H_2SO_4 \longrightarrow NaHSO_4 + HCl$$
揮発性の酸の塩　不揮発性の酸　　不揮発性の酸の塩　揮発性の酸

　塩化水素はアンモニア NH_3 と反応して，塩化アンモニウム NH_4Cl の白煙を生じます（HCl と NH_3 の相互の検出）。

$$NH_3 + HCl \longrightarrow NH_4Cl$$

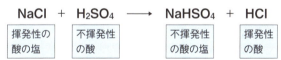
■塩化水素の製法

*1）加熱しないときは，左辺の H_2SO_4 と右辺の HCl はともに強酸なので，反応は平衡状態となり，どちらの方向にも進行しません。加熱すると，不揮発性の H_2SO_4 に変化はないですが，揮発性の HCl は気体となって反応系から出ていくので，反応は右向きに進行するようになります。

9-2 酸素と硫黄

学習の目標
- 16族元素の酸素，硫黄の単体と化合物について学習します。

酸素とオゾン

酸素 O_2 は，無色・無臭の気体で，空気中に体積比で約21%含まれます。実験室では，過酸化水素 H_2O_2 水に酸化マンガン(Ⅳ) MnO_2 (触媒) を加えてつくります。

$$2H_2O_2 \xrightarrow{MnO_2} 2H_2O + O_2$$

空気中の酸素は，植物の光合成によってつくられ，生物の呼吸に不可欠な気体です。

オゾン O_3 は，酸素 O_2 の同素体(p.14参照)で，淡青色，特異臭をもつ有毒の気体です。実験室では，酸素を無声放電(下図)してつくります。強い酸化作用があり，飲料水の殺菌や空気の浄化などに使われます。

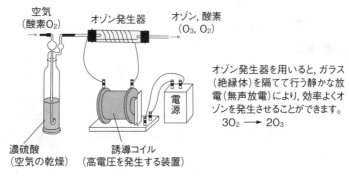

オゾン発生器を用いると，ガラス(絶縁体)を隔てて行う静かな放電(無声放電)により，効率よくオゾンを発生させることができます。
$$3O_2 \longrightarrow 2O_3$$

■オゾン O_3 の製法

酸化物の性質

酸素は反応性が大きく，多くの元素と化合物(**酸化物**)をつくります。陽性の強い金属元素には，イオン結合性の**塩基性酸化物**を，陰性の強い非金属元素とは，共有結合性の**酸性酸化物**を，両性元素(p.286参照)とは，酸とも塩基とも反応する**両性酸化物**をつくります。

■第3周期の元素の酸化物

族	1	2	13	14	15	16	17
酸化物[*1]	Na_2O	MgO	Al_2O_3	SiO_2	P_4O_{10}	SO_3	Cl_2O_7
(分類)	塩基性酸化物		両性酸化物	酸性酸化物			
水酸化物	$NaOH$	$Mg(OH)_2$	$Al(OH)_3$				
オキソ酸[*2]				H_2SiO_3	H_3PO_4	H_2SO_4	$HClO_4$
性質	強 ← 塩基性 → 弱		両性	弱 ←――― 酸性 ―――→ 強			

[*1] 酸化物は,その元素の最高酸化数をもつものを示しています。
[*2] 分子中にO原子を含んだ酸を**オキソ酸**といい,中心の非金属原子にヒドロキシ基−OHとO原子が結合した構造をしています。

🧪 硫黄の単体

硫黄Sの単体には,**斜方硫黄**,**単斜硫黄**,**ゴム状硫黄**などの同素体（p.15参照）が存在します。このうち,斜方硫黄と単斜硫黄は結晶を構成していますが,ゴム状硫黄は無定形固体です。

■硫黄の同素体

🧪 硫黄の化合物

二酸化硫黄 SO_2

硫黄Sを空気中で燃焼させると,二酸化硫黄SO_2が発生します。

$$S + O_2 \longrightarrow SO_2$$

二酸化硫黄は,無色,刺激臭のある有毒な気体で,水に溶けて亜硫酸H_2SO_3を生じ,弱い酸性を示します。

$$SO_2 + H_2O \rightleftharpoons H_2SO_3 \rightleftharpoons H^+ + HSO_3^- \quad \text{(亜硫酸水素イオン)}$$

また,二酸化硫黄は穏やかな還元作用をもち,動物性繊維（羊毛や絹）の漂白などに用いられます。

硫化水素 H₂S

硫化水素 H₂S は，火山ガスや温泉水などに含まれ，無色，腐卵臭のある有毒な気体です。

実験室では，硫化鉄(Ⅱ) FeS に希硫酸 H₂SO₄ または希塩酸 HCl を加えて発生させます（下図）。

$$FeS + H_2SO_4 \longrightarrow FeSO_4 + H_2S$$

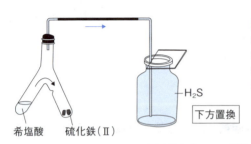

H₂S は水に少し溶け，空気より重いので，下方置換で捕集します。また，H₂S は毒性が強いので，この実験は風通しのよい場所で行います。

■硫化水素 H₂S の製法

硫化水素は水に少し溶けて弱い酸性を示します。

$$H_2S \rightleftarrows H^+ + HS^- \quad （硫化水素イオン）$$
$$HS^- \rightleftarrows H^+ + S^{2-} \quad （硫化物イオン）$$

硫化水素は，多くの金属イオンと反応して，水に溶けにくい化合物（**硫化物**）の沈殿をつくるので，金属イオンの分析に用いられます（下表，p.299参照）。

■硫化物の沈殿

	中性，塩基性で沈殿する		酸性，中性，塩基性で沈殿する	
硫化物の沈殿（色）	**FeS**（黒） 硫化鉄(Ⅱ)	**NiS**（黒） 硫化ニッケル(Ⅱ)	**PbS**（黒） 硫化鉛(Ⅱ)	**CuS**（黒） 硫化銅(Ⅱ)
	ZnS（白） 硫化亜鉛	**MnS**（淡赤） 硫化マンガン(Ⅱ)	**CdS**（黄） 硫化カドミウム	**Ag₂S**（黒） 硫化銀

K⁺, Na⁺, Mg²⁺, Ca²⁺ は硫化物の沈殿を生じません。

また，硫化水素は強い還元作用をもちますが，反応後に硫黄 S が沈殿するので，漂白剤には用いられません。

$$H_2S \longrightarrow S + 2H^+ + 2e^-$$

🧪 硫酸

硫酸 H_2SO_4 は，工業的には，酸化バナジウム(V) V_2O_5 を触媒に用いて，**接触法**でつくられます(下図)。

接触法では，まず硫黄Sの燃焼で得られた二酸化硫黄 SO_2 を，酸化バナジウム(V)を触媒として酸化し，三酸化硫黄 SO_3 をつくります。さらに，三酸化硫黄を濃硫酸に吸収させて発煙硫酸とし，これを希硫酸に吸収させて濃硫酸とします。

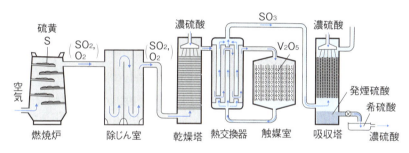

■接触法による硫酸の製造

濃硫酸の性質

(1) 沸点が高く，**不揮発性**の酸です。
(2) **吸湿性**が強く，乾燥剤として用いられます。
(3) 有機化合物に対し，$H:O = 2:1$ の割合で奪う**脱水作用**があります。
(4) 加熱した濃硫酸(**熱濃硫酸**)には，強い**酸化作用**があります。したがって，熱濃硫酸はイオン化傾向の小さい銅Cuや銀Agも溶かすことができます。

希硫酸の性質

(1) 電離度が大きく，**強酸性**を示します。したがって，希硫酸はイオン化傾向の大きい亜鉛Znや鉄Feなどの金属と反応して水素 H_2 を発生します。

9-3 窒素とリン

学習の目標
- 15族元素の窒素，リンの単体と化合物について学習します。

A 窒素の単体と化合物

窒素 N_2

窒素 N_2 は無色・無臭の気体で，空気中に体積比で約78%含まれます。常温では化学的に安定で，液体窒素は冷却剤に用いられます。

アンモニア NH_3

アンモニア NH_3 は無色，刺激臭のある気体で，水によく溶け，弱塩基性を示します。また，空気より軽いので，上方置換で捕集します。実験室では，塩化アンモニウム NH_4Cl と水酸化カルシウム $Ca(OH)_2$ の混合物を加熱すると得られます（下図）。

$$2NH_4Cl + Ca(OH)_2 \longrightarrow CaCl_2 + 2NH_3 + 2H_2O$$

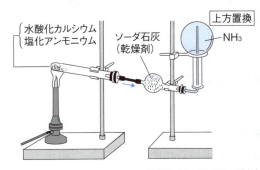

生成した H_2O が凝縮して水滴となり，試験管の底に落ちていかないように，試験管の口を少し下げておきます。NH_3 の乾燥剤としては，塩基性の酸化カルシウム CaO またはソーダ石灰（CaO と $NaOH$ の混合物）が適当です。NH_3 は水によく溶け，空気より軽いので，上方置換で捕集します。

■アンモニア NH_3 の製法

工業的には，四酸化三鉄 Fe_3O_4 を触媒に用いて，窒素 N_2 と水素 H_2 から直接合成されます。このアンモニアの工業的製法を，**ハーバー・ボッシュ法**といいます（p.258参照）。

$$N_2 + 3H_2 \rightleftarrows 2NH_3$$

一酸化窒素 NO

一酸化窒素 NO は，無色で，水に溶けにくい気体です。実験室では，銅 Cu に希硝酸 HNO_3 を反応させ，水上置換で捕集します（次ページ図左）。

$$3Cu + 8HNO_3 \longrightarrow 3Cu(NO_3)_2 + 2NO + 4H_2O$$

一酸化窒素は，空気中で速やかに酸化され，褐色の二酸化窒素NO_2になります。

$$2NO + O_2 \longrightarrow 2NO_2$$

二酸化窒素NO_2

二酸化窒素NO_2は褐色をした刺激臭のある有毒な気体で，水に溶けやすい。実験室では，銅に濃硝酸HNO_3を反応させ，下方置換で捕集します（下図の右）。

$$Cu + 4HNO_3 \longrightarrow Cu(NO_3)_2 + 2NO_2 + 2H_2O$$

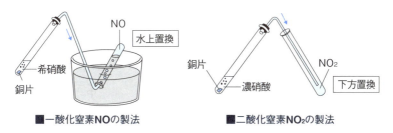

■一酸化窒素NOの製法　　■二酸化窒素NO_2の製法

硝酸

硝酸HNO_3の工業的製法を，**オストワルト法**といいます。

① 白金Pt触媒を用いて，アンモニアと空気を高温で反応させます。
$$4NH_3 + 5O_2 \longrightarrow 4NO + 6H_2O \quad \cdots ①$$
② 生成した気体を冷却すると，一酸化窒素は二酸化窒素になります。
$$2NO + O_2 \longrightarrow 2NO_2 \quad \cdots ②$$
③ 二酸化窒素を水と反応させると，硝酸と一酸化窒素に変化します（**NO**は原料ガスとして再利用します）。
$$3NO_2 + H_2O \longrightarrow 2HNO_3 + NO \quad \cdots ③$$

（①＋②×3＋③×2）÷4より，中間生成物の**NO**, NO_2を消去すると，

〔全体の反応式〕　$NH_3 + 2O_2 \longrightarrow HNO_3 + H_2O$

硝酸の性質

(1) 濃硝酸,希硝酸いずれも強い酸性を示し,強い酸化作用も示します。→塩酸や希硫酸に溶けない銅Cuや銀Agも,硝酸には溶けます。

(2) アルミニウムAl,鉄Fe,ニッケルNiなどの金属は,希硝酸とは反応しますが,濃硝酸とは反応しません。これは,金属表面に緻密な酸化被膜を生じ,内部が保護されてしまうからです。このような状態を**不動態**といいます(p.162参照)。

リンの単体と化合物

リンPの単体には,**黄リン,赤リン**などの同素体(p.15参照)があります。

黄リンは,淡黄色をした猛毒の固体です。空気中で自然発火するので,水中で保存します。現在,製造が中止されています。

赤リンは,赤褐色の粉末(微毒)で,空気中では自然発火しません。発火剤として,マッチの側薬に利用されます。

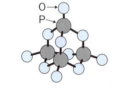

■十酸化四リン P_4O_{10} の構造

空気中で赤リンに点火すると,激しく白煙をあげて燃焼します。生成した十酸化四リン P_4O_{10} は,白色の粉末で,吸湿性や潮解性(p.130, 281参照)が強いことから,強力な乾燥剤に利用されます。

十酸化四リンに水を加えて加熱すると,リン酸 H_3PO_4 が得られます。

$P_4O_{10} + 6H_2O \longrightarrow 4H_3PO_4$

リン酸は無色の結晶で,水によく溶け,中程度の酸性を示します。リン酸は3価の酸で,水溶液中では,次のように三段階に電離します(p.110参照)。

$H_3PO_4 \rightleftarrows H^+ + H_2PO_4^-$ (リン酸二水素イオン)

$H_2PO_4^- \rightleftarrows H^+ + HPO_4^{2-}$ (リン酸水素イオン)

$HPO_4^{2-} \rightleftarrows H^+ + PO_4^{3-}$ (リン酸イオン)

9-4 炭素とケイ素

学習の目標
- 14族元素の炭素，ケイ素の単体と化合物について学習します。

炭素の単体

炭素Cは，石油・木材・プラスチックなどの有機化合物(p.300参照)の構成元素で，生命活動にとって最も重要な働きをしています。

炭素の単体には，**ダイヤモンド，黒鉛，フラーレン，カーボンナノチューブ**などの同素体があります(下図, p.14参照)。ダイヤモンドは無色の結晶で，非常に硬く，電気を通しません(p.61参照)。黒鉛(グラファイト)は黒色の結晶で，軟らかく，電気をよく通します。木炭やカーボンブラックは，微小な黒鉛が不規則に集まったもので，**無定形炭素**と呼ばれます。

フラーレン C_{60}
C_{60}はサッカーボール状で，比較的分子が小さいので有機溶媒に溶けます。

カーボンナノチューブ
黒鉛の平面層状構造を筒状に丸めた構造をしており，一方の先端が閉じたものをカーボンナノホーンといいます。

■フラーレンとカーボンナノチューブ

炭素の化合物

一酸化炭素COの性質

(1) 無色・無臭の気体で，極めて有毒です。有毒なのは，血液中のヘモグロビンと強く結合し，酸素O_2の運搬を阻害するためです。
(2) 水に溶けにくい気体で，水上置換で捕集します。
(3) 可燃性で，空気中で青い炎をあげて燃焼します。
(4) 高温では**還元性**を示すので，鉄の製錬に利用されます(p.292参照)。

$$Fe_2O_3 + 3CO \longrightarrow 2Fe + 3CO_2$$

実験室では，次ページの図のように，ギ酸HCOOHを濃硫酸で脱水して得られます。

$$HCOOH \longrightarrow CO + H_2O$$

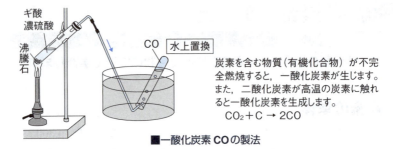

■一酸化炭素COの製法

炭素を含む物質（有機化合物）が不完全燃焼すると、一酸化炭素が生じます。また、二酸化炭素が高温の炭素に触れると一酸化炭素を生成します。
$$CO_2 + C \rightarrow 2CO$$

二酸化炭素CO₂の性質

(1) 無色・無臭の気体で、空気中に体積比で約0.04%含まれます。

(2) 水に少し溶け、水溶液（**炭酸水**）は、弱い酸性を示します。
$$CO_2 + H_2O \rightleftarrows \underset{炭酸}{H_2CO_3} \rightleftarrows H^+ + HCO_3^-$$

(3) 石灰水（水酸化カルシウムCa(OH)₂水溶液）と反応すると、炭酸カルシウムCaCO₃の沈殿を生じて白濁します（CO_2の検出）。
$$Ca(OH)_2 + CO_2 \longrightarrow CaCO_3 + H_2O$$

(4) 固体（**ドライアイス**）は、冷却剤として用いられます。

(5) 赤外線をよく吸収し、地球の気温を上昇させる働きをする気体（温室効果ガス）の1つです。

実験室では、石灰石（主成分はCaCO₃）に希塩酸を加えて得られます。
$$CaCO_3 + 2HCl \longrightarrow CaCl_2 + CO_2 + H_2O$$

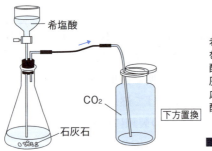

希塩酸の代わりに希硫酸を用いると、難溶性の硫酸カルシウムCaSO₄が石灰石の表面を覆い、反応が停止するので、希硫酸は使用できません。

■二酸化炭素CO₂の製法

🧪 ケイ素の単体

ケイ素Siの単体は灰黒色の金属光沢を示し、ダイヤモンドと同じ結

晶構造からなる共有結合の結晶です(下図, p.63参照)。
　高純度のものは, 金属と非金属の中間程度の電気伝導性を示すので, **半導体**として, 太陽電池や電子部品(IC)などに用いられます。

Si-Si結合(226kJ/mol)は, C-C結合(354kJ/mol)に比べて弱いので, 光や熱により, 結晶中に価電子が遊離して, わずかに電気伝導性を示します(半導体)。

■ケイ素の結晶構造

🧪 ケイ素の化合物

二酸化ケイ素SiO₂の性質

(1) 自然界には, 石英, 水晶(透明), ケイ砂(粉末)などとして存在します。
(2) 無色透明で, 硬くて融点が高いです。
(3) **SiO₄四面体**を単位とする共有結合の結晶です(p.63参照)。

　ケイ素の化合物(**ケイ酸塩**)は, ガラスや陶磁器などの**セラミックス**の原料として利用されます。また, 乾燥剤に使われるシリカゲルは, 二酸化ケイ素の粉末(ケイ砂)から, 下図のような反応でつくります。

■SiO₂の結晶構造

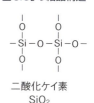

二酸化ケイ素 SiO₂

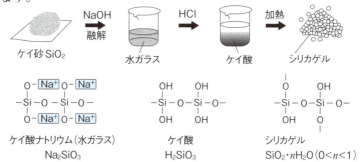

ケイ酸ナトリウムに水を加えて加熱して得られた粘性のある液体を**水ガラス**といいます。

■シリカゲルのつくり方

■ **9章** ■ 無機物質

9-5 アルカリ金属

学習の目標

●アルカリ金属の単体と化合物について学習します。

アルカリ金属の単体

元素の周期表の1族元素のうち、水素Hを除く、リチウムLi、ナトリウムNa、カリウムKなどを、**アルカリ金属**といいます。アルカリ金属の原子は価電子を1個もち、1価の陽イオンになりやすい性質があります（p.35参照）。

アルカリ金属の単体は、銀白色の軟らかい金属で、融点が低く、密度も小さいなどの性質をもっています（下表）。

*1）これは、アルカリ金属は1原子あたりの自由電子の数が1個と少なく、また、他の金属原子に比べて原子の半径も大きく、金属結合がかなり弱いためです。

■アルカリ金属（Li, Na, K, Rb, Cs）の性質

金属	イオン化エネルギー〔kJ/mol〕		反応性	単体				炎色反応
				密度〔g/cm³〕		融点〔℃〕		
Li	520	小	小	0.53	水に浮く	181	強	赤
Na	496			0.97		98		黄
K	419	陽性		0.86		64	金属結合	赤紫
Rb	403			1.53		39		深赤
Cs	376	大	大	1.87		28	弱	青紫

化学的に活発で、空気中では速やかに酸化されます。

$$4Na + O_2 \longrightarrow 2Na_2O$$

常温で、水と激しく反応して水素H_2を発生し、水酸化物を生じます。

$$2Na + 2H_2O \longrightarrow 2NaOH + H_2$$

このため、アルカリ金属の単体は、石油中で保存されます（次ページの図）。また、アルカリ金属の元素は、特有な炎色反応（p.16参照）を示します。

9-5 アルカリ金属

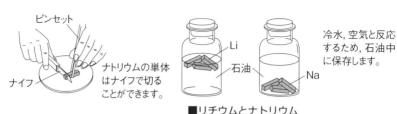
■リチウムとナトリウム

🧪 アルカリ金属の化合物

水酸化ナトリウム NaOH

水酸化ナトリウム NaOH は白色の固体で，空気中に放置すると，水蒸気を吸収して水溶液となります。この現象を**潮解**といいます。

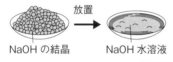

潮解は，水酸化カリウム KOH，塩化カルシウム $CaCl_2$ などでも見られます。

■潮解

水酸化ナトリウムの水溶液は強い塩基性を示し，皮膚や粘膜を激しく侵します。また，空気中の二酸化炭素 CO_2 を吸収して，炭酸ナトリウム Na_2CO_3（炭酸塩）に変化していきます。

$NaOH + CO_2 \longrightarrow Na_2CO_3 + H_2O$

水酸化ナトリウムは，紙パルプや合成繊維の製造，セッケンの原料など，化学工業の分野で広く用いられています。

炭酸ナトリウム Na_2CO_3

炭酸ナトリウムは白色の粉末で，水に溶けて塩基性を示します。水溶液から再結晶させて得られる無色透明な結晶は，炭酸ナトリウム十水和物 $Na_2CO_3 \cdot 10H_2O$ です。この結晶を空気中に放置すると，水和水の一部を失って，白色粉末の炭酸ナトリウム一水和物 $Na_2CO_3 \cdot H_2O$ になります。この現象を**風解**といいます。

炭酸ナトリウムは，ガラスやセッケンの材料として用いられます。

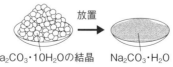

風解は，硫酸ナトリウム十水和物 $Na_2SO_4 \cdot 10H_2O$ などでも見られます。

■風解

281

炭酸水素ナトリウム NaHCO₃

炭酸水素ナトリウム **NaHCO₃** は白色の粉末で，水に少し溶けて弱塩基性を示します。加熱すると分解して二酸化炭素を発生します。炭酸水素ナトリウムは，重曹とも呼ばれ，ベーキングパウダー，胃腸薬，発泡性の入浴剤などに利用されます。

🧪 アンモニアソーダ法

炭酸ナトリウム **Na₂CO₃** の工業的製法は，**アンモニアソーダ法** または，**ソルベー法** (ベルギーのソルベーが考案) とも呼ばれます (下図)。

塩化ナトリウム **NaCl** の飽和水溶液にアンモニア **NH₃** と二酸化炭素 **CO₂** を吹き込み，炭酸水素ナトリウム **NaHCO₃** を沈殿させます。

$$NaCl + NH_3 + CO_2 + H_2O \longrightarrow NaHCO_3 + NH_4Cl$$

これを熱分解すると，炭酸ナトリウムが得られます。

$$2NaHCO_3 \longrightarrow Na_2CO_3 + CO_2 + H_2O$$

アンモニアソーダ法は，反応の過程で生成する **CO₂** と **NH₃** を回収して，再利用しており，経済的に優れた反応プロセスです。

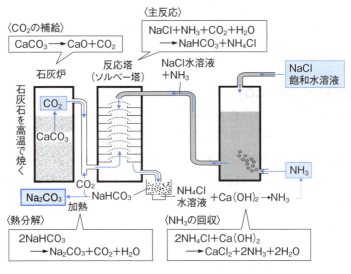

■アンモニアソーダ法 (ソルベー法)

■ **9-6** ■ アルカリ土類金属 ■

9-6 アルカリ土類金属

学習の目標

● アルカリ土類金属の単体と化合物について学習します。

アルカリ土類金属の単体

2族元素の原子は，価電子を2個もち，2価の陽イオンになりやすい性質があります。2族元素のうち，ベリリウム Be とマグネシウム Mg を除く，カルシウム Ca，ストロンチウム Sr，バリウム Ba，ラジウム Ra の4元素を**アルカリ土類金属**といい，特によく似た性質を示します。

アルカリ土類金属の単体は，アルカリ金属に次いで反応性が大きく，常温で水 H_2O と反応して水素 H_2 を発生し，水酸化物を生じます。

$$Ca + 2H_2O \longrightarrow Ca(OH)_2 + H_2$$

また，アルカリ土類金属の元素は，特有の炎色反応を示しますが，Be，Mg は常温の水とも反応せず，炎色反応も示しません（p.16参照）。

■アルカリ土類金属の炎色反応

元素	カルシウム Ca	ストロンチウム Sr	バリウム Ba	ラジウム Ra
炎色反応	橙赤	紅（深赤）	黄緑	桃

アルカリ土類金属の化合物

酸化カルシウム CaO

酸化カルシウム CaO は**生石灰**とも呼ばれる白色の固体で，水とは発熱しながら激しく反応し，水酸化カルシウム $Ca(OH)_2$ になります。

$$CaO + H_2O \longrightarrow Ca(OH)_2$$

酸化カルシウムは，乾燥剤や発熱剤として利用されます。

水酸化カルシウム Ca(OH)₂

水酸化カルシウム $Ca(OH)_2$ は**消石灰**とも呼ばれる白色の粉末で，水に少し溶けて，強い塩基性を示します。水酸化カルシウムは，白壁の材料，酸性土壌の中和剤などとして利用されます。

283

水酸化カルシウムの水溶液を**石灰水**といい、二酸化炭素CO_2を通じると、炭酸カルシウム$CaCO_3$の白色沈殿を生じます（p.17, 278参照）。

$$Ca(OH)_2 + CO_2 \longrightarrow CaCO_3 + H_2O$$

このとき、さらにCO_2を通じると、この沈殿は**炭酸水素カルシウム$Ca(HCO_3)_2$**となって溶解し[*1]、無色透明の水溶液になります（下図）。

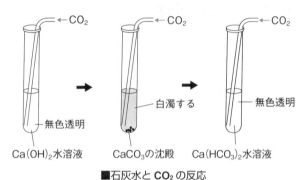

■石灰水とCO_2の反応

$$CaCO_3 + CO_2 + H_2O \rightleftarrows Ca(HCO_3)_2$$

*1) 炭酸水素カルシウム$Ca(HCO_3)_2$が水に溶けやすいのは、Ca^{2+}とHCO_3^-の間に働く静電気的な引力が、Ca^{2+}とCO_3^{2-}の間に働く静電気的な引力よりも、かなり弱いためです。

石灰岩地帯では、二酸化炭素を多く含んだ地下水が石灰岩（主成分は炭酸カルシウム$CaCO_3$）を徐々に溶かして、**鍾乳洞**をつくります。一方、上式の反応が逆向きに進むと、鍾乳洞内に**鍾乳石**や**石筍**などがつくられます。

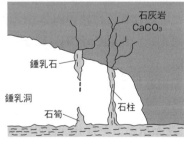

■鍾乳洞

$CaCO_3$がCO_2を溶かした水に長時間触れていると、上式の正反応が起こり、鍾乳洞ができます。逆に、$CaCO_3$を溶かした水溶液からCO_2が空気中へ放出されると、上式の逆反応が起こり、鍾乳石や石筍、石柱ができます。

硫酸カルシウム $CaSO_4$

硫酸カルシウム $CaSO_4$ は，**セッコウ** $CaSO_4 \cdot 2H_2O$ として天然に存在します。セッコウを約140℃に加熱すると，水和水の一部を失って，白色粉末状の**焼きセッコウ** $CaSO_4 \cdot \frac{1}{2} H_2O$ となります。

これを適量の水と練って放置すると，少し膨張しながら，再びセッコウとなって固まります（下図）。

$$CaSO_4 \cdot 2H_2O \underset{水}{\overset{加熱}{\rightleftarrows}} CaSO_4 \cdot \frac{1}{2}H_2O + \frac{3}{2}H_2O$$

この性質を利用して，セッコウはセッコウ細工や不燃性のセッコウボードとして建築材料などに利用されます。

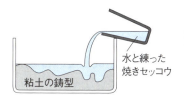

焼きセッコウは，水和水を取り込みながら溶解度の小さいセッコウとなって固まります。

■焼きセッコウによるセッコウ細工

塩化カルシウム $CaCl_2$

塩化カルシウム $CaCl_2$ は，アンモニアソーダ法の副生成物として，多量に得られます。水に溶けやすく，吸湿性が高いので，乾燥剤として用いられます。また，冬季には道路の凍結防止剤や融雪剤として使用されます。[*1]

---

*1) 塩化カルシウムは電解質で，水に溶けると，$CaCl_2 \longrightarrow Ca^{2+} + 2Cl^-$ のように電離します。このとき，溶質粒子の数が3倍となり，凝固点降下が大きく現れます。したがって，降雪前に道路に散布しておけば，降雪があっても，生じた $CaCl_2$ 水溶液の凝固点降下によって，道路は凍結しにくくなります。また，降雪後に道路に散布した場合，吸湿性の強い $CaCl_2$ は周囲から水を吸収して溶けますが，そのとき熱を放出するので，雪の一部を融解させることができます。

9-7 両性元素

学習の目標
- 両性元素のアルミニウム Al，亜鉛 Zn，スズ Sn，鉛 Pb の単体と化合物について学習します。

🧪 アルミニウムの単体

アルミニウム Al 原子は価電子3個を放出して，3価の陽イオン Al^{3+} になりやすい性質をもっています。

アルミニウムは，軽くて軟らかい銀白色の金属で，展性・延性に富んでいます。また，電気や熱の伝導性も大きい金属です（p.65参照）。

Al と銅 Cu およびマグネシウム Mg などとの合金は**ジュラルミン**と呼ばれ，軽くて強度が大きいので，航空機の機体などに利用されます。

Al，Zn，Sn，Pb の単体は，酸・強塩基の水溶液と反応して水素 H_2 を発生します。このような元素を，**両性元素**といいます。

$$2Al + 6HCl \longrightarrow 2AlCl_3 + 3H_2$$
$$2Al + 2NaOH + 6H_2O \longrightarrow 2Na[Al(OH)_4] + 3H_2$$
テトラヒドロキシドアルミン酸ナトリウム

アルミニウムの単体は，その鉱石の**ボーキサイト**を精製して得られた酸化アルミニウム（**アルミナ**ともいいます）Al_2O_3 を高温で融解し，それを**溶融塩電解**（融解塩電解）すると得られます（p.163参照）。

酸化アルミニウムの融点は2000℃以上もあるので，その

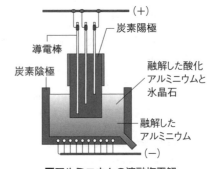

■アルミニウムの溶融塩電解

融点を下げるために，約1000℃で融解させた氷晶石 Na_3AlF_6 に，酸化アルミニウムを少しずつ加えながら溶融塩電解を行います。

アルミニウムの化合物

水酸化アルミニウム Al(OH)₃

アルミニウムイオン Al^{3+} を含む水溶液に,少量の水酸化ナトリウム NaOH水溶液,またはアンモニア NH_3 水を加えると,水酸化アルミニウム $Al(OH)_3$ の白色沈殿が生成します。

$$Al^{3+} + 3OH^- \longrightarrow Al(OH)_3$$

水酸化アルミニウムは,**両性水酸化物**と呼ばれ,酸・強塩基の水溶液と反応して溶解しますが,アンモニア水には溶解しません。

$$Al(OH)_3 + 3HCl \longrightarrow AlCl_3 + 3H_2O$$
$$Al(OH)_3 + NaOH \longrightarrow Na[Al(OH)_4]$$

ミョウバン AlK(SO₄)₂・12H₂O

硫酸アルミニウム $Al_2(SO_4)_3$ と硫酸カリウム K_2SO_4 の混合水溶液を濃縮すると,**ミョウバン**と呼ばれる $AlK(SO_4)_2 \cdot 12H_2O$ の無色透明な結晶が得られます(右図)。

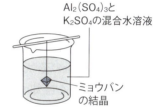

■ミョウバンの生成

ミョウバンのように,複数の塩が一定の割合で結合し,もとの成分イオンがそのまま存在している塩を**複塩**といい,水に溶かすと各成分イオンに電離します。

$$AlK(SO_4)_2 \cdot 12H_2O \longrightarrow Al^{3+} + K^+ + 2SO_4^{2-} + 12H_2O$$

アルミニウムの主な反応は,次のようにまとめられます。

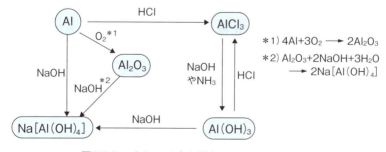

■アルミニウム Al の主な反応

亜鉛の単体

亜鉛Zn原子は，価電子2個を放出して，2価の陽イオンになりやすい性質をもっています。亜鉛は，青味を帯びた銀白色の金属で，融点は比較的低い(420℃, p.66参照)。銅との合金(黄銅)やトタン(亜鉛めっき鋼板, p.164参照)などに利用されます。また，**両性元素**で，酸・強塩基の水溶液と反応して水素H_2を発生します。

$$Zn + 2HCl \longrightarrow ZnCl_2 + H_2$$

$$Zn + 2NaOH + 2H_2O \longrightarrow Na_2[Zn(OH)_4] + H_2$$

テトラヒドロキシド亜鉛(Ⅱ)酸ナトリウム

亜鉛の鉱石はセン亜鉛鉱ZnSであり，まずZnSを空気酸化して，酸化亜鉛ZnOに変えます。

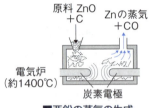

■亜鉛の蒸気の生成

$$2ZnS + 3O_2 \longrightarrow 2ZnO + 2SO_2$$

次に，ZnOを高温で炭素Cによって還元すると，亜鉛の蒸気として取り出すことができ，これを冷却すると亜鉛の単体が得られます(上図)。

亜鉛の化合物

水酸化亜鉛 $Zn(OH)_2$

亜鉛イオンZn^{2+}を含む水溶液に，少量の水酸化ナトリウム$NaOH$水溶液や少量のアンモニアNH_3水を加えると，水酸化亜鉛$Zn(OH)_2$の白色沈殿を生じます。

$$Zn^{2+} + 2OH^- \longrightarrow Zn(OH)_2$$

水酸化亜鉛は，**両性水酸化物**と呼ばれ，酸・強塩基の水溶液と反応して溶けます。また，過剰の水酸化ナトリウム水溶液や過剰のアンモニア水にも溶けて，無色透明の水溶液になります。

$$Zn(OH)_2 + 2HCl \longrightarrow ZnCl_2 + 2H_2O$$

$$Zn(OH)_2 + 2NaOH \longrightarrow Na_2[Zn(OH)_4]$$

$$Zn(OH)_2 + 4NH_3 \longrightarrow [Zn(NH_3)_4]^{2+} + 2OH^-$$

テトラアンミン亜鉛(Ⅱ)イオン

亜鉛の主な反応は，次のようにまとめられます。

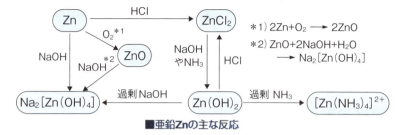

■亜鉛Znの主な反応

🧪 スズの単体と化合物

スズ**Sn**は銀白色の金属で，融点は比較的低い（232℃，p.66参照）。銅との合金（青銅）やブリキ（スズめっき鋼板，p.164参照）などに利用されます。**両性元素**で，酸・強塩基の水溶液と反応して水素H_2を発生します。

$$Sn + 2HCl \longrightarrow SnCl_2 + H_2$$
$$Sn + 2NaOH + 2H_2O \longrightarrow Na_2[Sn(OH)_4] + H_2$$

テトラヒドロキシドスズ(Ⅱ)酸ナトリウム

塩化スズ(Ⅱ)$SnCl_2$は無色の結晶で，水によく溶けます。スズ(Ⅱ)イオンSn^{2+}は，スズ(Ⅳ)イオンSn^{4+}に酸化されやすいので，$SnCl_2$は還元作用を示します。

🧪 鉛の単体と化合物

鉛**Pb**は青灰色の軟らかい金属で，融点は比較的低く（328℃，p.66参照），密度が大きい。鉛蓄電池（p.172参照）や放射線の遮蔽材（p.26参照）に用いられます。**両性元素**で，酸・強塩基の水溶液と反応して水素H_2を発生します。ただし，塩酸，希硫酸には，表面に不溶性の塩化鉛(Ⅱ)$PbCl_2$，硫酸鉛(Ⅱ)$PbSO_4$の被膜を生じるため，ほとんど溶けません。

鉛の酸化物には，黄色の酸化鉛(Ⅱ)PbOや褐色の酸化鉛(Ⅳ)PbO_2などがあります。鉛(Ⅳ)イオンPb^{4+}は，鉛(Ⅱ)イオンPb^{2+}に還元されやすいので，PbO_2は酸化作用を示します。

■ **9章** ■ 無機物質

9-8 遷移元素①

学習の目標

● 錯イオンについて学習します。
● 遷移元素の鉄の単体と化合物について学習します。

🧪 遷移元素の特徴

元素の周期表の3族から11族までの元素を**遷移元素**といい，すべて金属元素に属します。遷移元素の原子は，典型元素とは異なり，原子番号が増加しても最外殻電子は2個または1個のままで，内側の電子殻に電子が配置されていきます。遷移元素には，次のような特徴があります。

> **1** 同族元素だけでなく，同周期の元素も互いによく似た性質を示します。
> **2** 単体は，一般に融点が高く，密度も大きいです。
> **3** 同一元素の原子でも，複数の酸化数を示します。
> **4** 化合物やイオンには，有色のものが多いです。
> **5** 単体や化合物には，触媒として利用されるものが多いです。

🧪 錯イオン

中心となる金属イオンに対して，非共有電子対をもつ分子や陰イオンが配位結合(p.53参照)してできた多原子イオンを**錯イオン**といいます。このとき，非共有電子対を提供して配位結合を形成する分子や陰イオンを**配位子**といい，その数を**配位数**といいます。主な配位子を示すと，下表のようになります。

■錯イオンの主な配位子

化学式	NH_3	H_2O	CN^-	Cl^-	OH^-
名称	アンミン	アクア	シアニド	クロリド	ヒドロキシド

また，錯イオンの立体構造は，中心となる金属イオンの種類と配位数によって，次のように決まっています。

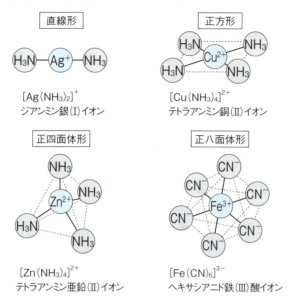

■錯イオンの立体構造

(1) 錯イオンの化学式の書き方

金属元素，配位子の化学式と配位数を順に書きます。このとき，多原子の配位子は（ ）でくくり，錯イオンの部分を［ ］で囲み，その右上に電荷を書きます。

(2) 錯イオンの名称の示し方

化学式の後ろから順に，配位数，配位子名，金属元素名と酸化数で示します。錯イオンが陽イオンのときは「～イオン」，陰イオンのときは「～酸イオン」とします。

$[Fe(CN)_6]^{4-}$ （名称）ヘキサシアニド鉄(Ⅱ)酸イオン

金属元素┘ 配位子┘ 配位数(2：ジ，4：テトラ，6：ヘキサと読みます)

なお，ヘキサシアニド鉄(Ⅱ)酸カリウム $K_4[Fe(CN)_6]$ のように，錯イオンと普通のイオンがイオン結合してできた塩を，**錯塩**といいます。

🧪 鉄の単体

鉄Feは，塩酸HClや希硫酸H_2SO_4と反応し，水素H_2を発生して溶けます。

$$Fe + H_2SO_4 \longrightarrow FeSO_4 + H_2$$

ただし，濃硝酸HNO_3中では**不動態**となり，反応は進行しません（p.162参照）。

鉄の製錬

溶鉱炉に，鉄鉱石（赤鉄鉱Fe_2O_3や磁鉄鉱Fe_3O_4など），コークスC，石灰石$CaCO_3$を混合して入れ，下から熱風を吹き込むと，コークスの燃焼で生じた一酸化炭素COによって，鉄鉱石が還元され，融解状態の鉄が得られます（p.163参照）。

$$Fe_2O_3 + 3CO \longrightarrow 2Fe + 3CO_2$$

溶鉱炉から得られた鉄は**銑鉄**（せんてつ）と呼ばれ，約4％の炭素Cと不純物を含み，硬いがもろく，展性・延性に乏しい性質があります。そこで，融解した銑鉄を転炉に移し，酸素を吹き込んで炭素量を2％以下に減らすと，硬くて粘りのある**鋼**（こう）が得られます。銑鉄は鋳物（いもの）に，鋼は建築材や機械材料として広く使われています。

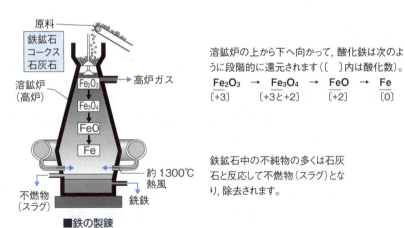

■鉄の製錬

溶鉱炉の上から下へ向かって，酸化鉄は次のように段階的に還元されます（〔 〕内は酸化数）。

Fe_2O_3 → Fe_3O_4 → FeO → Fe
〔+3〕　〔+3と+2〕　〔+2〕　〔0〕

鉄鉱石中の不純物の多くは石灰石と反応して不燃物（スラグ）となり，除去されます。

🧪 鉄の化合物

鉄は，酸化数+2と+3の化合物をつくります。

鉄(Ⅱ)イオン Fe²⁺ の反応

硫酸鉄(Ⅱ) $FeSO_4$ の水溶液は，Fe^{2+} を含み，淡緑色を示します。この水溶液に水酸化ナトリウム NaOH 水溶液やアンモニア NH_3 水を加えると，水酸化鉄(Ⅱ) $Fe(OH)_2$ の緑白色沈殿が生成します。

$$Fe^{2+} + 2OH^- \longrightarrow Fe(OH)_2$$

また，Fe^{2+} を含む水溶液にヘキサシアニド鉄(Ⅲ)酸カリウム $K_3[Fe(CN)_6]$ の水溶液を加えると，ターンブル青(ブルー)と呼ばれる濃青色沈殿を生じます。Fe^{2+} および $Fe(OH)_2$ は，空気中または水中の O_2 によって容易に酸化され，Fe^{3+} および $Fe(OH)_3$ に変化します。

鉄(Ⅲ)イオン Fe³⁺ の反応

塩化鉄(Ⅲ) $FeCl_3$ の水溶液は，Fe^{3+} を含み，黄褐色を示します。この水溶液に水酸化ナトリウム水溶液やアンモニア水を加えると，水酸化鉄(Ⅲ) $Fe(OH)_3$ の赤褐色沈殿を生じます。

$$Fe^{3+} + 3OH^- \longrightarrow Fe(OH)_3$$

また，Fe^{3+} を含む水溶液にヘキサシアニド鉄(Ⅱ)酸カリウム $K_4[Fe(CN)_6]$ の水溶液を加えると，プルシアン青(ブルー)と呼ばれる濃青色沈殿を生じ，チオシアン酸カリウム KSCN の水溶液を加えると，血赤色の水溶液になります。

これらの違いを利用すると，Fe^{2+} と Fe^{3+} をそれぞれ区別することができます(下図)。

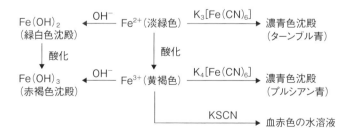

■鉄(Ⅱ)イオン，鉄(Ⅲ)イオンの主な反応

9-9 遷移元素②

学習の目標
- 遷移元素の銅，銀，クロム，マンガンの単体と化合物について学習します。
- 金属イオンの系統的な分離法について学習します。

🧪 銅の単体

銅 Cu は赤味を帯びた軟らかい金属で，展性・延性に富み，銀 Ag に次いで電気をよく通します（p.65参照）。銅は電線などの電気材料だけでなく，調理器具やエアコンなどの熱交換器に利用されます。

銅を空気中で放置すると，青緑色のさび（緑青，主成分は $CuCO_3 \cdot Cu(OH)_2$ など）を生じます。

銅を空気中で加熱すると，黒色の酸化銅(Ⅱ) CuO になりますが，1000℃以上で加熱すると，赤色の酸化銅(Ⅰ) Cu_2O を生じます。

銅は塩酸 HCl や希硫酸 H_2SO_4 には溶けませんが，酸化力のある硝酸 HNO_3 や熱濃硫酸には溶けます（p.161参照）。

銅の製錬

銅は，黄銅鉱（主成分：$CuFeS_2$）などの鉱石を，炭素 C を用いて還元すると得られます（p.163参照）。

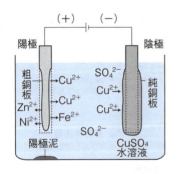
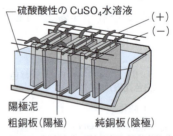

$CuSO_4$ 水溶液中に純銅板と粗銅板を交互に並べて，低電圧で電気分解を行います。

陽極では，Cuや不純物のFe, Zn, Niなどが酸化されて溶解します。Cuよりイオン化傾向の小さいAg, Au などは，陽極の下に単体のまま沈殿します（陽極泥）。

■銅の電解精錬

溶鉱炉に，黄銅鉱，コークス C，石灰石 CaCO₃，ケイ砂 SiO₂ などを入れて加熱すると，鉱石中の不純物はスラグとなって除かれ，硫化銅（Ⅰ）Cu₂S が得られます。これを転炉に移し，空気を吹き込みながら強熱すると，純度が約99％の**粗銅**が得られます。

粗銅には，金 Au，銀 Ag，鉄 Fe，亜鉛 Zn，ニッケル Ni などの不純物が含まれます。これらの不純物を除くために，粗銅を陽極，純銅を陰極として，硫酸酸性の硫酸銅（Ⅱ）CuSO₄ 水溶液を電気分解すると，純度約99.99％の**純銅**が得られます（前ページの図）。この操作を，銅の**電解精錬**といいます。

🧪 銅の化合物

硫酸銅（Ⅱ）CuSO₄

銅を熱濃硫酸 H₂SO₄ に溶かすと，硫酸銅（Ⅱ）CuSO₄ を生成します。

$$Cu + 2H_2SO_4 \longrightarrow CuSO_4 + SO_2 + 2H_2O$$

硫酸銅（Ⅱ）水溶液から結晶を析出させると，青色の硫酸銅（Ⅱ）五水和物 CuSO₄・5H₂O の結晶が得られます。この結晶を150℃以上に加熱すると，水和水を失って白色粉末状の硫酸銅（Ⅱ）無水物 CuSO₄ になりますが（下図），この物質は水を吸収すると再び青色の結晶に戻るので，水分の検出に利用されます。

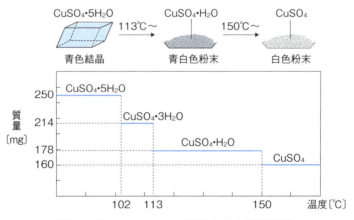

■ 1mol の CuSO₄・5H₂O を加熱したときの質量変化

銅(Ⅱ)イオン Cu²⁺ の反応

銅(Ⅱ)イオン Cu^{2+} を含む水溶液に水酸化ナトリウム NaOH 水溶液や少量のアンモニア NH_3 水を加えると、水酸化銅(Ⅱ) $Cu(OH)_2$ の青白色沈殿が生じます。

$$Cu^{2+} + 2OH^- \longrightarrow Cu(OH)_2$$

この沈殿は両性水酸化物ではないので、過剰の水酸化ナトリウム水溶液には溶けませんが、過剰のアンモニア水にはテトラアンミン銅(Ⅱ)イオン $[Cu(NH_3)_4]^{2+}$ となって溶け、深青色の水溶液になります。

$$Cu(OH)_2 + 4NH_3 \longrightarrow [Cu(NH_3)_4]^{2+} + 2OH^-$$

また、水酸化銅(Ⅱ)を加熱すると、容易に脱水して、黒色の酸化銅(Ⅱ) CuO を生じます。

$$Cu(OH)_2 \longrightarrow CuO + H_2O$$

銅(Ⅱ)イオンを含む水溶液に硫化水素 H_2S を通じると、硫化銅(Ⅱ) CuS の黒色沈殿が生じます。

$$Cu^{2+} + S^{2-} \longrightarrow CuS$$

銅の主な反応は、次のようにまとめられます。

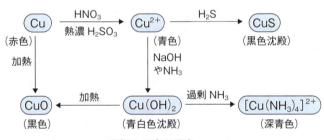

■銅 Cu の主な反応

🧪 銀の単体

銀 Ag は、白色の金属で、金属のなかで最もよく電気や熱を通します(p.65参照)。また、金 Au に次いで展性・延性が大きい金属です。光の反射率も最大で、常温の空気中では酸化されません。

銀は鏡や食器などのほか、装飾品などに利用されています。

銀はイオン化傾向が小さいため、塩酸 HCl や希硫酸 H_2SO_4 とは反応

しませんが, 硝酸HNO_3や熱濃硫酸とは反応して溶けます。

例えば, 銀を濃硝酸HNO_3に溶かすと, 硝酸銀$AgNO_3$が生じます。

$$Ag + 2HNO_3 \longrightarrow AgNO_3 + NO_2 + H_2O$$

🧪 銀の化合物

硝酸銀$AgNO_3$は無色の結晶で, 水によく溶けます。銀の化合物の多くは水に不溶ですが, 硝酸銀は代表的な可溶性の塩で, 多くの銀化合物をつくる原料として重要です。光が当たると分解しやすい性質(**感光性**)があるので, 褐色びんに入れて保存します。

銀イオンAg^+の反応

銀イオンAg^+を含む水溶液に水酸化ナトリウム水溶液や少量のアンモニア水を加えると, 酸化銀Ag_2Oの褐色沈殿を生じます。[*1]

$$2Ag^+ + 2OH^- \longrightarrow Ag_2O + H_2O$$

*1) 水酸化銀$AgOH$は不安定で, 常温でも脱水して酸化銀Ag_2Oが生成します。

この沈殿は, 過剰の水酸化ナトリウム水溶液には溶けませんが, 過剰のアンモニア水を加えるとジアンミン銀(Ⅰ)イオン$[Ag(NH_3)_2]^+$となって溶け, 無色透明の水溶液になります。

$$Ag_2O + H_2O + 4NH_3 \longrightarrow 2[Ag(NH_3)_2]^+ + 2OH^-$$

また, Ag^+を含む水溶液にハロゲン化物イオンX^-の水溶液を加えると, **ハロゲン化銀**AgXが生じます。ハロゲン化銀には感光性があり, 特に, 臭化銀$AgBr$は写真フィルムの感光剤に利用されます。

■ハロゲン化銀の性質

名称 (化学式)	フッ化銀 AgF	塩化銀 $AgCl$	臭化銀 $AgBr$	ヨウ化銀 AgI
沈殿(色)	水に可溶	白色	淡黄色	黄色
NH_3水との反応	—	溶ける	溶けにくい	溶けない

塩化銀$AgCl$(白色沈殿)は, アンモニア水に, 次のように反応して溶解します(上表)。

$$AgCl + 2NH_3 \longrightarrow [Ag(NH_3)_2]^+ + Cl^-$$

■ **9章** ■ 無機物質

また，臭化銀 $AgBr$（淡黄色沈殿）は，アンモニア NH_3 水に，少量しか溶けなくなり，ヨウ化銀 AgI（黄色沈殿）はほとんど溶けません。

🧪 クロム・マンガンの単体と化合物

クロム Cr の単体と化合物

クロム Cr は銀白色の硬い金属で，空気中では自然に**不動態**となるので錆びにくい。主に，酸化数が $+3$，$+6$ の化合物をつくります。

クロム酸カリウム K_2CrO_4 を水に溶かすと，黄色のクロム酸イオン $CrO_4{}^{2-}$ が生じます。また，二クロム酸カリウム $K_2Cr_2O_7$ を水に溶かすと，赤橙色の二クロム酸イオン $Cr_2O_7{}^{2-}$ が生じます。二クロム酸カリウムは，硫酸酸性の水溶液中では，強い酸化作用を示します。

水溶液中では，$CrO_4{}^{2-}$ と $Cr_2O_7{}^{2-}$ の間に次の平衡が成立します。

$$2CrO_4{}^{2-} + H^+ \rightleftharpoons Cr_2O_7{}^{2-} + OH^-$$

水溶液を酸性にすると平衡が右へ移動し，$Cr_2O_7{}^{2-}$ が増加して水溶液は赤橙色になります。一方，水溶液を塩基性にすると平衡が左へ移動し，$CrO_4{}^{2-}$ が増加して水溶液は黄色になります。

マンガン Mn の単体と化合物

マンガン Mn は灰白色のもろい金属で，空気中では表面が錆びやすい。主に，酸化数が $+2$，$+4$，$+7$ の化合物をつくります。

酸化マンガン（Ⅳ）MnO_2 は，黒褐色の粉末で水に溶けません。酸化剤（正極活物質，p.171 参照）として乾電池に使われるほか，多くの化学反応の触媒として使われます。

過マンガン酸カリウム $KMnO_4$ は黒紫色の結晶で，水に溶けると赤紫色の過マンガン酸イオン $MnO_4{}^-$ が生じます。硫酸酸性の水溶液中では，強い酸化作用を示します。

🧪 金属イオンの系統分離

金属イオンの混合水溶液に特定の試薬（分属試薬）を加えると，一定の順序で金属イオンを分離・確認することができます。このような操作を金属イオンの**系統分離**といい，一般的には，硫化水素 H_2S を用い

298

た**6属系統分離法**がよく用いられます（下図）。

属	金属イオン	分属試薬	沈殿
1	Ag^+, Pb^{2+}	HCl水溶液	塩化物
2	Cu^{2+}, Cd^{2+}	H_2S（酸性）	硫化物
3	Fe^{3+}, Al^{3+}	NH_3水（過剰）	水酸化物
4	Zn^{2+}, Ni^{2+}	H_2S（塩基性）	硫化物
5	Ca^{2+}, Ba^{2+}	$(NH_4)_2CO_3$水溶液	炭酸塩
6	Na^+, K^+	—	沈殿しない

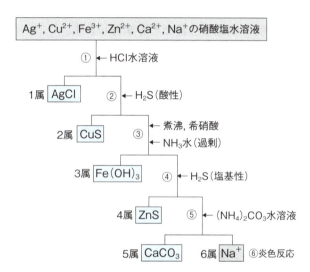

① 複数の金属イオンを含む水溶液に**HCl水溶液**（希塩酸）を加え，生じた塩化物の沈殿**AgCl**（白色）をろ過します。
② ①のろ液（酸性）に**H_2S**（硫化水素）を通じ，生じた硫化物の沈殿**CuS**（黒色）をろ過します。
③ ②のろ液を煮沸してH_2Sを除いた後，希硝酸HNO_3を加えてFe^{2+}をFe^{3+}に戻します。さらに，NH_3（アンモニア）水を過剰に加え，生じた水酸化物の沈殿**$Fe(OH)_3$**（赤褐色）をろ過します。
④ ③のろ液（塩基性）に**H_2S**を通じ，生じた硫化物の沈殿**ZnS**（白色）をろ過します。
⑤ ④のろ液に**$(NH_4)_2CO_3$**（炭酸アンモニウム）水溶液を加え，生じた炭酸塩の沈殿**$CaCO_3$**（白色）をろ過します。
⑥ ⑤のろ液を濃縮し，炎色反応（Na^+は黄色）により成分元素を確認します。

■金属イオンの6属系統分離法

■ 10章 ■ 有機化合物

10^章 有機化合物

　私たちの生活を支える食品，衣料，プラスチック，薬品などは有機化合物からなり，無機物質とは異なる特徴をもっています。

　この章では，有機化合物の一般的な特徴，分類の仕方や化学式の決定方法などを学びます。次に，炭化水素の構造や性質などのほか，アルコール，アルデヒド，カルボン酸など酸素を含む脂肪族化合物の構造や性質などを学習します。最後に，ベンゼン環という独特な構造をもつ芳香族化合物の構造や性質などを学習します。

10-1 有機化合物の分類

学習の目標
- ●有機化合物と無機化合物の違いについて学習します。
- ●多種類の有機化合物の分類方法について学習します。

🧪 有機化合物の特徴

　糖類，タンパク質のように，炭素原子 **C** を骨格とする化合物を**有機化合物**，それ以外の化合物を**無機化合物**といいます。有機化合物と無機化合物の違いをまとめると，次の表のようになります。

特徴	有機化合物	無機化合物
成分元素	主として **C・H・O**，ほかに **N・S・P**・ハロゲンなど	天然に存在するすべての元素
種類数	約1億種類	約10万種類
溶解性	非電解質で水に溶けにくいものが多い。有機溶媒に溶けやすいものが多い。	電解質で水に溶けやすいものが多い。有機溶媒に溶けにくいものが多い。
融点	一般に，融点や沸点が低い。300℃以上では分解しやすい。	一般に，融点や沸点が高い。高温で安定なものが多い。

有機化合物を構成する元素は，炭素C・水素H・酸素Oのほかに窒素N・硫黄S・リンP・ハロゲンなどで，その種類は少ないが，化合物の種類は非常に多い。それは，炭素原子どうしが次々と安定な共有結合をつくる能力(**連鎖性**)があるためと考えられます。

🧪 有機化合物の分類

炭素骨格による分類

有機化合物は，炭素原子のつながり方(炭素骨格)によって，炭素原子が鎖状に結合した**鎖式化合物**と，環状に結合した**環式化合物**に大別されます。なお，鎖式化合物は**脂肪族化合物**とも呼ばれます。また，環式化合物のうち，ベンゼンC_6H_6のような独特な炭素骨格をもつ化合物を**芳香族化合物**といい，それ以外の化合物を**脂環式化合物**といいます。

また，炭素原子間が単結合だけでできているものを**飽和化合物**といいます。これに対して，炭素原子間に二重結合や三重結合(まとめて**不飽和結合**といいます)を含むものを**不飽和化合物**といいます。

炭素Cと水素Hだけでできた化合物を**炭化水素**といい，炭化水素は炭素骨格に基づいて，次のように分類されます。

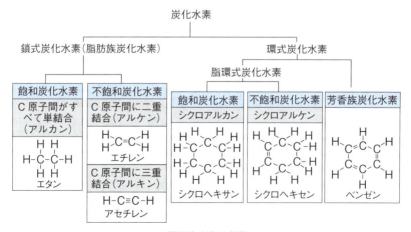

■炭化水素の分類

■ 10章 ■ 有機化合物

官能基による分類

　炭化水素の水素原子Hをヒドロキシ基－OHで置き換えた化合物は，共通した性質を示し，**アルコール**に分類されます。－OHのように，有機化合物の特性を決める原子団(基)を，**官能基**といいます。

　同じ官能基をもつ化合物どうしは，よく似た化学的性質を示します。したがって，炭化水素以外の有機化合物は，官能基の種類ごとに次の表のように分類されます。

官能基の名称		構造	化合物の一般名	有機化合物の例と示性式
ヒドロキシ基		－OH	アルコール	エタノール C_2H_5OH
			フェノール類	フェノール C_6H_5OH
カルボニル基	ホルミル基（アルデヒド基）	$\overset{O}{\underset{\parallel}{-C}}-H$	アルデヒド	アセトアルデヒド CH_3CHO
	ケトン基	$\overset{O}{\underset{\parallel}{-C}}-$	ケトン	アセトン CH_3COCH_3
カルボキシ基		$\overset{O}{\underset{\parallel}{-C}}-OH$	カルボン酸	酢酸 CH_3COOH
ニトロ基		$-NO_2$	ニトロ化合物	ニトロベンゼン $C_6H_5NO_2$
アミノ基		$\overset{H}{\underset{\vert}{-N}}-H$	アミン	アニリン $C_6H_5NH_2$
スルホ基		$-SO_3H$	スルホン酸	ベンゼンスルホン酸 $C_6H_5SO_3H$
エーテル結合		$-O-$	エーテル	ジエチルエーテル $C_2H_5OC_2H_5$
エステル結合		$\overset{O}{\underset{\parallel}{-C}}-O-$	エステル	酢酸エチル $CH_3COOC_2H_5$

🧪 有機化合物の表し方

有機化合物を化学式で表すには，いろいろな方法があります。

(1) **組成式**…分子中に含まれる原子の種類と数を最も簡単な整数比で表した化学式。元素分析(p.304参照)の実験によって，最初に求められることから**実験式**とも呼ばれます。

(2) **分子式**…分子中に含まれる原子の種類と数を表した化学式。組成式と分子量から求めます。ふつう，**C，H**を先に書き，これ以外の原子はアルファベット順に並べます。

(3) **示性式**…分子式から官能基だけを抜き出し，分子の特性がわかるように示した化学式。つまり，示性式は，官能基とそれ以外の部分(炭化水素基**R**ー)を組み合わせた化学式です。

(4) **構造式**…原子間の共有結合を価標（ー）を用いて表した化学式。正式には，すべての価標を省略せずに表したものが構造式です。

(5) **簡略構造式**…原子間の共有結合に誤解が生じない程度に，価標の一部を省略して表した構造式のことです。不飽和結合（**C＝C**結合や**C≡C**結合）の価標は，官能基に準ずるものとして省略することはできませんが，単結合のうち**C－H**結合や**O－H**結合の価標は省略されることが多いです。

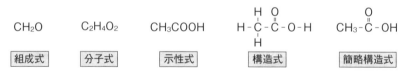

■有機化合物(酢酸)の表し方

🧪 有機化合物の構造決定

未知の有機化合物の構造決定は，次のような順序で行われます。

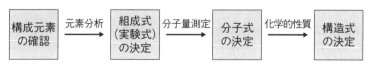

■有機化合物の構造決定

構成元素の確認方法

有機化合物は，まず，蒸留，抽出，再結晶などの方法で精製(p.7〜11参照)したのち，次表のような方法で構成元素の種類を確認します。

元素	操作	生成物	確認方法
炭素 C	完全燃焼させる	二酸化炭素 CO_2	発生した気体を石灰水に通じると白濁する
水素 H	完全燃焼させる	水 H_2O	生じた液体は白色の硫酸銅(Ⅱ)無水塩を青く変える
窒素 N	水酸化ナトリウムを加えて加熱する	アンモニア NH_3	湿らせた赤色リトマス紙を近づけると青変，または，濃塩酸と接触させると白煙が発生
硫黄 S	ナトリウム Na を加えて加熱・融解する	硫化ナトリウム Na_2S	生成物を水に溶かして酢酸鉛(Ⅱ)水溶液を加えると，硫化鉛(Ⅱ)の黒色沈殿が生じる
塩素 Cl	焼いた銅線に接触させる	塩化銅(Ⅱ) $CuCl_2$	青緑色の炎色反応が見られる

元素分析

有機化合物中に確認された元素について，それぞれの含有量を求める操作を，**元素分析**といいます。例えば，炭素 C，水素 H，酸素 O だけからなる有機化合物の元素分析は，次のような方法で行います。

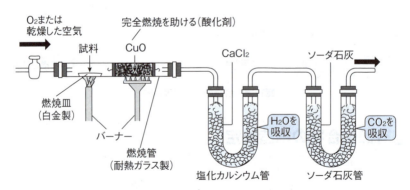

ソーダ石灰は，CO_2 と H_2O の両方を吸収するので，塩化カルシウム管とソーダ石灰管を逆につなぐと，C と H の定量はできません。先に塩化カルシウム管をつないで H_2O だけを吸収させ，後にソーダ石灰管をつなぐと CO_2 だけが吸収されます。

■元素分析の装置

(1) 正確に質量を量った試料を燃焼皿に入れ，これを酸化銅(Ⅱ)CuO を詰めた燃焼管の中に入れます。

(2) 乾燥した空気(酸素)を通じながら，バーナーで加熱し，試料を完全燃焼させます。

前ページの図の装置で有機化合物を完全燃焼させると，Hは水H_2O に，Cは二酸化炭素CO_2になり，それぞれ塩化カルシウム管とソーダ石灰管に吸収されます。したがって，それぞれの管の質量増加量を測定すると，発生したH_2OやCO_2の質量がわかり，試料中のHとCの質量が計算できます。

例えば，C, H, Oだけからなる有機化合物4.40 mgを，試料とします。この装置を用いて元素分析を行い，塩化カルシウム管の質量が3.60 mg，ソーダ石灰管の質量が8.80 mg増加したとき，この有機化合物中のC, H, Oの質量は，次のようにして求められます。

炭素Cの質量は，ソーダ石灰管に吸収されたCO_2の質量から求めます。

$$\textbf{Cの質量} = CO_2\text{の質量} \times \frac{\textbf{Cの原子量}}{CO_2\textbf{の分子量}} = 8.80\,\text{mg} \times \frac{12}{44} = 2.40\,\text{mg}$$

水素Hの質量は，塩化カルシウム管に吸収されたH_2Oの質量から求めます。

$$\textbf{Hの質量} = H_2O\text{の質量} \times \frac{(\textbf{Hの原子量}) \times 2}{H_2O\textbf{の分子量}}$$

$$= 3.60\,\text{mg} \times \frac{2.0}{18} = 0.40\,\text{mg}$$

酸素Oの質量は，直接測定する方法がないので，用いた試料の質量から，CとHの質量を差し引いて求めます。

$$\textbf{Oの質量} = 4.40\,\text{mg} - (2.40\,\text{mg} + 0.40\,\text{mg}) = 1.60\,\text{mg}$$

組成式の決定

求めた各元素の質量を，それぞれの原子のモル質量で割ると，各原子の物質量の比が求められます。

■ 10章 ■ 有機化合物

（物質量の比）＝（原子数の比）の関係より，求めた値を最も簡単な整数比にしたものが，**組成式（実験式）**になります。

$$C : H : O = \frac{2.40\,\mathrm{mg}}{12} : \frac{0.40\,\mathrm{mg}}{1.0} : \frac{1.60\,\mathrm{mg}}{16} = 2 : 4 : 1 \quad \text{（原子数の比）}$$

したがって，組成式はC_2H_4Oとなります。

分子式の決定

組成式は，分子中の各原子の数を最も簡単な整数比で表したもので，必ずしも分子式とは一致しません。実際の分子式は，組成式を整数倍したものになります。そこで，その整数値をnとすると，別の方法で測定された分子量を用いて次のように求められます。

（組成式の式量）×n＝（分子量）

この有機化合物の分子量が88だったとき，組成式C_2H_4Oの式量は44ですから，次のようになります。

$44 \times n = 88$　より，$n = 2$

したがって，分子式は組成式を2倍した$C_4H_8O_2$となります。

構造式の決定

例えば，分子式がC_2H_6Oの有機化合物について，構成原子の原子価（Cは4，Hは1，Oは2）を考慮すると，次の2つの構造が考えられます。

A.
H-C-C-O-H
ヒドロキシ基

B.
H-C-O-C-H
エーテル結合

このように，分子式が同じであっても，構造が異なるために性質が異なる化合物を，互いに**異性体**といいます。

異性体を区別するには，その化合物の化学的・物理的性質を調べて，その化合物に含まれる官能基の種類を特定する必要があります。[1]

*1）試料をナトリウムNaと反応させたとき，水素H_2が発生すればA（エタノール）であり，H_2が発生しなければB（ジメチルエーテル）と決定できます。

306

10-2 ■ アルカン ■

10-2 アルカン

学習の目標

●アルカンの構造や性質，反応について学習します。

アルカンとは

メタンCH_4，エタンC_2H_6，プロパンC_3H_8のように，分子内に炭素原子間の単結合（$C-C$結合）のみを含む鎖式の飽和炭化水素を**アルカン**といい，その炭素原子の数をnとすれば，一般式はC_nH_{2n+2}（$n \geqq 1$）で表されます。

アルカンのように，同じ一般式で表される一群の化合物を，**同族体**といい，互いに化学的性質がよく似ています。

アルカンには，次の表のような名称がつけられています。

■主なアルカンとその名称

分子式	CH_4	C_2H_6	C_3H_8	C_4H_{10}	C_5H_{12}	C_6H_{14}
名称	メタン	エタン	プロパン	ブタン	ペンタン	ヘキサン

分子式	C_7H_{16}	C_8H_{18}	C_9H_{20}	$C_{10}H_{22}$	$C_{11}H_{24}$	$C_{12}H_{26}$
名称	ヘプタン	オクタン	ノナン	デカン	ウンデカン	ドデカン

アルカンの名称は，炭素数1〜4は慣用名，炭素数5以上では，ギリシャ語の数詞の語尾「-a」を「-ane（アン）」に変えて命名します。

アルカンの性質

アルカンは，天然ガスや石油の主成分で，燃料や化学工業の原料として重要です。

⑴ 炭素数が多くなるにつれて，融点・沸点が高くなります（次ページの図）。20℃での状態は，C_1〜C_4が気体，C_5〜C_{16}が液体，C_{17}〜が固体です。

⑵ いずれも水に溶けにくく，有機溶媒によく溶けます。

⑶ 空気中でよく燃焼し，発熱量も大きい。

⑷ 化学的には比較的安定で，常温では，酸や塩基および，酸化剤・還元剤とは反応しません。

307

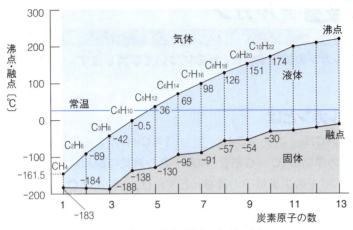

■直鎖状のアルカンの沸点・融点

炭化水素基・アルキル基

炭化水素から H 原子を取り除いた原子団を**炭化水素基**といい，記号 R− で表します。特に，アルカンの分子から H 原子1個を除いた炭化水素基を**アルキル基**といい，一般式は $C_nH_{2n+1}-$ で表されます。アルキル基には次のようなものがあります。

名称	メチル基	エチル基	プロピル基	イソプロピル基
アルキル基	CH_3-	CH_3CH_2-	$CH_3CH_2CH_2-$	$\begin{array}{c}CH_3CH-\\|\\CH_3\end{array}$

アルカンの異性体

最も簡単なアルカンのメタン CH_4 分子は，正四面体形をしています。また，炭素数2以上のアルカンでは，メタンの正四面体を連結したような構造をしており，各炭素原子は C−C 結合を軸として自由に回転ができます。したがって，各分子はさまざまな形をとることが可能ですが，構造式は，通常，各分子を最も伸ばした状態で表します（次ページの図）。

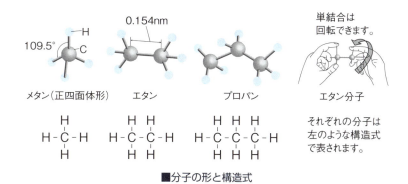

■分子の形と構造式

　炭素数1〜3のアルカンでは，それぞれ1種類の構造のものしか存在しません。しかし，炭素数4のアルカン，すなわち，分子式C_4H_{10}のアルカンには，炭素原子が直鎖状につながった**ブタン**と，枝分かれのある**2-メチルプロパン**の2種類の異性体が考えられます。

　このように，異性体のうち，構造式が異なり，性質も異なるものどうしを，特に**構造異性体**といいます。

　アルカンの構造異性体の数は，炭素原子の数nが増えると，例えば，$n=5$では3種類，$n=6$では5種類，$n=7$では9種類のように急激に増加します。分子式C_5H_{12}のアルカンの構造異性体を構造式で示すと次の通りです。

■ **10章** ■ 有機化合物

枝分かれ（側鎖）のあるアルカン・ハロゲン置換体の命名法

①分子中で最も長い炭素鎖（主鎖）の名称をつけます。

②枝分かれ（側鎖）を表すアルキル基やハロゲン置換基の名称を，主鎖の前につけます。このとき，側鎖やハロゲン置換基が結合した炭素原子の位置番号は，なるべく小さくなるように示します。また，位置番号と名称の間は，ハイフン（-）でつなぎます。

③同じ側鎖やハロゲン置換基が複数あるときは，その名称の前にギリシャ語の数詞（2：ジ，3：トリ，4：テトラなど）をつけます。

ハロゲン置換基の名称例

フルオロ：$F-$　　クロロ：$Cl-$　　ブロモ：$Br-$　　ヨード：$I-$

🧪 アルカンの反応

アルカンは化学的に安定ですが，ハロゲン（塩素 Cl_2 や臭素 Br_2 など）と混合して光（紫外線）を当てると，反応が起こります。

例えば，メタン CH_4 と Cl_2 の混合気体に光を当てると，メタン分子中の H 原子が Cl 原子に置き換わり，クロロメタン CH_3Cl が生じます。

$$CH_4 + Cl_2 \xrightarrow{\text{光}} CH_3Cl + HCl$$

このように，分子中のある原子が他の原子や原子団（基）と置き換わる反応を**置換反応**といいます。そして，置換した原子や原子団（基）を**置換基**，生成した化合物をもとの**置換体**といいます。

Cl_2 が十分にあれば，クロロメタンはさらに Cl_2 と反応して，H 原子が次々と Cl 原子に置換されていきます（下図）。

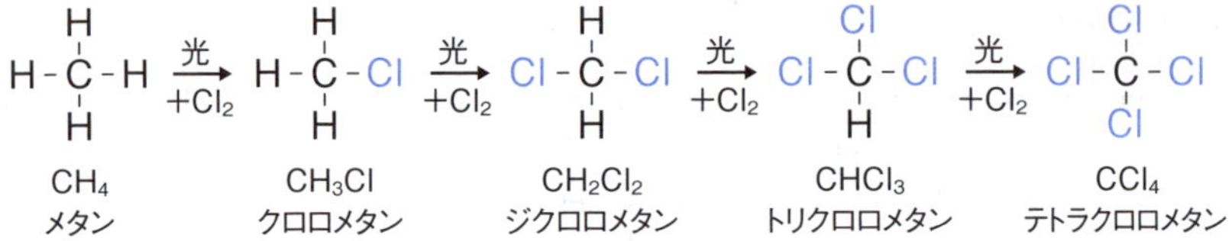

■メタンと塩素の置換反応

310

シクロアルカン

環状構造をもつ飽和炭化水素は**シクロアルカン**と呼ばれ、一般式は C_nH_{2n} ($n \geq 3$) で表されます。

シクロアルカンは、同じ炭素数をもつアルカン名に接頭語の「シクロ」をつけて命名します。

$n = 5$ のシクロペンタン C_5H_{10} や、$n = 6$ のシクロヘキサン C_6H_{12} は化学的に安定で、炭素原子数の同じアルカンとは化学的性質がよく似ています。

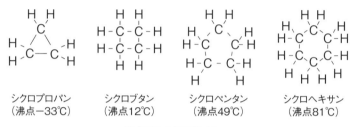

シクロプロパン（沸点−33℃）　シクロブタン（沸点12℃）　シクロペンタン（沸点49℃）　シクロヘキサン（沸点81℃）

■主なシクロアルカン

一方、$n = 3$ のシクロプロパン C_3H_6 や、$n = 4$ のシクロブタン C_4H_8 は化学的に不安定で反応性に富み、環を開く反応が起こりやすいです。

例えば、シクロプロパンに臭素 Br_2 を作用させると、容易に環が開いて、次のような反応が起こります。

$$\underset{\text{シクロプロパン}}{\begin{array}{c} CH_2 \\ CH_2-CH_2 \end{array}} + Br_2 \longrightarrow \underset{\text{1,3-ジブロモプロパン}}{Br-CH_2-CH_2-CH_2-Br}$$

なお、シクロアルカンと次に述べるアルケンとは、同じ一般式で表される化合物で、互いに構造異性体の関係にあります。

■ 10章 ■ 有機化合物

10-3 アルケン

学習の目標

● アルケンの構造や性質，反応について学習します。

アルケンとは

エチレン $CH_2=CH_2$ のように，分子内の炭素原子間に二重結合（ $C=C$ 結合）を1個もつ鎖式の不飽和炭化水素を**アルケン**といいます。アルケンの一般式は，C_nH_{2n} （$n \geqq 2$）で表されます。

アルケンは，同じ炭素数のアルカンの語尾 – ane（アン）を – ene（エン）に変えて命名します。二重結合の位置による構造異性体がある場合は，主鎖の端からつけた最小となる位置番号で示します。

■主なアルケン

分子式	名称	構造	沸点〔℃〕
C_2H_4	エチレン（エテン）*1	$CH_2=CH_2$	−104
C_3H_6	プロペン（プロピレン）*1	$CH_2=CH-CH_3$	−47
C_4H_8	1-ブテン	$CH_2=CH-CH_2-CH_3$	−6
	2-ブテン	$CH_3-CH=CH-CH_3$	シス形………4 トランス形…1
	2-メチルプロペン	$CH_2=C(CH_3)_2$	−7

*1）エチレンはエテンの慣用名です。プロペンは慣用名でプロピレンとも呼ばれます。

アルケンの異性体

エチレン $CH_2=CH_2$ では，二重結合している2個のC原子と，それらに直接結合している4個のH原子はすべて同一平面上にあります。これは，$C=C$ 結合が，それを軸として自由に回転できず，各原子の位置が固定されるためです（次ページの上図）。なお，エチレンのH原子1個をメチル基 – CH_3 で置き換えた化合物が，プロペン（プロピレン）となります。

上の表のように，炭素数2と3のアルケンには異性体は存在しませ

312

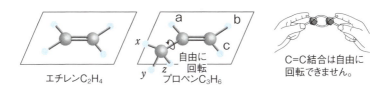

エチレンは平面構造の分子です。しかし、プロペンではC原子3個とH原子3個(a, b, c)は常に同一平面上にありますが、他のH原子3個(x, y, z)はa～cと常に同一平面上にあるとは限りません。

■エチレンとプロペンの構造

んが、炭素数4以上のアルケンには、「炭素骨格の形の違い」、「C＝C結合の位置の違いを原因とする構造異性体」に加えて、「原子のつながり方は同じだが、分子の立体的な構造が異なる**立体異性体**」が存在するものがあります。

例えば、2-ブテン$CH_3-CH=CH-CH_3$には、2個のメチル基$-CH_3$がC＝C結合に対して同じ側で結合した**シス形**と、反対側で結合した**トランス形**が存在します。これらは、C＝C結合が、それを軸とした分子内の回転ができないため、立体的に異なる構造の分子となってしまうのです。このような、C＝C結合が自由に回転できないために生じる立体異性体を、**シス-トランス異性体**または、**幾何異性体**といいます(下図)。

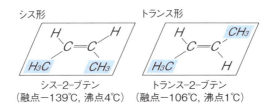

■幾何異性体

エチレンの反応

アルケンのC＝C結合のうち、1本は σ 結合と呼ばれる強い共有結合ですが、もう1本は π 結合と呼ばれる比較的弱い共有結合です。したがって、アルケンは二重結合のうち弱い方の1本が切れて、他の

■ 10章 ■ 有機化合物

原子や原子団(基)が結合する**付加反応**が起こりやすいのです。

例えば,エチレン$CH_2＝CH_2$の場合,ハロゲンとは触媒なしで付加反応が起こります。また,他の分子とは触媒の存在下で付加反応が起こります。

臭素Br_2との付加反応

エチレンを臭素Br_2の四塩化炭素CCl_4溶液に通じると,臭素の赤褐色が消えて無色になります。これは,エチレンの二重結合に臭素が付加して,無色の1,2-ジブロモエタンが生成したからです。この反応は,不飽和結合($C＝C$結合,$C≡C$結合)の検出に利用されます。

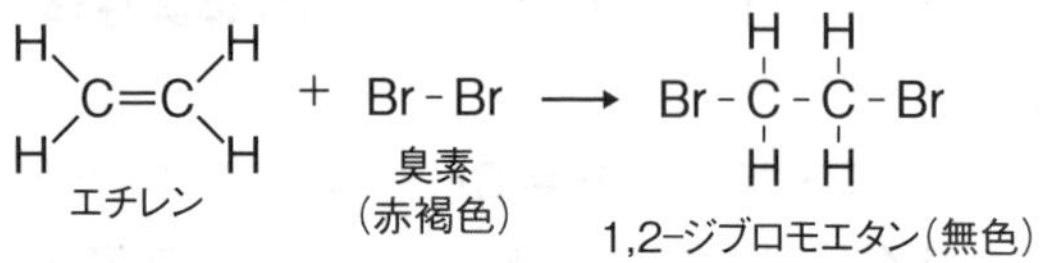

エチレン ＋ Br-Br 臭素(赤褐色) ⟶ Br-C-C-Br 1,2-ジブロモエタン(無色)

水素H_2との付加反応

エチレンに,白金PtやニッケルNiを触媒として水素H_2を反応させると,エチレンの二重結合に水素が付加して,エタンC_2H_6が生成します。

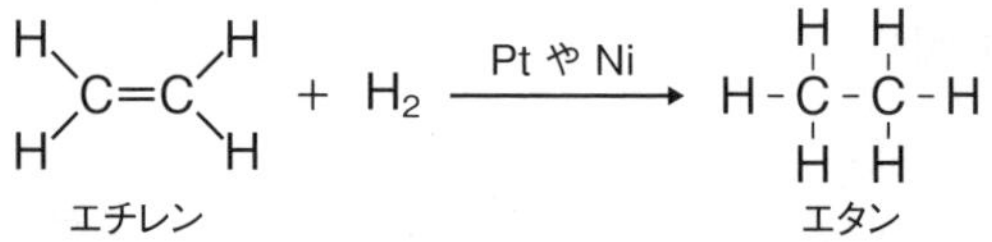

エチレン ＋ H_2 $\xrightarrow{Pt や Ni}$ H-C-C-H エタン

水H_2Oとの付加反応

エチレンに,リン酸H_3PO_4を触媒として水H_2Oを反応させると,エチレンの二重結合に水が付加して,エタノールC_2H_5OHが生成します。

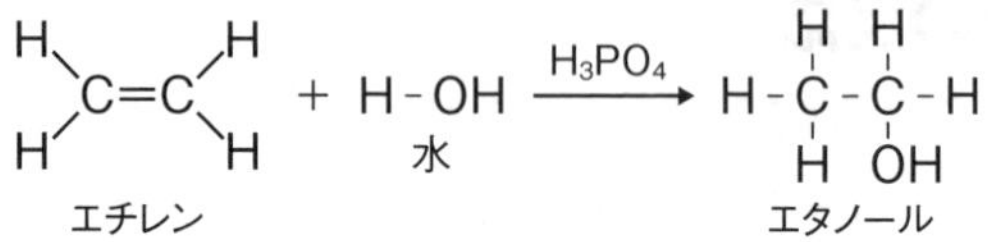

エチレン ＋ H-OH 水 $\xrightarrow{H_3PO_4}$ H-C-C-H エタノール

314

10-4 アルキン

学習の目標
- アルキンの構造や性質，反応について学習します。

アルキンとは

アセチレン CH≡CH のように，分子内の炭素原子間に三重結合（C≡C結合）を1個もつ鎖式の不飽和炭化水素を**アルキン**といいます。アルキンの一般式は，C_nH_{2n-2} $(n \geq 2)$ で表されます。

アルキンは，同じ炭素数のアルカンの語尾 -ane（アン）を -yne（イン）に変えて命名します。三重結合の位置による構造異性体がある場合は，主鎖の端からつけた最小となる位置番号で示します。

■主なアルキン

分子式	名称	構造	沸点(℃)
C_2H_2	アセチレン（エチン）*1	CH≡CH	-74
C_3H_4	プロピン（メチルアセチレン）*1	$CH_3-C≡CH$	-23
C_4H_6	1-ブチン	$CH≡C-CH_2-CH_3$	8
	2-ブチン	$CH_3-C≡C-CH_3$	27

*1) アセチレンはエチンの慣用名です。プロピンは慣用名でメチルアセチレンとも呼ばれます。

アセチレン CH≡CH では，三重結合している2個のC原子とこれに直接結合している2個のH原子は同一直線上にあります（下図）。したがって，アセチレンは直線状の分子です。

C≡C結合に直結する原子は同一直線上にあります。　　C≡C結合は自由に回転できません。

アセチレンC_2H_2
（直線状の分子）

プロピンC_3H_4

■アセチレンとプロピンの構造

🧪 アセチレンの製法

アセチレン$CH \equiv CH$は無色・無臭の気体で、実験室では、炭化カルシウム(カーバイド)CaC_2に水H_2Oを加えると得られます(下図)。[*1]

$$CaC_2 + 2H_2O \longrightarrow CH \equiv CH + Ca(OH)_2$$

アセチレンは有機溶媒によく溶け、水にも少し溶けます。空気中では、多量のすすを出しながら不完全燃焼しますが、十分に酸素を供給すると、約3000℃の高温の炎(**酸素アセチレン炎**)が得られるので、金属の切断や溶接に利用されます。

*1) 実験室で生成するアセチレンは不純物を含むため、特有の不快臭があります。

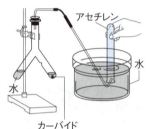

カーバイドCaC_2は、Ca^{2+}と、$C \equiv C$結合をもつC_2^{2-}からなるイオン結晶です。水を加えると直ちに加水分解が起こり、アセチレンが発生します。アセチレンは水に少し溶けますが、水上置換で捕集されます(不純物を除去できるため)。

■アセチレンの製法

🧪 アセチレンの反応

アセチレンの三重結合は、1本のσ(シグマ)結合と2本のπ(パイ)結合(p.313参照)からなるので化学的に活発で、エチレンと同様に、付加反応が起こりやすいです。

臭素Br_2との付加反応

アセチレンに臭素Br_2を反応させると、2段階の付加反応が起こり、臭素の赤褐色が脱色されます。

$$CH \equiv CH \xrightarrow{+Br_2} \underset{\text{1,2-ジブロモエチレン}}{\begin{array}{c}Br\\|\\H\end{array}C=C\begin{array}{c}H\\|\\Br\end{array}} \xrightarrow{+Br_2} \underset{\text{1,1,2,2-テトラブロモエタン}}{H-\underset{Br}{\overset{Br}{C}}-\underset{Br}{\overset{Br}{C}}-H}$$

水素H_2との付加反応

アセチレンに白金PtやニッケルNiを触媒として水素H_2を反応させ

ると，2段階の付加反応が起こり，エチレン $CH_2 = CH_2$ を経て，エタン C_2H_6 が生成します。

$$CH \equiv CH \xrightarrow[PtやNi]{+H_2} \underset{エチレン}{CH_2 = CH_2} \xrightarrow[PtやNi]{+H_2} \underset{エタン}{CH_3 - CH_3}$$

各種分子との付加反応

アセチレンに適当な触媒を用いて，塩化水素 HCl，シアン化水素 HCN，酢酸 CH_3COOH を付加させると，塩化ビニル $CH_2 = CHCl$，アクリロニトリル $CH_2 = CHCN$，酢酸ビニル $CH_2 = CHOCOCH_3$ が生じます。

$$CH \equiv CH + \underset{塩化水素}{HCl} \xrightarrow{HgCl_2} \underset{塩化ビニル}{\begin{array}{c} H \quad\quad H \\ C = C \\ H \quad\quad Cl \end{array}}$$

$$CH \equiv CH + \underset{シアン化水素}{HCN} \xrightarrow{触媒} \underset{アクリロニトリル}{\begin{array}{c} H \quad\quad H \\ C = C \\ H \quad\quad CN \end{array}}$$

$$CH \equiv CH + \underset{酢酸}{CH_3COOH} \xrightarrow{(CH_3COO)_2Zn} \underset{酢酸ビニル}{\begin{array}{c} H \quad\quad H \\ C = C \\ H \quad\quad OCOCH_3 \end{array}}$$

水 H_2O との付加反応

アセチレンに，硫酸水銀（Ⅱ）$HgSO_4^{*2}$ を触媒に用いて，水 H_2O を付加させると，不安定なビニルアルコール $CH_2 = CHOH$ を経て，アセトアルデヒド CH_3CHO を生じます。

$$CH \equiv CH + H_2O \xrightarrow{HgSO_4} \underset{\begin{array}{c}ビニルアルコール\\（不安定）\end{array}}{\begin{array}{c} H \quad\quad OH \\ C = C \\ H \quad\quad H \end{array}} \longrightarrow \underset{\begin{array}{c}アセトアルデヒド\\（安定）\end{array}}{CH_3 - C \begin{array}{c} O \\ \\ H \end{array}}$$

*2) この反応で使用された $HgSO_4$ は，自然界に排出されると猛毒のメチル水銀 $(CH_3)_2Hg$ となり，水俣病を引き起こしました。現在では，エチレンの酸化によりアセトアルデヒドを製造しています。

ベンゼンの生成

アセチレンを赤熱した鉄**Fe**(触媒)に接触させると、3分子が結合して、芳香族化合物のベンゼン**C₆H₆**を生成します。

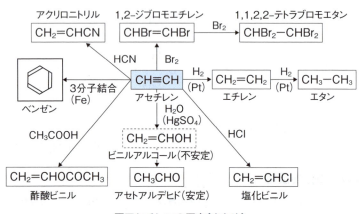

アセチレンの反応をまとめると、次のようになります。

■アセチレンの反応(まとめ)

■ **10-5** ■ アルコールとエーテル ■

10-5 アルコールとエーテル

学習の目標

● アルコールとエーテルの構造や性質，反応について学習します。

アルコールの分類

メタンCH_4やエタンC_2H_6のような炭化水素の**H**原子を，ヒドロキシ基**−OH**で置換した化合物を**アルコール**といい，一般式は**R−OH**で表されます。

アルコールは，分子中の**−OH**の数1, 2, 3個に応じて，**1価アルコール**，**2価アルコール**，**3価アルコール**に分類されます（下表）。

■ヒドロキシ基**−OH**の数によるアルコールの分類

分類	1価アルコール	2価アルコール	3価アルコール
例（構造式・名称）	H H │ │ H−C−C−OH │ │ H H エタノール （エチルアルコール）	H H │ │ H−C−C−H │ │ OH OH 1,2-エタンジオール （エチレングリコール）	H H H │ │ │ H−C−C−C−H │ │ │ OH OH OH 1,2,3-プロパントリオール （グリセリン）
沸点	78℃	198℃	290℃（分解する）

アルコールの名称は，同じ炭素数のアルカンの語尾−eを−ol（オール）に変えたものです。2価，3価の場合は，−diol（ジオール），−triol（トリオール）に変えます。1価のアルコールの慣用名として，「炭化水素基＋アルコール」で呼ばれることもあります。なお，エチレングリコール，グリセリンも慣用名です。

また，アルコールは，**−OH**の結合した**C**原子に炭化水素基**R−**が何個結合しているかによっても分類されます。**R−**が1個（0個も含む）のものを**第一級アルコール**，2個のものを**第二級アルコール**，3個のものを**第三級アルコール**といいます（次ページの表）。

また，分子中の**C**原子の数が少ないものを**低級アルコール**，**C**原子の数が多いものを**高級アルコール**と区別することもあります。

319

■ 10章 ■ 有機化合物

■炭化水素基Rーの数によるアルコールの分類

分類	第一級アルコール Rー：1個（0個も含む）	第二級アルコール Rー：2個	第三級アルコール Rー：3個
一般式	$\begin{array}{c} H \\ \| \\ R^1-C-OH \\ \| \\ H \end{array}$	$\begin{array}{c} R^2 \\ \| \\ R^1-C-OH \\ \| \\ H \end{array}$	$\begin{array}{c} R^2 \\ \| \\ R^1-C-OH \\ \| \\ R^3 \end{array}$
例（構造式・名称）	$CH_3-CH_2-CH_2-CH_2-OH$ 1-ブタノール $\begin{array}{c} CH_3 \\ \diagdown \\ \quad CH-CH_2-OH \\ \diagup \\ CH_3 \end{array}$ 2-メチル-1-プロパノール	$\begin{array}{c} CH_3 \\ \| \\ CH_3-CH_2-CH-OH \end{array}$ 2-ブタノール	$\begin{array}{c} CH_3 \\ \| \\ CH_3-C-OH \\ \| \\ CH_3 \end{array}$ 2-メチル-2-プロパノール

R^1-, R^2-, R^3-は炭化水素基を表します。また, 例はすべてC_4H_9OHの構造異性体です。

🧪 アルコールの性質

(1) アルコールは, ヒドロキシ基**ーOH**の間で**水素結合**(p.58参照) を形成するので, 炭化水素に比べて融点や沸点が高くなります。

(2) アルコールは, 親水基の**ーOH**と疎水基の炭化水素基**Rー**を両方もつので, 水にも有機溶媒にも溶ける可能性があります[*1]。

　低級アルコールは, 常温では液体で, 一般に, 水に溶けやすくて有機溶媒には溶けにくいです。

　一方, 高級アルコールは, 常温では固体で, 一般に, 水に溶けにくくて有機溶媒には溶けやすいです。

(3) アルコールの**ーOH**は電離しにくく, 水溶液は**中性**を示します。

*1) 直鎖の炭素骨格をもつ1価アルコール**R－OH**では, アルキル基の炭素数が3以下の場合, 疎水基よりも親水基の影響が強く現れ, 水に溶けやすくなります。しかし, 炭素数が4以上になると, 親水基よりも疎水基の影響が強くなり, 水に溶けにくくなります。

320

🧪 アルコールの反応

ナトリウム Na との反応

アルコールの $-OH$ の H 原子は，ナトリウム Na 原子と置換反応（p.310参照）して，水素 H_2 を発生します。この反応は，有機化合物中のヒドロキシ基 $-OH$ の検出に利用されます。

$$2C_2H_5OH + 2Na \longrightarrow 2C_2H_5ONa + H_2$$

ナトリウムエトキシド

アルコールの酸化反応

アルコールを過マンガン酸カリウム $KMnO_4$ や二クロム酸カリウム $K_2Cr_2O_7$ などの酸化剤で酸化すると，第一級アルコールはアルデヒドを経てカルボン酸になります[*1]。また，第二級アルコールはケトンになります。しかし，第三級アルコールは酸化されにくいです（下図）。

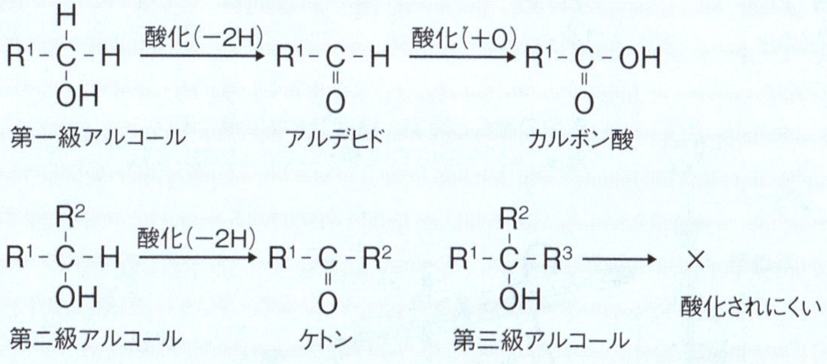

■アルコールの酸化反応

*1）第一級アルコールの第1段階の酸化は，脱水素（ $-2H$ ）による酸化で，同時に水 H_2O を生成しますが，第2段階の酸化は，酸素付加（ $+O$ ）による酸化で，水は生成しません。

これらの反応性の違いによって，そのアルコールが第何級アルコールであるかを区別することができます。

321

アルコールの脱水反応

アルコールに，触媒として濃硫酸 H_2SO_4 を加えて加熱すると，**脱水反応**が起こりますが，温度の違いによって生成物の種類が変わるので注意が必要です。

エタノールと濃硫酸の約1：2の混合液を **160～170℃** に加熱すると，分子内脱水が起こり，エチレンが生じます。また，エタノールと濃硫酸の約2：1の混合液を **130～140℃** に加熱すると，分子間脱水が起こり，ジエチルエーテルが生じます（下図）。

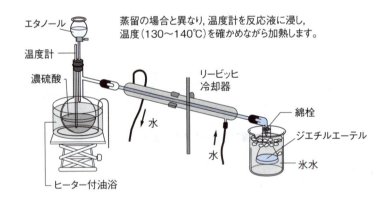

■ジエチルエーテルの製法

一般に，反応物2分子から，水などの簡単な分子が取れて新しい化合物ができる反応を，**縮合反応**といいます。また，反応物1分子から，水などの簡単な分子が取れて二重結合ができる反応を，**脱離反応**といいます。

10-5 ■ アルコールとエーテル ■

🧪 さまざまなアルコール

メタノール CH_3OH

メタノールは，メチルアルコールとも呼ばれ，無色の有毒な液体です。かつては木材の乾留（熱分解）で得ていましたが，現在は，高温・高圧下で触媒（酸化亜鉛 ZnO など）を用いて，一酸化炭素 CO と水素 H_2 から合成されます。

$$CO + 2H_2 \xrightarrow{ZnO} CH_3OH$$

メタノールは溶媒，燃料，化学工業の原料として利用されます。

エタノール C_2H_5OH

エタノールは，エチルアルコールとも呼ばれ，無色の液体です。

工業的には，リン酸 H_3PO_4 を触媒としてエチレン $CH_2=CH_2$ に水 H_2O を付加してつくります（p.314参照）。エタノールは消毒薬，化学工業の原料などとして利用されます。

また，飲料（酒類）用のエタノールは，酵母によるグルコース $C_6H_{12}O_6$ の**アルコール発酵**で得られます。

$$C_6H_{12}O_6 \longrightarrow 2C_2H_5OH + 2CO_2$$

エチレングリコール $CH_2(OH)CH_2(OH)$

エチレングリコールは，無色で粘性のある有毒な液体です。自動車エンジンの冷却用不凍液や，プラスチックの原料などに利用されます。

グリセリン $CH_2(OH)CH(OH)CH_2(OH)$

グリセリンは，無色で粘性のある液体で，吸湿性があり無毒です。医薬品，化粧品，プラスチックなどの原料等に利用されます。

■ 10章 ■ 有機化合物

エーテル

アルコール R－OH の H 原子を，炭化水素基 R′ － で置換した化合物 R－O－R′ を**エーテル**といい（次表），－O－の結合を**エーテル結合**といいます。

エーテルは，炭化水素基名をアルファベット順に並べ，そののちに「エーテル」をつけて命名します。

■主なエーテル

名称	ジメチルエーテル	エチルメチルエーテル	ジエチルエーテル
示性式	CH_3OCH_3	$C_2H_5OCH_3$	$C_2H_5OC_2H_5$
沸点	－25℃	7℃	34℃

エーテルと1価アルコールは，ともに一般式 $C_nH_{2n+2}O$ で表され，互いに構造異性体の関係にありますが，性質はかなり異なります（下表）。

■エタノールとジメチルエーテル（ともに分子式 C_2H_6O）の性質

名称	エタノール	ジメチルエーテル
融点・沸点	高い[*1]	低い[*1]
水への溶解性	溶けやすい	溶けにくい
Na との反応	水素を発生する	反応しない

[*1] エタノール C_2H_5OH 中のヒドロキシ基－OH は，分子間で水素結合を形成するので，沸点は高くなります（78℃）。一方，ジメチルエーテル CH_3OCH_3 中のエーテル結合－O－は，分子間で水素結合を形成しないので，沸点は低くなります（－25℃）。

ジエチルエーテル $C_2H_5OC_2H_5$

エタノールの脱水縮合（p.322参照）で得られるジエチルエーテルは，揮発性の大きい無色の液体で，単にエーテルとも呼ばれます。引火性が強く，特有のにおいをもち，麻酔作用があるので，取り扱いには注意が必要です。多くの有機化合物をよく溶かすので，有機溶媒として利用されます。

324

■ **10-6** ■ アルデヒドとケトン ■

10-6 アルデヒドとケトン

学習の目標

●アルデヒドとケトンの構造や性質，反応について学習します。

カルボニル化合物

CとOの二重結合からなる官能基 $>C=O$ を，**カルボニル基**といいます。カルボニル基にH原子が結合した官能基 $-C{<}{\stackrel{O}{\diagdown}}_{H}$ を**ホルミル基**（**アルデヒド基**）といい，ホルミル基をもつ化合物R－CHOを**アルデヒド**といいます。

また，カルボニル基に2つの炭化水素基R－が結合した化合物を**ケトン**といい，この中に含まれる官能基 $>C=O$ を**ケトン基**ともいいます。

アルデヒドとケトンは，ともに一般式 $C_nH_{2n}O$ で表され，互いに構造異性体の関係にあります。アルデヒドとケトンは，まとめて**カルボニル化合物**と総称されます。

$$-\overset{\overset{\displaystyle O}{\|}}{C}-H \xrightarrow{\text{Hが結合}} -\overset{\overset{\displaystyle O}{\|}}{C}- \xrightarrow{\text{Rが結合}} R^1-\overset{\overset{\displaystyle O}{\|}}{C}-R^2$$

ホルミル基　　　　　カルボニル基　　　　　　ケトン基
（アルデヒド基）

アルデヒド

アルデヒドは第一級アルコールの酸化で得られ，さらに酸化するとカルボン酸になります。逆に，アルデヒドを還元すると第一級アルコールに戻ります。

$$\underset{\text{第一級アルコール}}{\overset{\displaystyle H}{\underset{\displaystyle R}{>}}C{<}\overset{\displaystyle OH}{\underset{\displaystyle H}{}}} \underset{\text{還元(+2H)}}{\overset{\text{酸化(-2H)}}{\rightleftharpoons}} \underset{\text{アルデヒド}}{R-C{<}\overset{O}{\diagdown}_H} \xrightarrow{\text{酸化(+O)}} \underset{\text{カルボン酸}}{R-C{<}\overset{O}{\diagdown}_{OH}}$$

325

また、アルデヒドは、通常、カルボン酸名をもとに命名されますが、炭化水素名の語尾 -e を -al (アール) に変えてもかまいません。

$$CH_3OH \rightleftharpoons HCHO \longrightarrow HCOOH$$
メタノール　　　　ホルムアルデヒド　　ギ酸 (formic acid)

$$CH_3CH_2OH \rightleftharpoons CH_3CHO \longrightarrow CH_3COOH$$
エタノール　　　　アセトアルデヒド　　酢酸 (acetic acid)

$$CH_3CH_2CH_2OH \rightleftharpoons CH_3CH_2CHO \longrightarrow CH_3CH_2COOH$$
1-プロパノール　　　プロピオンアルデヒド　プロピオン酸 (propionic acid)

第一級アルコール　　　アルデヒド　　　カルボン酸

■第一級アルコール、アルデヒド、カルボン酸の関係

アルデヒドの性質

アルデヒドは、酸化されてカルボン酸に変化しやすいので、他の物質を還元する性質 (**還元性**) を示します (下図)。

銀鏡反応

アルデヒドは、アンモニア性硝酸銀水溶液 (ジアンミン銀 (Ⅰ) イオン $[Ag(NH_3)_2]^+$ の水溶液) と反応すると、Ag^+ を還元して、銀 Ag が析出します (**銀鏡反応**)。

$$R-CHO + 2Ag^+ + 3OH^- \longrightarrow R-COO^- + 2Ag + 2H_2O$$

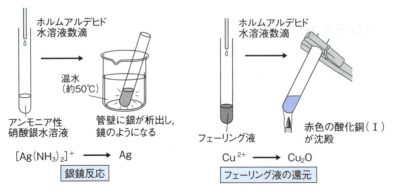

■アルデヒドの還元性

フェーリング液の還元

アルデヒドは，フェーリング液（硫酸銅（Ⅱ）$CuSO_4$と酒石酸ナトリウムカリウムと水酸化ナトリウムの混合水溶液）と反応すると，Cu^{2+}を還元して，酸化銅（Ⅰ）Cu_2Oの赤色沈殿が生じます（**フェーリング液の還元**）。

$$R-CHO + 2Cu^{2+} + 5OH^- \longrightarrow R-COO^- + Cu_2O + 3H_2O$$

これらの反応は，ともにホルミル基－CHOの検出に利用されます。

🧪 いろいろなアルデヒド

ホルムアルデヒド HCHO

ホルムアルデヒドは，無色・刺激臭のある気体で，水によく溶けます。約37％水溶液は**ホルマリン**と呼ばれ，防腐剤や生物標本の保存液，プラスチックの原料に利用されます。

実験室では，加熱した銅線CuOを熱いうちにメタノールCH_3OHの蒸気に触れさせると，メタノールが酸化されて生成します（下図）。

$$CH_3OH + CuO \longrightarrow HCHO + Cu + H_2O$$

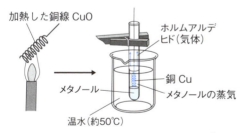

加熱した銅線の表面に生成したCuOは，メタノールの蒸気に触れると銅Cuに還元されます。同時に，メタノールは酸化されてホルムアルデヒド（気体）が発生します。

■ホルムアルデヒドの製法

アセトアルデヒド CH_3CHO

アセトアルデヒドは，無色・刺激臭のある液体（沸点20℃）で，水にも有機溶媒にもよく溶けます。酢酸CH_3COOHの原料となるほか，各種の有機化合物の合成原料に用いられます。実験室では，エタノールC_2H_5OHを硫酸酸性の二クロム酸カリウム$K_2Cr_2O_7$水溶液に加えて熱すると，酸化されて生成します（次ページの上図）。

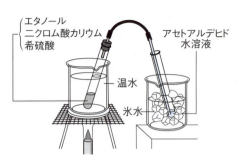

■アセトアルデヒドの製法

🧪 ケトン

一般式が **R－CO－R′**（R, R′ は炭化水素基）で表される化合物を，**ケトン**といいます（下表）。ケトンは，炭化水素基名をアルファベット順に並べ，その後に「ケトン」をつけて命名しますが，炭化水素名の語尾 -e を -on（オン）に変えてもかまいません。

■主なケトン

名称	示性式	沸点
アセトン（ジメチルケトン）	CH_3COCH_3	56℃
エチルメチルケトン	$C_2H_5COCH_3$	80℃

ケトンは，第二級アルコールを酸化すると得られます。ケトンは酸化されにくいので，還元性を示しません。したがって，銀鏡反応やフェーリング液の還元は起こりません。

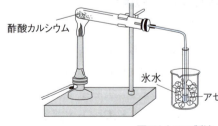

■アセトンの製法

アセトン CH₃COCH₃

アセトンは，無色・芳香のある液体で，水にも有機溶媒にもよく溶けます。したがって，塗料の溶剤などに利用されます。

実験室では，2-プロパノール CH₃CH(OH)CH₃ の酸化や，酢酸カルシウム (CH₃COO)₂Ca の乾留（熱分解）によって得られます（前ページ下図）。

$$(CH_3COO)_2Ca \xrightarrow{乾留} CH_3COCH_3 + CaCO_3$$

🧪 ヨードホルム反応

アセトン CH₃COCH₃ にヨウ素 I₂ と水酸化ナトリウム NaOH を加えて温めると，特有の臭気をもつヨードホルム CHI₃ の黄色沈殿が生じます。この反応を**ヨードホルム反応**といいます（下図）。

$$CH_3COCH_3 + 3I_2 + 4NaOH$$
$$\longrightarrow CHI_3 + CH_3COONa + 3NaI + 3H_2O$$

この反応は，CH₃CO- の構造をもつケトンやアルデヒド，または CH₃CH(OH)-[*1] の構造をもつアルコールで見られる特有の反応です。

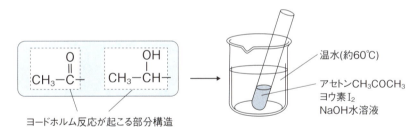

■ヨードホルム反応

*1) アルコールの -OH がヨウ素 I₂（酸化剤）によって酸化され，生じた CH₃CO- によってヨードホルム反応が起こります。

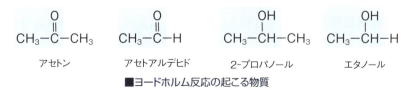

■ヨードホルム反応の起こる物質

■ 10章 ■ 有機化合物

10-7 カルボン酸とエステル

学習の目標

● カルボン酸とエステルの構造や性質，反応について学習します。

🧪 カルボン酸

分子中にカルボキシ基 − COOH をもつ化合物を**カルボン酸**といい，一般式は **R − COOH** で表されます。

分子中に − COOH を 1，2，3 個もつものを，それぞれ**1価カルボン酸**，**2価カルボン酸**，**3価カルボン酸**といいます。特に，鎖式の1価カルボン酸は，油脂中に多く含まれることから，**脂肪酸**といいます。

脂肪酸のうち，炭化水素基 R − の中に，単結合しか含まれていないものを**飽和脂肪酸**，不飽和結合（p.301 参照）を含むものを**不飽和脂肪酸**といいます。また，C 原子の数が多い脂肪酸を**高級脂肪酸**，C 原子の数が少ない脂肪酸を**低級脂肪酸**と区別することがあります。

カルボン酸の名称は，慣用名が多く用いられます。また，カルボン酸は，一般に，第一級アルコールやアルデヒドの酸化で得られます。

$$
\underset{\text{第一級アルコール}}{R-\overset{\overset{\displaystyle H}{|}}{\underset{\underset{\displaystyle H}{|}}{C}}-OH} \xrightarrow{\text{酸化}(-2H)} \underset{\text{アルデヒド}}{R-\overset{}{\underset{\underset{\displaystyle O}{\|}}{C}}-H} \xrightarrow{\text{酸化}(+O)} \underset{\text{カルボン酸}}{R-\overset{}{\underset{\underset{\displaystyle O}{\|}}{C}}-OH}
$$

🧪 カルボン酸の性質

(1) 低級脂肪酸は，刺激臭のある無色の液体で，水によく溶けて弱い酸性を示します。

$$R-COOH \rightleftharpoons R-COO^- + H^+$$

(2) 高級脂肪酸は水に溶けにくいですが，塩基の水溶液には塩をつくるので，よく溶けます。

$$R-COOH + NaOH \longrightarrow R-COONa + H_2O$$

(3) 酸の強さは，**塩酸・硫酸＞カルボン酸＞炭酸**（CO_2 の水溶液）です。

330

したがって，カルボン酸を炭酸の塩である炭酸水素ナトリウム**NaHCO₃**の水溶液に加えると，次のような反応が起こり，弱酸の二酸化炭素**CO₂**が発生します(p.125参照)。この反応は，有機化合物中の**－COOH**の検出に利用されます。

$$\underset{\text{強い酸}}{R-COOH} + \underset{\text{弱い酸の塩}}{NaHCO_3} \longrightarrow \underset{\text{強い酸の塩}}{R-COONa} + \underset{\text{弱い酸}}{CO_2 + H_2O}$$

🧪 ギ酸と酢酸

ギ酸 HCOOH

ギ酸は刺激臭のある無色の液体で，水によく溶けます。ホルムアルデヒド**HCHO**を酸化すると得られます。

$$HCHO \xrightarrow[(+O)]{\text{酸化}} HCOOH$$

ギ酸は分子中に，カルボキシ基とともにホルミル基(アルデヒド基)をもつので(右図)，**還元性**を示します。しかし，銀鏡反応を示しますが，フェーリング液の還元は極めて起こりにくいです。

■ギ酸の構造式

酢酸 CH₃COOH

酢酸は，刺激臭のある無色の液体で，水にも有機溶媒にもよく溶けます。純粋な酢酸(融点17℃)は，冬期には氷結しやすいので，**氷酢酸**と呼ばれます。酢酸に適切な脱水剤を加えて加熱すると，酢酸2分子から水1分子が取れて縮合し，**無水酢酸(CH₃CO)₂O**が生じます。

$$\begin{matrix} CH_3-\overset{O}{\underset{\|}{C}}-OH \\ CH_3-\underset{\|}{\overset{}{C}}-OH \\ O \end{matrix} \xrightarrow{\text{縮合}} \begin{matrix} CH_3-\overset{O}{\underset{\|}{C}} \\ CH_3-\underset{\|}{\overset{}{C}} \\ O \end{matrix}\!>\!O + H_2O$$

無水酢酸

無水酢酸のように，2個の－**COOH**から水1分子が取れてできた化合物を**酸無水物**といい，－**COOH**がないので酸性を示しません。

■ 10章 ■ 有機化合物

🧪 マレイン酸とフマル酸

2価の不飽和カルボン酸には，**マレイン酸**と**フマル酸**があり，両者は，シス-トランス異性体（p.313参照）の関係にあります。これは，**C=C**結合がそれを軸とした分子内の回転ができないために，2つは別々の化合物として存在します。

$$
\underset{\text{マレイン酸（シス形）}}{\overset{\displaystyle H}{\underset{\displaystyle HOOC}{\big\rangle}} C = C \overset{\displaystyle H}{\underset{\displaystyle COOH}{\big\langle}}}
\qquad
\underset{\text{フマル酸（トランス形）}}{\overset{\displaystyle H}{\underset{\displaystyle HOOC}{\big\rangle}} C = C \overset{\displaystyle COOH}{\underset{\displaystyle H}{\big\langle}}}
$$

■マレイン酸とフマル酸の性質

名称	融点	分子の極性	溶解度（25℃）	毒性
マレイン酸	133℃	極性分子	79〔g/100g水〕	有毒
フマル酸	287℃	無極性分子	0.7〔g/100g水〕	無毒

シス形のマレイン酸を約160℃に加熱すると，容易に分子内で脱水反応が起こり，**無水マレイン酸**に変化します。

$$
\underset{\text{マレイン酸（シス形）}}{\overset{\displaystyle H}{\underset{\displaystyle HOOC}{\big\rangle}} C = C \overset{\displaystyle H}{\underset{\displaystyle COOH}{\big\langle}}}
\xrightarrow[\text{脱水}]{\text{約160℃}}
\underset{\text{無水マレイン酸（融点53℃）}}{\cdots}
+ H_2O
$$

一方，トランス形のフマル酸を加熱しても，2つの**−COOH**が離れているので，脱水は起こりにくいです。

$$
\underset{\text{フマル酸（トランス形）}}{\overset{\displaystyle H}{\underset{\displaystyle HOOC}{\big\rangle}} C = C \overset{\displaystyle COOH}{\underset{\displaystyle H}{\big\langle}}}
\xrightarrow{\text{約160℃}}
\begin{array}{l}\text{脱水は}\\\text{起こりにくい}\end{array}
$$

332

🧪 鏡像異性体

1つの分子内に，−COOHと−OHをもつカルボン酸を**ヒドロキシ酸**といい，次のようなものがあります。

乳酸 (ヨーグルト)	リンゴ酸 (リンゴ,ブドウ)	酒石酸 (ブドウ)	クエン酸 (ミカン,レモン)
CH₃C*HCOOH | OH	CH₂COOH | C*HCOOH | OH	OH | C*HCOOH | C*HCOOH | OH	CH₂COOH | C(OH)COOH | CH₂COOH

C*は不斉炭素原子，かっこ内は各ヒドロキシ酸を含む食品を示します。

■主なヒドロキシ酸

乳酸分子 CH₃C*H(OH)COOH の中心の炭素原子（＊印）には，メチル基 CH₃−，ヒドロキシ基 −OH，カルボキシ基 −COOH，水素原子 H の4種類の異なる原子，原子団（基）が結合しています。このような炭素原子を**不斉炭素原子**といいます。

不斉炭素原子をもつ分子には，原子または原子団の立体的な配置が異なるため，互いに重ね合わせることができない異性体が存在します。例えば，乳酸分子の場合，下図の(a)と(b)のように，鏡に対して互いに実像と鏡像の関係，あるいは左手と右手の関係にある2種類の異性体があります。このような異性体を**鏡像異性体**といいます。

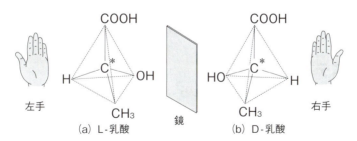

■乳酸の鏡像異性体

1対の鏡像異性体は，通常，D-，L-の記号をつけて区別されます。

鏡像異性体は，融点・沸点・溶解度・密度などの物理的性質と，反応性などの化学的性質は全く同じですが，次に述べるある種の光学的性質だけが異なるので，**光学異性体**とも呼ばれます。

自然光はあらゆる方向に振動していますが，偏光板を通すと，一方向のみで振動する**偏光**が得られ（下図），その振動面を**偏光面**といいます。鏡像異性体の一方の型の水溶液に偏光を通すと，偏光面が右または左に回転されます。このような性質を**旋光性**といいます。

例えば，ある鏡像異性体のD型の旋光性の大きさ（旋光度）が $+\theta°$ とすると，他方のL型の旋光度は $-\theta°$ となります。

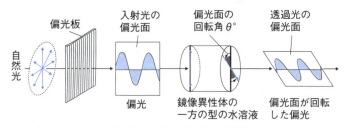

■鏡像異性体による偏光面の回転

また，鏡像異性体は味やにおいなど，生物に対する作用（生理作用）が異なる場合があります。例えば，L-グルタミン酸ナトリウムにはコンブの旨味がありますが，D-グルタミン酸ナトリウムには旨味はありません。また，L-メントールには強いハッカ臭がありますが，D-メントールはカビ臭いにおいがするだけです。

🧪 エステル化

カルボン酸 R−COOH とアルコール R′−OH が脱水縮合して生じる化合物を**エステル**（一般式：R−COO−R′）*¹といい，エステル中に含まれる −COO− の結合を**エステル結合**といいます。また，エステルが生成する反応を**エステル化**といいます。

*1) エステルの示性式は，ふつうはカルボン酸側から書いてRCOOR′と表しますが，アルコール側から書くとR′OCORとなります。

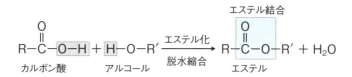

エステルは，カルボン酸名の後にアルコールの炭化水素基名をつけて命名します。

酢酸CH_3COOHとエタノールC_2H_5OHの混合物に，触媒として少量の濃硫酸H_2SO_4を加えて加熱すると，脱水縮合（エステル化）が起こり，酢酸エチル$CH_3COOC_2H_5$と水H_2Oが生じます（下図）。

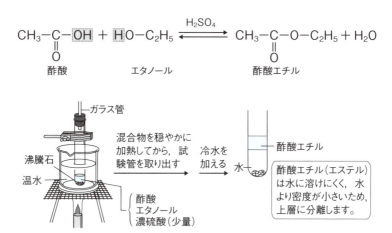

■酢酸エチルの製法

🧪 エステルの性質と反応

エステルの性質

エステルとカルボン酸は，互いに構造異性体の関係にありますが，エステルの沸点はカルボン酸の沸点よりもかなり低いです。それは，エステルはカルボン酸とは異なり，分子間に水素結合（p.58参照）を形成しないからです。

■ **10章** ■ 有機化合物

*1) エステルの酢酸エチル$CH_3COOC_2H_5$と，カルボン酸の酪酸$CH_3(CH_2)_2COOH$は，どちらも分子式$C_4H_8O_2$で表される化合物で，互いに構造異性体の関係にあります。
*2) カルボン酸どうしは，右のように水素結合（---）を形成する性質があります。

$$R-C\begin{matrix} O \cdots\cdots H-O \\ O-H\cdots\cdots O \end{matrix}C-R$$

　エステルは，水に溶けにくく有機溶媒に溶けやすい。また，低分子量のエステルは，芳香（果実臭）のある液体で，塗料の溶剤や，食品の人工香料（エッセンス）などに用いられます。

■主なエステル

名称	示性式	香りの種類
酢酸エチル	$CH_3COOC_2H_5$	西洋梨
酢酸ペンチル	$CH_3COO(CH_2)_4CH_3$	バナナ
酪酸エチル	$CH_3(CH_2)_2COOC_2H_5$	パイナップル

エステルの加水分解反応

　エステルに水を加え，少量の酸（触媒）とともに加熱すると，カルボン酸とアルコールに分解されます。この反応を**エステルの加水分解**といいます。[*3]

*3) このとき，少量の硫酸H_2SO_4や塩酸HClを加えておくと，H^+が触媒として働き，反応が速くなります。

　例えば，酢酸エチル$CH_3COOC_2H_5$は次のように加水分解されますが，やがて平衡状態となります。

$$CH_3COOC_2H_5 + H_2O \rightleftharpoons CH_3COOH + C_2H_5OH$$

　エステルに強塩基（p.112参照）の水溶液を加えて加熱すると，反応は速く，完全に加水分解できます。このように，塩基を用いたエステルの加水分解を，特に**けん化**といいます。

　例えば，酢酸エチルに水酸化ナトリウム$NaOH$水溶液を加えて加熱すると，けん化されて，酢酸ナトリウムCH_3COONaとエタノールC_2H_5OHが生成します。

$$CH_3COOC_2H_5 + NaOH \longrightarrow CH_3COONa + C_2H_5OH$$

■ **10-8** ■ 油脂とセッケン ■

10-8 油脂とセッケン

学習の目標

●油脂とセッケンの構造や性質，その利用について学習します。

🧪 油脂の構成

動物の体内や植物の種子などに多く存在する**油脂**は，炭素数の多い高級脂肪酸$R-COOH$と3価アルコールであるグリセリン$C_3H_5(OH)_3$のエステルです。

$$
\begin{array}{l}
R^1-COOH \\
R^2-COOH \\
R^3-COOH
\end{array}
+
\begin{array}{l}
HO-CH_2 \\
\;\;\;\;|\\
HO-CH \\
\;\;\;\;|\\
HO-CH_2
\end{array}
\xrightarrow{\text{エステル化}}
\begin{array}{l}
R^1-COO-CH_2 \\
\;\;\;\;\;\;\;\;\;\;\;|\\
R^2-COO-CH \\
\;\;\;\;\;\;\;\;\;\;|\\
R^3-COO-CH_2
\end{array}
+
3H_2O
$$

高級脂肪酸　　　　　グリセリン　　　　　　　油脂(トリグリセリド)

油脂を構成する高級脂肪酸は，下表のように，炭素数が偶数で，16や18のものが圧倒的に多いです。

■油脂を構成する脂肪酸

	油脂を構成する脂肪酸	示性式	融点〔℃〕	C＝C結合の数	状態（常温）
飽和脂肪酸	パルミチン酸	$C_{15}H_{31}COOH$	63	0	固体
	ステアリン酸	$C_{17}H_{35}COOH$	71	0	
不飽和脂肪酸	オレイン酸	$C_{17}H_{33}COOH$	13	1	液体
	リノール酸	$C_{17}H_{31}COOH$	−5	2	
	リノレン酸	$C_{17}H_{29}COOH$	−11	3	

🧪 油脂の分類

牛脂（ヘット）・豚脂（ラード）のように，常温で固体の油脂を**脂肪**，大豆油・オリーブ油のように，常温で液体の油脂を**脂肪油**といいます。油脂の融点は，炭素原子の数が多いほど高くなり，炭素原子の数が同じときは，$C＝C$結合が多いほど低くなります（上表）。

337

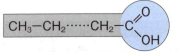

直鎖状の分子で,分子間力が強くなり,融点が高くなります。

パルミチン酸　$C_{15}H_{31}COOH$
ステアリン酸　$C_{17}H_{35}COOH$

■飽和脂肪酸

折れ線形の分子で,分子間力が弱くなり,融点が低くなります。

オレイン酸　$C_{17}H_{33}COOH$
リノール酸　$C_{17}H_{31}COOH$
リノレン酸　$C_{17}H_{29}COOH$

■不飽和脂肪酸

硬化油

　液体の脂肪油に,ニッケル Ni を触媒として水素 H_2 を付加させると,構成する不飽和脂肪酸が飽和脂肪酸に変わり,油脂の融点が高くなります。これを**油脂の硬化**といい,生じた油脂を**硬化油**といいます。

　植物性油脂からつくった硬化油は,セッケンやマーガリンの原料として利用されます。

乾性油と不乾性油

　アマニ油やひまわり油のような不飽和度の大きい脂肪油は,空気中に放置されると,酸化されて固化します。このような脂肪油を**乾性油**といい,塗料や印刷用のインクなどに使用されます。

　一方,オリーブ油や椿油のような不飽和度の小さい脂肪油は,空気中に放置されても固化しません。このような脂肪油を**不乾性油**といい,食用油や毛髪用の油などに使用されます。

🧪 油脂の計算

　一般に,油脂は混合物で,油脂の分子量や**不飽和度**(分子1分子中に含まれる C=C 結合の数)は,一定ではありません。そこで,これらの値を推定するのに,次に説明する**けん化価**や**ヨウ素価**が利用されます。

けん化価

　油脂1gをけん化するのに必要な,水酸化カリウム KOH の質量〔mg〕の数値を,**けん化価**といいます。

　油脂1molを完全にけん化するには,KOH が3mol必要なので,油脂の平均分子量を M とすると,けん化価は次のようになります。

$$けん化価 = \frac{1}{M} \times 3 \times 56 \,(\text{KOH の式量}) \times 10^3$$

以上より，けん化価が大きい油脂は，比較的分子量の小さな脂肪酸を多く含むことがわかります。つまり，けん化価によって油脂の平均分子量の大小を推定できます。

ヨウ素価

油脂100gに付加するヨウ素 I_2 の質量〔g〕の数値を，**ヨウ素価**といいます。

油脂中の $C = C$ 結合1molにつき I_2 が1mol付加するので，油脂の平均分子量を M，油脂の不飽和度を n とすると，ヨウ素価は次のようになります。

$$ヨウ素価 = \frac{100}{M} \times n \times 254 \,(I_2 \text{の分子量})$$

以上より，ヨウ素価が大きい油脂は不飽和度が大きく，$C = C$ 結合を多く含む不飽和脂肪酸を多く含むことがわかります。つまり，ヨウ素価によって油脂の不飽和度の大小を推定できます。

🧪 セッケン

セッケンの生成

油脂に水酸化ナトリウム **NaOH** 水溶液を加えて加熱すると，油脂はけん化されて，グリセリン $C_3H_5(OH)_3$ と高級脂肪酸のナトリウム塩 **R－COONa**，すなわち**セッケン**を生じます。

$$
\begin{array}{c}
\text{R}^1\text{-COOCH}_2 \\
\text{R}^2\text{-COOCH} \\
\text{R}^3\text{-COOCH}_2 \\
\text{油脂}
\end{array}
+ \; 3\text{NaOH} \; \xrightarrow{\text{けん化}} \;
\begin{array}{c}
\text{R}^1\text{-COONa} \\
\text{R}^2\text{-COONa} \\
\text{R}^3\text{-COONa} \\
\text{脂肪酸ナトリウム} \\
\text{(セッケン)}
\end{array}
+ \;
\begin{array}{c}
\text{CH}_2\text{OH} \\
\text{CHOH} \\
\text{CH}_2\text{OH} \\
\text{グリセリン}
\end{array}
$$

反応式の係数比から，油脂1molを完全にけん化するには，水酸化ナトリウムのような強塩基が3mol必要なことがわかります。

セッケンの性質

(1) セッケンは，弱酸と強塩基からなる塩であり，水溶液中で加水分解して弱塩基性を示します。そのため，塩基性に弱い動物性繊維（羊毛や絹）の洗濯には使えません。

(2) セッケンは，Ca^{2+}やMg^{2+}を多く含む水（**硬水**）中では，水に不溶性の塩を生じるため，洗浄力を失います。

$$2R-COONa + Ca^{2+} \longrightarrow (R-COO)_2Ca\downarrow + 2Na^+$$

🧪 セッケンの洗浄作用

セッケンは，水になじみやすい**親水基**の$-COO^-$と，水になじみにくい（油となじみやすい）**疎水基**（**親油基**）の炭化水素基**R-**を，両方もっています（次図の左）。このような物質を**界面活性剤**といい，水の表面張力を小さくし，水と油をなじませる働きがあります。

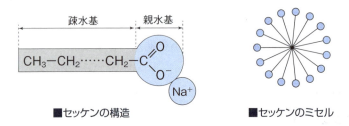

■セッケンの構造　　　■セッケンのミセル

セッケンを一定濃度以上（約0.2%〜）で水に溶かすと，セッケン分子は**ミセル**と呼ばれる球状のコロイド粒子をつくります（上図の右）。

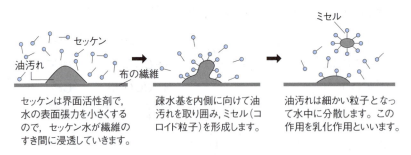

■セッケンによる油汚れの洗浄の様子

セッケン水に油汚れのついた布を入れて撹拌すると，やがて布から油汚れが引き離され，ミセルの内部に油汚れが取り込まれた状態で水中に分散します。このような作用をセッケンの**乳化作用**といい，得られる溶液を**乳濁液**といいます（前ページの下図）。

🧪合成洗剤

石油などを原料として合成された界面活性剤を**合成洗剤**といいます。主な合成洗剤には，次の2種類があります。

⑴ 高級アルコールを濃硫酸 H_2SO_4 でエステル化し，さらに水酸化ナトリウム NaOH で中和したもの。**高級アルコール系洗剤**とも呼ばれます。

$$\textbf{R-OH} \xrightarrow[\text{エステル化}]{\text{濃}H_2SO_4} \textbf{R-OSO}_3\textbf{H} \xrightarrow[\text{中和}]{\text{NaOH}} \textbf{R-OSO}_3\textbf{Na}$$

高級アルコール　　　　　　　アルキル硫酸　　　　　　　アルキル硫酸ナトリウム

⑵ 石油からつくったアルキルベンゼンを，濃硫酸でスルホン化（p.345参照）し，さらに水酸化ナトリウムで中和したもの。**ABS洗剤**とも呼ばれます。

$$\text{R} \mathbin{-}\!\!\bigcirc\!\!\mathbin{-} \xrightarrow[\text{スルホン化}]{\text{濃}H_2SO_4} \text{R}\mathbin{-}\!\!\bigcirc\!\!\mathbin{-}\text{SO}_3\text{H} \xrightarrow[\text{中和}]{\text{NaOH}} \text{R}\mathbin{-}\!\!\bigcirc\!\!\mathbin{-}\text{SO}_3\text{Na}$$

アルキルベンゼン　　　　　アルキルベンゼン　　　　　　　　アルキルベンゼン
　　　　　　　　　　　　　スルホン酸　　　　　　　　　　　スルホン酸ナトリウム

合成洗剤には，次のような特徴があります。

⑴ 強酸と強塩基からなる塩であり，水溶液は中性を示します。そのため，動物性繊維（羊毛や絹）の洗濯にも使えます。

⑵ 硬水中で使用しても，不溶性の沈殿をつくらず，洗浄力を保ちます。

⑶ セッケンに比べて微生物による分解速度が遅いので，環境への負荷はセッケンよりも大きくなります。

■ 10章 ■ 有機化合物

10-9 芳香族炭化水素

学習の目標

● 芳香族炭化水素の構造や性質，反応について学習します。

ベンゼンの発見

19世紀初頭，石炭を乾留（熱分解）して得られる物質のうち，気体成分の石炭ガスは街灯用に，固体成分のコークスは製鉄用に利用されていました。一方，液体成分のコールタールは使わずに捨てられていました。その後，コールタールからベンゼン，トルエン，フェノール，ナフタレンなど，特有の性質をもつ一群の化合物（芳香族化合物）が発見されました。芳香族化合物の基本となる化合物が，ベンゼン C_6H_6 なのです。

ベンゼンは，1825年，ファラデー（イギリス）によって発見され，1834年，ミッチェルリッヒ（ドイツ）が分子式を C_6H_6 と決定しました。ベンゼンは，分子式からは C 原子間に不飽和結合を多く含むことが予想されますが，実際にはほとんど付加反応を起こしません。そのため，多くの化学者たちは，その構造式をなかなか決定できませんでした。現在，使用されている正六角形の環状の構造式は，1865年，ケクレ（ドイツ）によって提案されたものです。

ベンゼンの構造

ベンゼン C_6H_6 の分子は，6個の C 原子が正六角形の環状に結合し，さらに各 C 原子に H 原子が1個ずつ結合しており，すべての原子が同一平面上にあります（p.344参照）。

ベンゼンの C 原子間の結合は，エタンの $C-C$ 結合よりも短く，エチレンの $C=C$ 結合よりも長く，ちょうど単結合と二重結合の中間の長さを示します。すなわち，ベンゼンの二重結合は，特定の C 原子間に固定されていないため，ベンゼンではアルケンのような付加反応が起こりにくいのです。

342

ベンゼン分子に見られる正六角形の炭素骨格の構造を**ベンゼン環**といい，ベンゼン環をもつ化合物を**芳香族化合物**といいます。

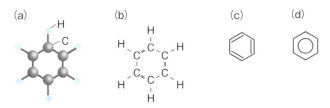

ベンゼンの構造式は，(b)のように二重結合と単結合を交互に書いて表します。また，(c)のように，C原子とH原子を省略し，炭素骨格だけを価標で表すことが多いです。実際には，C原子間の結合の長さや性質はすべて同等なので，(d)のように表すこともあります。

■ベンゼンの構造と表し方

芳香族炭化水素

ベンゼン環をもつ炭化水素を**芳香族炭化水素**といいます。芳香族炭化水素は，以前は石炭の乾留で得られたコールタールの分留で得ていましたが，現在は石油の分留で得られるナフサ（粗製ガソリン）から合成され(p.9参照)，化学工業の原料として広く利用されています。

芳香族炭化水素は，水に溶けにくく，有機溶媒にはよく溶けます。また，分子中の炭素の割合が大きいので，空気中では不完全燃焼して多量のすすを発生します（燃料には不向きです）。

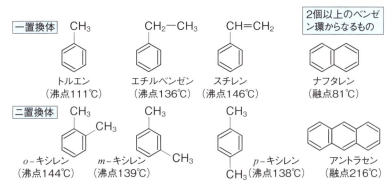

ベンゼン環のH原子1個，2個，…を別の原子や原子団で置換したものを，一置換体，二置換体，…といいます。

■芳香族炭化水素の例

ベンゼン C₆H₆

ベンゼンは，特有の臭気をもつ無色の液体(融点5.5℃)で，水よりも軽い。多くの芳香族化合物の合成原料となりますが，蒸気は極めて有毒で，発がん性も指摘されているので，有機溶媒には用いません。

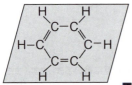

ベンゼンは，すべての原子が同一平面上にあり，C 原子は正六角形状に結合しています。また，C－H 結合の極性は，分子全体ではちょうど打ち消し合うので，ベンゼンは無極性分子となります。

■ベンゼンの平面構造

トルエン C₆H₅CH₃

トルエンは，ベンゼンの H 原子1個をメチル基 CH₃－で置換した化合物で，ベンゼンによく似た性質をもちます。なお，ベンゼンの一置換体には異性体はありません。ベンゼンよりも毒性がやや弱いので，有機溶媒に用いられます。

キシレン C₆H₄(CH₃)₂

キシレンは，ベンゼンの H 原子2個をメチル基で置換した化合物で，トルエンによく似た性質をもちます。なお，ベンゼンの二置換体には**オルト**(*o*-)，**メタ**(*m*-)，**パラ**(*p*-)の3種類の構造異性体があります（下図）。

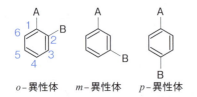

基準の置換基（A－）の番号を1として，ベンゼン環の炭素原子に右回りに番号をつけ，その数字で命名することもできます。例えば，*o*-キシレンは1,2-ジメチルベンゼン，*m*-キシレンは1,3-ジメチルベンゼン，*p*-キシレンは1,4-ジメチルベンゼンとなります。

■ベンゼンの二置換体の構造異性体

ナフタレン C₁₀H₈

ナフタレンは，2個のベンゼン環が一辺を共有した構造（縮合環）をもちます。昇華性のある無色の結晶で，防虫剤や染料の原料に用いられます。ナフタレンの一置換体には，2種類の構造異性体があります（次ページの図）。

■ **10-9** ■ 芳香族炭化水素 ■

ナフタレンの置換体の場合，C原子に左のように番号をつけて，置換された部分を示します。

■ナフタレンの一置換体の構造異性体

🧪 ベンゼンの置換反応

ベンゼンに臭素Br_2を作用させても容易に付加反応は起こりません。これは，ベンゼン環の構造が非常に安定であるためです。ベンゼンでは，ベンゼン環に結合したH原子と，他の原子や原子団との置換反応が起こりやすいです。

ハロゲン化

ベンゼンに鉄Fe粉を触媒として，塩素Cl_2や臭素Br_2などのハロゲンの単体を作用させると，ベンゼンのH原子がハロゲン原子で置換され，クロロベンゼンC_6H_5Cl[*1]やブロモベンゼンC_6H_5Brなどが生じます。このような反応を**ハロゲン化**といいます。

*1) クロロベンゼンは無色の液体（密度$1.1g/cm^3$）で水に溶けにくいです。さらに塩素化すると，p-ジクロロベンゼンと呼ばれる無色の結晶が得られます。これは防虫剤に使われます。

クロロベンゼン

スルホン化

ベンゼンに濃硫酸H_2SO_4を加えて加熱すると，ベンゼンのH原子がスルホ基$-SO_3H$によって置換され，ベンゼンスルホン酸[*2]$C_6H_5SO_3H$が生じます。このような反応を**スルホン化**といいます。

*2) ベンゼンスルホン酸は無色の結晶（融点51℃）で，水によく溶けて強酸性を示しますが，有機溶媒には溶けにくいです。

濃硫酸　　　　　　　　　　　　　ベンゼンスルホン酸

345

ニトロ化

ベンゼンに濃硝酸HNO_3と濃硫酸H_2SO_4の混合溶液(**混酸**)を加えて温めると、ベンゼンのH原子がニトロ基$-NO_2$によって置換され、ニトロベンゼン$C_6H_5NO_2$[*1]が生じます。このような反応を**ニトロ化**といいます。また、ニトロベンゼンのように、C原子に直接ニトロ基が結合した化合物を**ニトロ化合物**といいます。

$$\text{ベンゼン} + HO-NO_2 \xrightarrow{H_2SO_4} \text{ニトロベンゼン} + H_2O$$

*1) ニトロベンゼンは淡黄色の油状の液体(密度1.2g/cm³)で、水に溶けない中性の物質です。

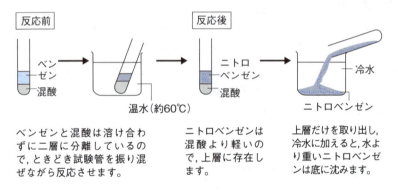

反応前: ベンゼンと混酸は溶け合わずに二層に分離しているので、ときどき試験管を振り混ぜながら反応させます。

反応後: ニトロベンゼンは混酸より軽いので、上層に存在します。

上層だけを取り出し、冷水に加えると、水より重いニトロベンゼンは底に沈みます。

■ニトロベンゼンの生成

アルキル化

ベンゼンに、塩化アルミニウム$AlCl_3$を触媒として、クロロエタンC_2H_5Clを作用させると、エチルベンゼン$C_6H_5C_2H_5$を生じます。このように、ベンゼンのH原子をアルキル基で置換する反応を、**アルキル化(フリーデル・クラフツ反応)**といいます。

$$\text{ベンゼン} + C_2H_5Cl \xrightarrow{AlCl_3} \text{エチルベンゼン} + HCl$$

■ **10-9** ■ 芳香族炭化水素 ■

🧪 ベンゼンの付加反応

ベンゼンの付加反応が起こりにくいのは，付加反応によってベンゼン環の安定性が失われるからです。しかし，特別な条件下では，ベンゼン環に付加反応が起こることがあります。

ベンゼンに白金 **Pt** またはニッケル **Ni** を触媒として，高温・高圧で水素 H_2 を作用させると，付加反応がおこり，**シクロヘキサン** C_6H_{12} が生成します。

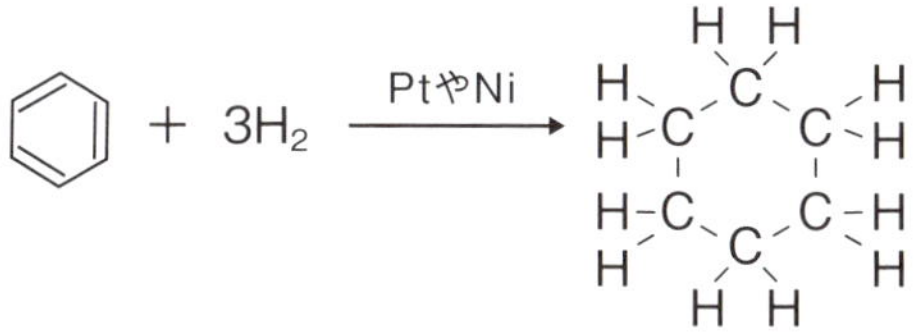

$$\bigcirc + 3H_2 \xrightarrow{\text{PtやNi}}$$

シクロヘキサン

ベンゼンに紫外線を照射しながら塩素 Cl_2 を作用させると，付加反応がおこり，**ヘキサクロロシクロヘキサン** $C_6H_6Cl_6$ が生成します。

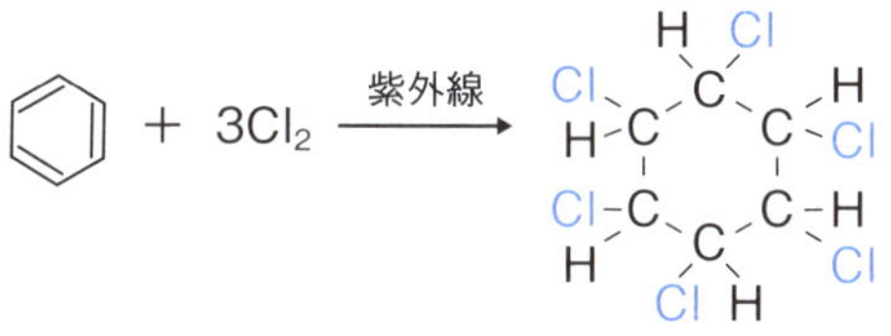

$$\bigcirc + 3Cl_2 \xrightarrow{\text{紫外線}}$$

ヘキサクロロシクロヘキサン

347

■ 10章 ■ 有機化合物

10-10 フェノール類

学習の目標

●フェノール類の構造や性質，反応について学習します。

フェノール類

　ベンゼン環のH原子1個がヒドロキシ基$-OH$で置換された化合物をフェノールC_6H_5OHといいます。また，一般に，ベンゼン環に$-OH$が直接結合した化合物は，**フェノール類**と呼ばれます。

　フェノール類には，次のような種類があります。

■主なフェノール類とベンジルアルコール

名称	フェノール*1	o-クレゾール*2	m-クレゾール*2	p-クレゾール*2	1-ナフトール	ベンジルアルコール
構造式	OH	CH₃ OH	CH₃ OH	CH₃ OH	OH	CH₂-OH
融点	41℃	31℃	12℃	35℃	96℃	−16℃
$FeCl_3$による呈色	紫	青	青紫	青	紫	呈色なし

＊1）フェノールは特有の臭気をもつ無色の結晶で，水に少し溶けます。腐食性が強く，皮膚を激しく侵します。
＊2）クレゾールは特有の臭気をもつ無色の液体で，フェノールに比べて腐食性が小さいです。クレゾールとセッケン液を混合したものは，クレゾール石けん液と呼ばれ，消毒液に使われます。

フェノール類の性質

　フェノール類の$-OH$は，アルコールの$-OH$とは少し異なる性質を示します。

(1)　フェノール類の$-OH$は，水溶液中でわずかに電離して弱い酸性を示します。これは，フェノール類の$-OH$では，O原子の電子の一部がベンゼン環に流れ込むことによって，アルコールの$-OH$に比べてH^+が電離しやすくなるためです。

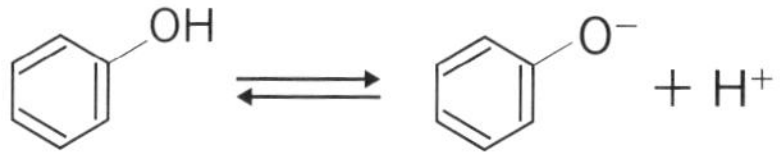

■ **10-10** ■ フェノール類 ■

フェノール　　　　　　フェノキシドイオン

(2) フェノール類は酸としての性質をもつので，水酸化ナトリウム**NaOH**水溶液には，ナトリウムフェノキシド**C₆H₅ONa**という塩をつくって溶けます。

ナトリウムフェノキシド

　ただし，ベンジルアルコール**C₆H₅CH₂OH**は，**−OH**がベンゼン環には直接結合しておらず(前ページの表)，フェノール類ではないので，水酸化ナトリウム水溶液とは反応しません。

(3) 酸の強さは，**塩酸，硫酸＞カルボン酸＞炭酸＞フェノール類**なので，ナトリウムフェノキシドの水溶液に，塩酸**HCl**のような強酸を加えるか，二酸化炭素**CO₂**を十分に通じると，弱酸であるフェノールが遊離します。

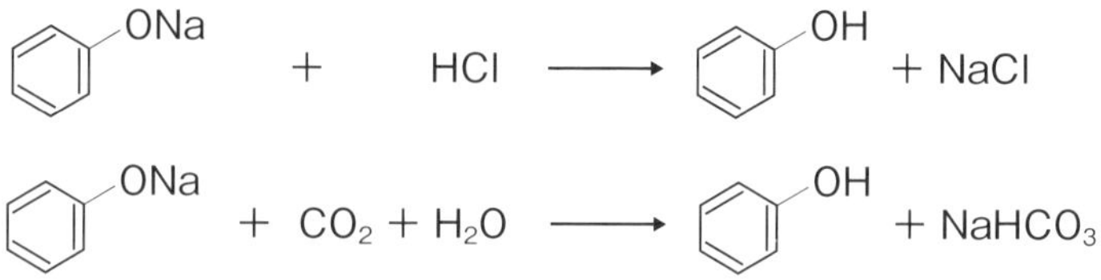

弱い酸の塩　　　　　　強い酸　　　　　　　弱い酸　　　　　強い酸の塩

(4) フェノール類に，塩化鉄(Ⅲ)**FeCl₃**水溶液を加えると，青色〜赤紫色に呈色します。この反応はフェノール類だけに特有の反応なので，フェノール類の検出に用いられます。

　ベンジルアルコールはフェノール類ではないので，塩化鉄(Ⅲ)水溶液では呈色しません。

349

■ 10章 ■ 有機化合物

フェノール類・アルコールに共通した反応

(1) フェノール類の－**OH**のH原子は，アルコールと同様（p.321参照），ナトリウム**Na**原子と反応して，水素H_2を発生します。

$$2\ \bigcirc\!\!-OH\ +\ 2Na\ \longrightarrow\ 2\ \bigcirc\!\!-ONa\ +\ H_2$$

ナトリウムフェノキシド

(2) また，アルコールと同様（p.334参照），酢酸とは反応しにくいですが，無水酢酸$(CH_3CO)_2O$とは反応して，エステルを生成します。

$$\bigcirc\!\!-OH\ +\ \begin{matrix}CH_3CO\\ CH_3CO\end{matrix}\!\!>\!\!O\ \longrightarrow\ \bigcirc\!\!-OCOCH_3\ +\ CH_3COOH$$

無水酢酸　　　　　　　　　　酢酸フェニル

🧪 フェノールの置換反応

フェノールはベンゼンよりも反応性が大きく，特に，－**OH**のオルト位とパラ位で置換反応が起こりやすいです。

ニトロ化

フェノールに濃硝酸HNO_3と濃硫酸H_2SO_4の混合溶液（混酸）を反応させると，最終的にベンゼン環のオルト位とパラ位のすべてがニトロ化され，2,4,6-トリニトロフェノール（**ピクリン酸**）$C_6H_2(NO_2)_3OH$が得られます。ピクリン酸は黄色の結晶で，水に溶けて強い酸性を示します。加熱すると爆発するので，爆薬として使用されていました。

$$\bigcirc\!\!-OH\ +\ 3HO-NO_2\ \xrightarrow{\text{濃}H_2SO_4}\ O_2N\!\!\bigcirc\!\!NO_2\ +\ 3H_2O$$

濃硝酸　　　　　　　　　　　2, 4, 6-トリニトロフェノール

臭素化

フェノールに臭素Br_2水を十分に加えると，直ちに2,4,6-トリブロモフェノール$C_6H_2Br_3(OH)$の白色沈殿を生じます。この反応は，フェノールの検出に利用されます。

350

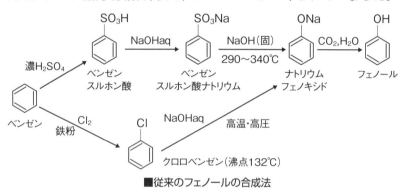

🧪 フェノールの製法

以前は，ベンゼンスルホン酸 $C_6H_5SO_3H$ を水酸化ナトリウム NaOH 水溶液で中和してベンゼンスルホン酸ナトリウム $C_6H_5SO_3Na$ をつくり，これを NaOH（固体）と約300℃で融解状態で反応させる（**アルカリ融解**）方法や，クロロベンゼン C_6H_5Cl を高温・高圧下で NaOH 水溶液と反応させる（**加水分解**）方法で，フェノールがつくられていました。

■従来のフェノールの合成法

現在は，触媒を利用して，ベンゼン C_6H_6 をプロペン $CH_2=CHCH_3$ に付加させて，**クメン**（イソプロピルベンゼン）$C_6H_5CH(CH_3)_2$ をつくります。これを空気で酸化してから，希硫酸で分解すると，フェノールと同時にアセトン CH_3COCH_3 も生成します。このようなフェノールの製法を**クメン法**といいます。

■クメン法

10-11 芳香族カルボン酸

学習の目標

- 芳香族カルボン酸の構造や性質，反応について学習します。

芳香族カルボン酸

ベンゼン環にカルボキシ基－**COOH**が結合した化合物を**芳香族カルボン酸**といい，次図のようなものがあります。芳香族カルボン酸は，脂肪族カルボン酸と似た性質を示します。

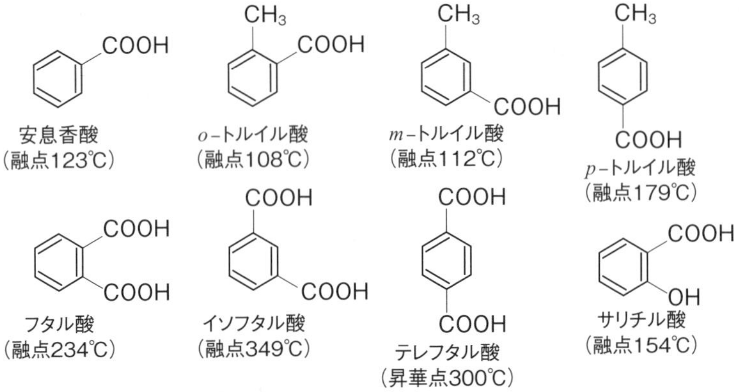
COOH
安息香酸
（融点123℃）
CH3
COOH
o-トルイル酸
（融点108℃）
CH3
COOH
m-トルイル酸
（融点112℃）
CH3
COOH
p-トルイル酸
（融点179℃）
COOH
COOH
フタル酸
（融点234℃）
COOH
COOH
イソフタル酸
（融点349℃）
COOH
COOH
テレフタル酸
（昇華点300℃）
COOH
OH
サリチル酸
（融点154℃）

■主な芳香族カルボン酸

安息香酸

安息香酸$\mathbf{C_6H_5COOH}$は，昇華性のある無色の結晶で，冷水に溶けにくいが熱水には溶けます。水溶液は酢酸$\mathbf{CH_3COOH}$と同程度の弱い酸性を示します。

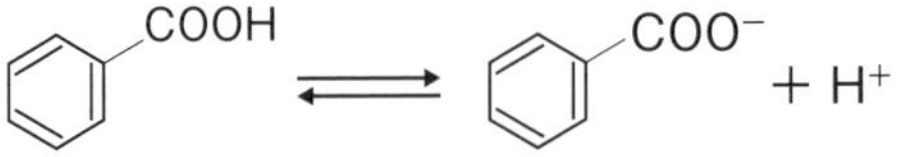
COOH
COO⁻
+ H⁺

安息香酸に水酸化ナトリウム**NaOH**水溶液を加えると，塩である安息香酸ナトリウム$\mathbf{C_6H_5COONa}$を生じて水によく溶けるようになります。

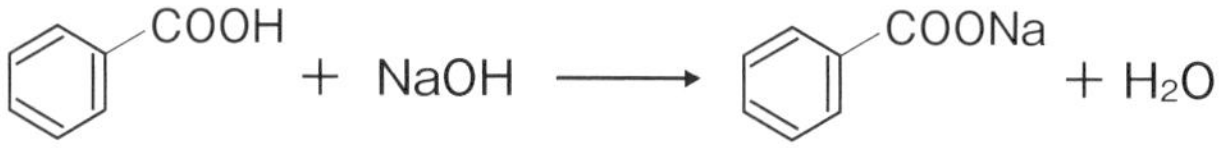

■ **10-11** ■ 芳香族カルボン酸 ■

安息香酸ナトリウム（水に可溶）

安息香酸ナトリウムの水溶液に強酸を加えると，弱酸である安息香酸が遊離します。

弱酸の塩　　　　強酸　　　　強酸の塩　　　弱酸（遊離）

🧪芳香族カルボン酸の製法

安息香酸は，トルエン $C_6H_5CH_3$ の $-CH_3$ のような，ベンゼン環に結合した炭化水素基（**側鎖**という）をもつ芳香族化合物を，過マンガン酸カリウム $KMnO_4$ のような酸化剤で酸化すると得られます（下図）。

その際，側鎖は酸化されると，その炭素数に関わらず，すべてカルボキシ基 $-COOH$ になることに留意してください。

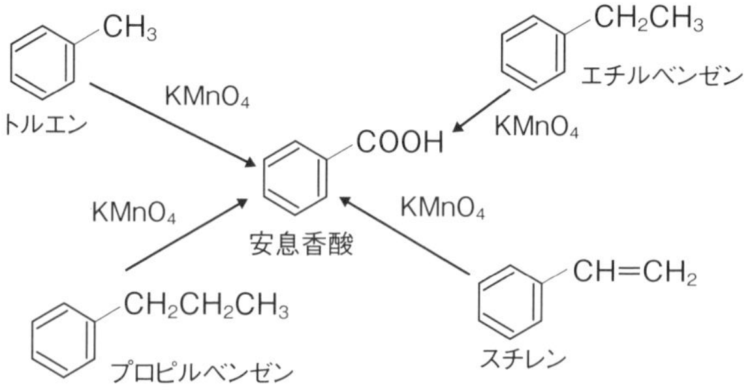

■側鎖の酸化による安息香酸の生成

フタル酸 $o\text{-}C_6H_4(COOH)_2$ は白色の固体で，酸化バナジウム（V） V_2O_5 を触媒に用いて，o-キシレン $o\text{-}C_6H_4(CH_3)_2$ やナフタレン $C_{10}H_8$ を酸化すると得られます。

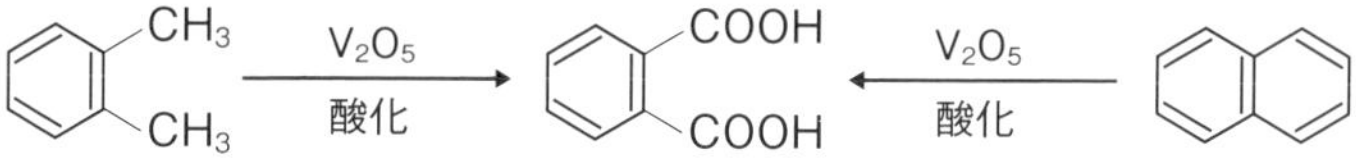

o-キシレン　　　　　フタル酸　　　　　　　ナフタレン

353

■ 10章 ■ 有機化合物

また，テレフタル酸p-$C_6H_4(COOH)_2$も白色の固体で，V_2O_5を触媒に用いて，p-キシレンp-$C_6H_4(CH_3)_2$を酸化すると得られます。

$$H_3C-\bigcirc-CH_3 \xrightarrow[\text{酸化}]{V_2O_5} HOOC-\bigcirc-COOH$$

p-キシレン　　　　　　　　　　　　　テレフタル酸

フタル酸を加熱すると，分子内の2個のカルボキシ基－$COOH$から水1分子が取れて，酸無水物である無水フタル酸$C_6H_4(CO)_2O$が得られます。しかし，テレフタル酸を加熱しても，酸無水物には変化しません。

$$\bigcirc\!\!\!\!\begin{array}{l}COOH\\COOH\end{array} \xrightarrow{\text{加熱}} \bigcirc\!\!\!\!\begin{array}{l}CO\\CO\end{array}\!\!\!O + H_2O$$

フタル酸　　　　　　　　　　　　　無水フタル酸

🧪 サリチル酸の製法

サリチル酸o-$C_6H_4(OH)COOH$は，無色の針状結晶で，水にわずかに溶けます。ヤナギの樹皮から初めて単離されました。

サリチル酸は，工業的には，ナトリウムフェノキシドC_6H_5ONaを高温・高圧の下で二酸化炭素CO_2と反応させて，サリチル酸ナトリウムo-$C_6H_4(OH)COONa$とした後，これに希硫酸H_2SO_4などを加えるとサリチル酸が遊離します。

$$\bigcirc\!-ONa \xrightarrow[\text{高温・高圧}]{+CO_2} \bigcirc\!\!\!\!\begin{array}{l}COONa\\OH\end{array} \xrightarrow{+H_2SO_4} \bigcirc\!\!\!\!\begin{array}{l}COOH\\OH\end{array}$$

ナトリウム　　　　　　　サリチル酸　　　　　　　サリチル酸
フェノキシド　　　　　　ナトリウム

🧪 サリチル酸の反応

サリチル酸分子には，ベンゼン環のオルト位にカルボキシ基－$COOH$とヒドロキシ基－OHが結合しています。そのため，サリチル酸はカルボン酸とフェノール類の両方の性質を示します。

354

カルボン酸としての反応

サリチル酸に少量の濃硫酸を触媒として加え，メタノール CH_3OH を作用させると，$-COOH$ が**エステル化**されて**サリチル酸メチル** $o\text{-}C_6H_4(OH)COOCH_3$ が生成します。

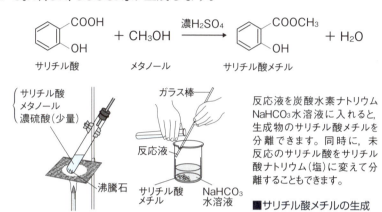

■サリチル酸メチルの生成

サリチル酸メチルは，芳香のある無色の液体で，消炎鎮痛剤（湿布薬）に用いられます。分子中にフェノール性の $-OH$ が残っているので，塩化鉄(Ⅲ) $FeCl_3$ 水溶液で赤紫色に呈色します。また，$-COOH$ がないので，炭酸水素ナトリウム $NaHCO_3$ 水溶液とは反応しません。

フェノール類としての反応

サリチル酸に無水酢酸 $(CH_3CO)_2O$ を反応させると，$-OH$ が**アセチル化**されて，アセチルサリチル酸 $o\text{-}C_6H_4(OCOCH_3)COOH$ が生成します。

*1) 有機化合物にアセチル基 CH_3CO- を導入する反応を**アセチル化**といいます。

アセチルサリチル酸は無色の結晶で，解熱鎮痛剤に用いられます。分子中に $-COOH$ が残っているので，$NaHCO_3$ 水溶液を加えると，CO_2 を発生して溶解します。しかし，フェノール性の $-OH$ がないので，$FeCl_3$ 水溶液では呈色しません。

■ 10章 ■ 有機化合物

10-12 芳香族アミン

学習の目標
- 芳香族アミンの構造や性質，反応について学習します。
- 芳香族化合物の分離について学習します。

アミン

　アンモニア NH_3 の H 原子を炭化水素基 $R-$ で置換した化合物を，**ア ミン**といいます。アミンは，置換された $R-$ の数で次図のように分類 されます。アミンは，塩基性を示す代表的な有機化合物です。

$$H-\overset{\overset{\displaystyle H}{|}}{N}-H \qquad R^1-\overset{\overset{\displaystyle H}{|}}{N}-H \qquad R^1-\overset{\overset{\displaystyle R^2}{|}}{N}-H \qquad R^1-\overset{\overset{\displaystyle R^2}{|}}{N}-R^3$$

　　アンモニア　　　第一級アミン　　　第二級アミン　　　第三級アミン

■アミンの分類

　炭化水素基が，鎖状の場合を**脂肪族アミン**，ベンゼン環を含むもの を**芳香族アミン**といいます。芳香族アミンの塩基性の強さは，脂肪族 アミンに比べてずっと弱いです。これは，芳香族アミンでは N 原子の 電子の一部がベンゼン環に流れ込むことによって，N 原子の電子密度 が低下し，H^+ を引きつける力が弱くなるためです。

アニリンの性質

　芳香族アミンであるアニリン $C_6H_5NH_2$ は，特有の臭気をもつ無色 油状の液体（沸点185℃）で有毒です。水に難溶ですが，有機溶媒には 可溶です。

(1)　アニリンはアンモニアよりも弱い塩基性を示し，塩酸 HCl には塩 （**アニリン塩酸塩** $C_6H_5NH_3Cl$）を生じて溶けます。

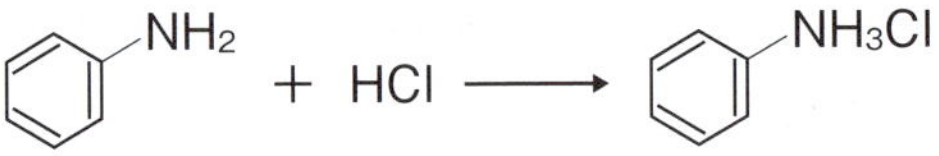

　　アニリン　　　　　　　　　　　　アニリン塩酸塩

356

(2) アニリン塩酸塩の水溶液に、強塩基の水酸化ナトリウム NaOH 水溶液を加えると、弱塩基のアニリンが遊離します（p.125参照）。

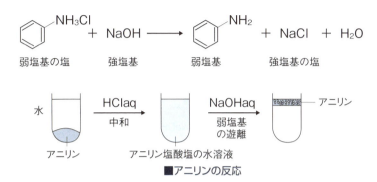

■アニリンの反応

(3) 空気中に放置すると、酸化されて徐々に褐色になります。さらし粉水溶液を加えると酸化され、赤紫色を呈します（この反応は、アニリンの検出に利用されます）。

(4) 硫酸酸性の二クロム酸カリウム $K_2Cr_2O_7$ 水溶液で十分に酸化すると、水に不溶の黒色物質（**アニリンブラック**）が生じます。

(5) アニリンに無水酢酸 $(CH_3CO)_2O$ を反応させるとアミノ基 $-NH_2$ がアセチル化（p.355参照）されて、**アセトアニリド** $C_6H_5NHCOCH_3$ が生じます。アセトアニリドは白色の結晶で、中性の物質です。かつては解熱剤に使われましたが、現在は使われていません。

アセトアニリド分子中の $-NHCO-$ の結合を**アミド結合**といい、アミド結合をもつ物質を**アミド**といいます。アミドは、エステルと同様に、酸または塩基を触媒として加水分解すると、もとのカルボン酸とアミンに戻すことができます。

🧪 アニリンの製法

アニリンは，ニトロベンゼン $C_6H_5NO_2$ をスズ Sn と濃塩酸 HCl で還元してアニリン塩酸塩 $C_6H_5NH_3Cl$ としたのち，水酸化ナトリウム $NaOH$ 水溶液を加えると得られます。

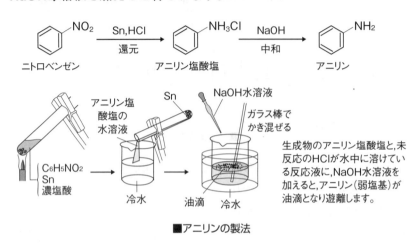

■アニリンの製法

🧪 アゾ化合物

アニリンを希塩酸に溶かし，5℃以下に氷冷しながら亜硝酸ナトリウム $NaNO_2$ 水溶液を加えると，**塩化ベンゼンジアゾニウム** $C_6H_5N_2Cl$ が生じます。このように，芳香族アミンと亜硝酸から，$R-N^+\equiv N$ の構造をもつ**ジアゾニウム塩**を生じる反応を，**ジアゾ化**といいます。

塩化ベンゼンジアゾニウムは，低温では安定に存在しますが，温度が上がると分解して窒素 N_2 を発生し，フェノール C_6H_5OH が生じます。したがって，ジアゾ化は0〜5℃の低温で行います。

塩化ベンゼンジアゾニウムの水溶液に，ナトリウムフェノキシド C_6H_5ONa の水溶液を加えると，赤橙色の p-ヒドロキシアゾベンゼン

$$\underset{\text{塩化ベンゼン}\atop\text{ジアゾニウム}}{\underset{}{\text{C}_6\text{H}_5\text{N}^+{\equiv}\text{NCl}^-}} + \underset{\text{ナトリウム}\atop\text{フェノキシド}}{\underset{}{\text{C}_6\text{H}_5\text{ONa}}} \xrightarrow{\text{カップリング}} \underset{p\text{-ヒドロキシアゾベンゼン}}{\underset{}{\text{C}_6\text{H}_5{-}\text{N}{=}\text{N}{-}\text{C}_6\text{H}_4{-}\text{OH}}} + \text{NaCl}$$

(p-フェニルアゾフェノール)が生じます。

 p-ヒドロキシアゾベンゼンに含まれる－N＝N－を**アゾ基**といい，アゾ基をもつ化合物を**アゾ化合物**といいます。また，ジアゾニウム塩からアゾ化合物をつくる反応を，**カップリング**といいます。

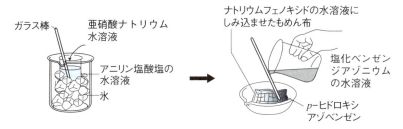

■ジアゾ化→カップリングの流れ

 芳香族のアゾ化合物は，黄～赤色を示し，**アゾ染料**として広く利用されています。中和滴定に用いられるメチルオレンジもアゾ染料の一種であり，次のような反応でつくられます。

$$\underset{\text{塩化スルホベンゼンジアゾニウム}}{\text{NaO}_3\text{S}{-}\text{C}_6\text{H}_4{-}\text{N}^+{\equiv}\text{NCl}^-} + \underset{\text{ジメチルアニリン}}{\text{C}_6\text{H}_5{-}\text{N}(\text{CH}_3)_2}$$

$$\longrightarrow \underset{\text{メチルオレンジ}}{\text{NaO}_3\text{S}{-}\text{C}_6\text{H}_4{-}\text{N}{=}\text{N}{-}\text{C}_6\text{H}_4{-}\text{N}(\text{CH}_3)_2} + \text{HCl}$$

■ **10章** ■ 有機化合物

芳香族化合物の分離

　有機化合物の合成では，主生成物のほかに，未反応の原料や副生成物が混入していることが多いので，各有機化合物がもつ性質を利用して，それぞれを分離する必要があります。

> **芳香族化合物の分離の原則**
> **1** 芳香族化合物は，ベンゼン環が疎水性のために，エーテルなどの有機溶媒に溶けやすく，水には溶けにくい。
> **2** 芳香族化合物が酸や塩基の場合，中和反応によって塩に変えると，親水性となって水に溶けやすくなるが，有機溶媒には溶けにくくなる。

　このように，水と有機溶媒に対する溶解性の違いを利用すると，目的の芳香族化合物を，水層または有機溶媒層のどちらかに分離することができます。

■**芳香族化合物の酸性・塩基性**（炭酸を除き，すべて芳香族化合物です）

酸性物質	酸の強さ…スルホン酸＞カルボン酸＞炭酸＞フェノール類
塩基性物質	アミン（アニリン）
中性物質	炭化水素，ニトロ化合物，アルコール，エステルなど

　塩基性物質は，酸の水溶液を加えると，中和反応により塩となり，水層に分離できます。

アニリン（塩基）　　塩酸（酸）　　アニリン塩酸塩（塩）

$$\text{アニリン} \quad + \quad HCl \quad \longrightarrow \quad \text{アニリン塩酸塩}$$

　酸性物質は，塩基の水溶液を加えると，中和反応により塩となり，水層に分離できます。

安息香酸（酸）　　水酸化ナトリウム（塩基）　　安息香酸ナトリウム（塩）

$$\text{安息香酸} \quad + \quad NaOH \quad \longrightarrow \quad \text{安息香酸ナトリウム} \quad + \quad H_2O$$

フェノール(酸) + 水酸化ナトリウム(塩基) ⟶ ナトリウムフェノキシド(塩) + H₂O

中性物質は，酸の水溶液，塩基の水溶液のいずれを加えても中和反応しないので，水層に分離することはできません。

芳香族カルボン酸とフェノール類は，炭酸水素ナトリウム NaHCO₃ などの炭酸水素塩を用いると，酸の強弱を利用して分離できます。すなわち，カルボン酸は炭酸よりも強いので，炭酸水素塩を分解し，塩をつくって水に溶けます。一方，フェノール類は炭酸よりも弱いので，炭酸水素塩を分解できず水に溶けないので，両者を分離できます。

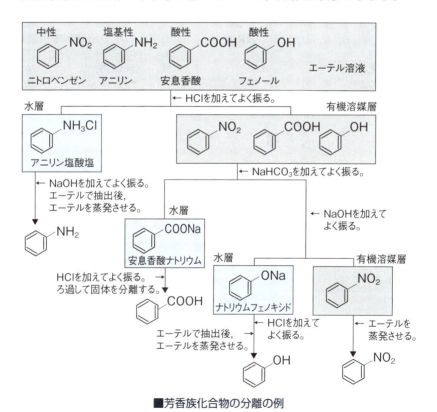

■芳香族化合物の分離の例

索引

あ

アイソトープ	25
アセチル化	355
アセトアニリド	357
アゾ化合物	359
アゾ基	359
アゾ染料	359
(気体の)圧力	186, 193
アニリン塩酸塩	356
アニリンブラック	357
アボガドロ	80, 102, 103
アボガドロ数	75
アボガドロ定数	76
アボガドロの法則	80, 103
アミド	357
アミド結合	357
アミン	356
アモルファス	225
アルカリ	105
アルカリ乾電池	171
アルカリ金属	32, 280
アルカリ性	105
アルカリ土類金属	32, 283
アルカリ融解	351
アルカン	307
アルキル化	346
アルキル基	308
アルキン	315
アルケン	312
アルコール	302, 319
アルコール発酵	323
アルデヒド	325
アルデヒド基	325
アルミナ	286
アレニウスの 酸・塩基の定義	105
安全ピペッター	133
アンモニアソーダ法	282

い

アンモニア分子	52
イオン	34
イオン化エネルギー	38
イオン化列	159
イオン結合	42, 67
イオン結晶	44, 67, 225
イオン交換膜法	180
イオン式	36
イオンの価数	36
イオン反応式	95
異性体	306
一次電池	167
陰イオン	34, 35
陰極	176
陰性	37

え

エーテル	324
エーテル結合	324
液体	18, 20
エステル	334
エステル化	334, 355
エステル結合	334
エステルの加水分解	336
エネルギー図	233
塩	122
塩化物	267
塩化ベンゼン ジアゾニウム	358
塩基	105
塩基性	105
塩基性塩	122
塩基性酸化物	125, 270
塩基の価数	109
塩基の電離定数	260
炎色反応	16
延性	66

塩析	223
塩素系漂白剤	165
塩素水	267
塩の加水分解	124

お

王水	162
黄リン	276
オキソ酸	271
オキソニウムイオン	106
オクテット	30
オストワルトの希釈率	261
オストワルト法	275
遅い反応	244
オゾン	270
オルト	344
折れ線形	53
温度	193

か

カーボンナノチューブ	277
界面活性剤	340
化学エネルギー	233
化学結合	67
化学式	50
化学的原子量	73
化学反応	90
化学反応式	91
化学平衡の移動	255
化学平衡の状態	251
化学平衡の法則	253
化学変化	90
可逆反応	251
拡散	19, 184
化合物	13
加水分解	351
活性化エネルギー	249
活性化状態	248
活性錯体	248

活物質	170	鏡像異性体	333	けん化価	338
カップリング	359	共通イオン効果	256	原子	22
価電子	29	共有結合	46, 67	原子価	50
価標	50	共有結合の結晶		原子核	23
過マンガン酸塩滴定	155		61, 67, 225	原子説	101
カルボニル化合物	325	共有電子対	49	原子の相対質量	71
カルボニル基	325	極性	54	原子番号	24
カルボン酸	330	極性分子	55	元素	12
還元(還元反応)		極性溶媒	203	元素記号	12
139, 140, 141, 166, 177		均一触媒	248	元素の原子量	71
還元剤	147	銀鏡反応	326	元素の周期表	31
還元性	277, 326, 331	銀樹	158	元素の周期律	31
感光性	297	金属結合	64, 67	元素分析	304
環式化合物	301	金属結晶	64, 67, 225		
緩衝液	264	金属元素	33	**こ**	
乾性油	338	金属光沢	65	鋼	292
乾電池	170	金属樹	158	光学異性体	334
官能基	302	金属のイオン化傾向	157	硬化油	338
簡略構造式	303	金属の精錬	163	高級アルコール	319
		金属の製錬	163	高級アルコール系洗剤	341
き				高級脂肪酸	330
気液平衡	189	**く**		硬水	340
幾何異性体	313	クーロン力	41	合成洗剤	341
希ガス(貴ガス)	29, 32	クメン	351	構造異性体	309
希ガスの電子配置	30	クメン法	351	構造式	50, 303
キセロゲル	220	クロマトグラフィー	11	黒鉛	277
気体	18, 20			固体	18, 20
気体定数	195	**け**		固体の溶解度	206
気体の状態方程式	195	ケイ酸塩	279	コニカルビーカー	131
気体の密度	81	系統分離	298	ゴム状硫黄	271
気体の溶解度	208	ゲーリュサック	101, 103	コロイド	219
気体反応の法則	97, 102	ケクレ	342	コロイド溶液	219
起電力	166	結合エネルギー	242	コロイド粒子	219
逆反応	251	結晶	44, 225	混合物	6
吸湿性	273	結晶格子	225	混酸	346
吸熱反応	232, 233	結晶水	207		
強塩基	112	ケトン	325, 328	**さ**	
凝固点降下	213	ケトン基	325	最外殻	29
凝固点降下度	213	ゲル	220	最外殻電子	29
凝固熱	237	ケルビン	21	再結晶	10, 207
強酸	112	ケルビン〔K〕	21	最高酸化数	149
強酸性	273	検液	129	最低酸化数	149
凝縮熱	237	けん化	336	最密構造	229
凝析	222	限界半径比	231	錯イオン	290

363

■ 索引 ■

錯塩	291
鎖式化合物	301
錆	164
サリチル酸メチル	355
酸	104
酸化（酸化反応）	139, 140, 141, 166, 178
酸化還元滴定	155
酸化還元反応	139
三角錐形	52
酸化剤	147
酸化作用	273
酸化数	142
酸化物	270
酸化力	266
三原子分子	47
三重結合	50
三重水素	25
三重点	191
酸性	104
酸性雨	118
酸性塩	122
酸性酸化物	125, 270
酸素アセチレン炎	316
酸素系漂白剤	165
酸の価数	109
酸の電離定数	259
酸無水物	331

し

ジアゾ化	358
ジアゾニウム塩	358
脂環式化合物	301
式量	74
シクロアルカン	311
シクロヘキサン	347
シス形	313
シス-トランス異性体	313
示性式	303
実験式	303, 306
実在気体	200
質量数	24
質量パーセント濃度	86, 211
質量保存の法則	97, 100

質量モル濃度	211
脂肪	337
脂肪酸	330
脂肪族アミン	356
脂肪族化合物	301
脂肪油	337
弱塩基	113
弱塩基の遊離	125
弱酸	113
弱酸の遊離	125
斜方硫黄	271
シャルルの法則	194
周期	31
重水素	25
終点	129
充電	167
自由電子	64
充填率	228
縮合反応	322
ジュラルミン	286
純銅	295
純物質	6
昇華	11
昇華圧曲線	192
昇華法	11
蒸気圧	189
蒸気圧曲線	190, 192
蒸気圧降下	212
消石灰	283
状態図	191
状態変化	18
鍾乳石	284
鍾乳洞	284
蒸発熱	237
蒸留	8
触媒	91, 247
親水基	205, 340
親水コロイド	223
浸透	217
浸透圧	217
真の溶液	219
親油基	340

す

水酸化物イオン濃度	114
水素イオン指数	116, 261
水素イオン濃度	114
水素結合	59, 320
水溶液	85
水和	203
水和イオン	204
水和水	207
水和物	207
スタス	73
スルホン化	345

せ

正塩	122
正極	166
正極活物質	170
正コロイド	222
正四面体形	52
精製	7
生成熱	237
生石灰	283
静電気的な引力	41
正反応	251
石筍	284
赤リン	276
石灰水	284
セッケン	339
セッコウ	285
接触法	273
絶対温度	21
絶対零度	21
セラミックス	279
セルシウス温度	21
全圧	198
遷移元素	32, 290
旋光性	334
銑鉄	292

そ

相転移	231
総熱量保存の法則	239
族	31
側鎖	353
速度定数	246

疎水基	205, 340
疎水コロイド	222
組成式	42, 303, 306
粗銅	295
ゾル	220
ソルベー法	282

た

第一級アルコール	319
大気圧	186
第三級アルコール	319
体心立方格子	
	226, 227, 228, 229
体積	193
第二級アルコール	319
ダイヤモンド	277
多価の酸	109
多価の塩基	109
多原子イオン	36
多原子分子	47
脱水作用	273
脱水反応	322
脱離反応	322
ダニエル電池	169
単位格子	225
炭化水素	301
炭化水素基	308
単結合	50
単原子イオン	36
単原子分子	47
炭酸水	278
炭酸水素カルシウム	284
単斜硫黄	271
単体	13

ち

置換基	310
置換体	310
置換反応	310
蓄電池	167
抽出	10
中性	114, 320
中性子	23
中和	120

中和滴定	129
中和滴定曲線	134
中和点	126, 129
中和熱	236
中和反応	120
潮解	281
超臨界流体	191
直線形	53
チンダル現象	220
沈殿	17, 94
沈殿反応	17

て

低級アルコール	319
低級脂肪酸	330
定比例の法則	100
滴定曲線	134
電解質	45
電解精錬	163, 295
電気陰性度	54
電気泳動	222
電気分解（電解）	176
電極	166
電気量	181
典型元素	32
電子	23
電子殻	28
電子式	48
電子親和力	39
電子対	48
電子配置	28
展性	66
電池	166
電池式	168
電池の分極	168
電離	45
電離式	110
電離定数	259
電離度	112
電離平衡	259

と

同位体	25
銅樹	158

透析	221
同族元素	32
同族体	307
同素体	14
トタン	164
共洗い	131
ドライアイス	278
トランス形	313
トリチェリー	186
ドルトン	6, 22, 72, 101, 103
ドルトンの分圧の法則	199

な

鉛蓄電池	172

に

二原子分子	47
二酸化炭素分子	53
二次電池	167
二重結合	50
ニトロ化	346
ニトロ化合物	346
乳化作用	341
乳濁液	341

ね

熱運動	19, 184
熱化学方程式	234
熱濃硫酸	273
熱量計	238
燃焼熱	236
燃料電池	167, 174

の

濃度	85, 211

は

ハーバー	258
ハーバー・ボッシュ法	
	258, 274
配位結合	53
配位子	290
配位数	227, 230, 290
倍数比例の法則	101

365

索引

パスカル	186
発熱反応	232, 233
速い反応	244
パラ	344
ハロゲン	32, 266
ハロゲン化	345
ハロゲン化銀	297
ハロゲン化水素	268
半減期	27
半導体	63, 279
半透膜	216
反応式	91
反応速度	244
反応速度式	246
反応速度定数	246
反応熱	233
反応の次数	247
半反応式	149

ひ

光ファイバー	63
非共有電子対	49
非金属元素	33
ピクリン酸	350
非晶質	225
非電解質	45
ヒドロキシ酸	333
比熱	238
ビュレット	131
氷酢酸	331
標準状態	80
標準大気圧	186
標準溶液	129
漂白剤	165

ふ

ファラデー	181, 342
ファラデー定数	182
ファラデーの 電気分解の法則	181
ファンデルワールス	57
ファンデルワールス力	57
ファントホッフの法則	218
風解	281

フェーリング液の還元	327
フェノール	348
フェノール類	348
不可逆反応	251
付加反応	314
不乾性油	338
不揮発性	273
負極	166
負極活物質	170
不均一触媒	248
複塩	287
負コロイド	222
不斉炭素原子	333
ブタン	309
不対電子	48
物質の三態	18
物質量	76, 193
沸点	190
沸点上昇	213
沸点上昇度	213
沸騰	190
物理的原子量	73
物理変化	90
物理量	77
不動態	162, 276, 292, 298
不飽和化合物	301
不飽和結合	301
不飽和脂肪酸	330
不飽和度	338
フマル酸	332
フラーレン	277
ブラウン運動	221
フリーデル・ クラフツ反応	346
ブリキ	164
プルースト	100, 103
ブレンステッド	107
ブレンステッド・ローリーの 酸・塩基の定義	107
分圧	198
分散系	219
分散質	219
分散媒	219
分子	102

分子間力	57
分子結晶	60, 67, 225
分子式	47, 303
分子の極性	55
分子量	73
分離	7
分留	9

へ

閉殻	30
平均分子量	200
平衡移動の原理	255
平衡状態	189, 251
平衡定数	253
平衡の移動	255
平面層状構造	62
へき開	44
ヘキサクロロ シクロヘキサン	347
ヘス	239
ヘスの法則	239
ベルセリウス	72
偏光	334
偏光面	334
変色域	119
ベンゼン環	343
ヘンリーの法則	209

ほ

ボイル・シャルルの法則	194
ボイルの法則	193
芳香族アミン	356
芳香族化合物	301, 343
芳香族カルボン酸	352
芳香族炭化水素	343
放射性同位体	26
放射線	26
放電	167
飽和化合物	301
飽和脂肪酸	330
飽和蒸気圧	189
飽和溶液	206
ボーキサイト	286
ポーリング	54

366

ホールピペット	130	モル濃度	86, 211	硫化物	272
保護コロイド	224	モル沸点上昇	214	両性元素	286, 288, 289
ボッシュ	258	モル分率	199	両性酸化物	270
ボルタ	159, 168			両性水酸化物	287, 288
ボルタ電池	168	**や**		臨界点	191
ホルマリン	327	焼きセッコウ	285		
ホルミル基	325			**る**	

ま

マレイン酸	332	**ゆ**		ルシャトリエ	255
		融解塩電解	163, 286	ルシャトリエの原理	255

み

水ガラス	279	融解曲線	192	**れ**	
水のイオン積	115, 261	融解熱	237	連鎖性	301
水分子	53	有機化合物	300		
ミセル	340	油脂	337	**ろ**	
ミッチェルリッヒ	342	油脂の硬化	338	ローリー	107
ミョウバン	287			ろ過	8

む

		よ		六方最密構造	226, 227
無機化合物	300	陽イオン	34, 35		
無極性分子	55	溶液	85, 203	**数字・アルファベット**	
無極性溶媒	203	溶解	85	1価アルコール	319
無水酢酸	331	溶解度	10, 206	1価カルボン酸	330
無水物	207	溶解度曲線	207	1価の酸	109
無水マレイン酸	332	溶解度積	265	1価の塩基	109
無定形炭素	277	溶解熱	236	1気圧	186
		溶解平衡	206	2価アルコール	319
め		陽極	176	2価カルボン酸	330
メスフラスコ	130	陽子	23	2価の酸	109
メタ	344	溶質	85, 203	2価の塩基	109
メタン分子	52	陽性	37	2-メチルプロパン	309
めっき	164	ヨウ素価	338, 339	3価アルコール	319
面心立方格子		ヨウ素溶液	268	3価カルボン酸	330
	226, 227, 228	溶媒	85, 203	3価の酸	109
メンデレーエフ	31	溶媒和	204	3価の塩基	109
		溶融塩電解	163, 286	6属系統分離法	299
も		ヨードホルム反応	329	ABS洗剤	341
目算法	92			K殻	28
森田浩介ら	33	**ら**		L殻	28
モル	75	ラウールの法則	214	M殻	28
モル凝固点降下	214	ラジオアイソトープ	26	N殻	28
モル質量	78	ラボアジエ	100, 103	pH	116, 261
モル体積	80			pH試験紙	119
		り		pH指示薬	119
		理想気体	200	pHジャンプ	134
		立体網目状構造	61	pHメーター	119
		立体異性体	313		

367

装幀・本文デザイン　岡　孝治
組版・図表作成　　（株）群企画
編集協力　　　　　（株）群企画

卜部の高校化学の教科書

2018年 1月10日　第1刷発行

著　者　　卜部吉庸

発行者　　株式会社三省堂
　　　　　代表者 北口克彦

印刷者　　三省堂印刷株式会社

発行所　　株式会社三省堂
　　　　　〒101-8371
　　　　　東京都千代田区神田三崎町二丁目22番14号
　　　　　電話　編集(03)3230-9411
　　　　　　　　営業(03)3230-9412
　　　　　http://www.sanseido.co.jp/

〈卜部化学の教科書・368pp.〉
©Yoshinobu Urabe 2017　　　　　　　　Printed in Japan
落丁本・乱丁本はお取り替えいたします。
ISBN978-4-385-36412-4

本書を無断で複写複製することは、著作権法上の例外を除き、禁じられています。
また、本書を請負業者等の第三者に依頼してスキャン等によってデジタル化することは、
たとえ個人や家庭内での利用であっても一切認められておりません。